单片机应用技术项目教程

潘定远　郭稳涛　主编

北京理工大学出版社
BEIJING INSTITUTE OF TECHNOLOGY PRESS

内 容 简 介

本书按照电子类专业对应岗位和能力培养的要求，整合教学内容，重构了原单片机技术、传感器技术、智能仪器3门课程的内容，形成了工学结合、项目导向、任务驱动、情景教学的工作过程系统化的模块式课程结构。

本书通过4个模块（基础知识、接口应用、应用技术、综合实训）的学习能达到培养学生技术能力与通用能力的目的，从而具备智能电子产品的设计与装接能力。

本书可作为高等院校电子类专业的学生使用，还可供其他电子技术或嵌入式系统设计的初级爱好者使用。

图书在版编目（CIP）数据

单片机应用技术项目教程/潘定远，郭稳涛主编. —北京：北京理工大学出版社，2011.7

ISBN 978-7-5640-4646-0

Ⅰ.①单… Ⅱ.①潘… ②郭… Ⅲ.①单片微型计算机-高等职业教育-教材 Ⅳ.①TP368.1

中国版本图书馆CIP数据核字（2011）第112760号

出版发行／北京理工大学出版社
社　　址／北京市海淀区中关村南大街5号
邮　　编／100081
电　　话／(010)68914775(办公室)　68944990(批销中心)　68911084(读者服务部)
网　　址／http://www.bitpress.com.cn
经　　销／全国各地新华书店
印　　刷／北京泽宇印刷有限公司
开　　本／787毫米×960毫米　1/16
印　　张／17.75
字　　数／371千字
版　　次／2011年7月第1版　2011年7月第1次印刷
印　　数／1~1500册　　责任校对／陈玉梅
定　　价／39.00元　　责任印制／王美丽

前　言

本书共分 8 章，按照电子类专业对应岗位和能力培养的要求，整合教学内容，重构了原单片机技术、传感器技术、智能仪器 3 门课程的内容，形成了工学结合、项目导向、任务驱动、情境教学的工作过程系统化的模块式课程结构。“智能电子产品的设计与装接”课程结构上总体分成 4 大模块（基础知识、接口应用、实用技术、综合实训），每一个模块为相应阶段职业能力的教学内容。可根据需要选择相关模块学习或参考，并可在各模块学习过程中选择不同课时、不同层次的学习内容。每个模块安排了若干学习情境，每个学习情境通过实际的工作项目和具体的工作任务，较为系统和全面地阐述了智能电子产品的系统结构，MCS-51 系列单片机的内部结构、指令系统、中断系统、定时/计数器、接口技术，智能电子产品开发方法和工具的使用。通过 4 个模块的学习能达到培养学生技术能力与通用能力的目的，从而具备智能电子产品的设计与装接能力。本书改变了传统的理论和实验分别教学的模式，实现了在情境教室实施的“项目导向、任务驱动、过程展开、理实一体”教学模式，注重学生的能力和素养的培养。

本书编写过程中得到张群慧、何一芥、张金菊等同志的大力支持和帮助。张群慧老师编写了第 1 章，潘定远老师编写第 2～第 6 章，何一芥老师编写了第 7 章，张金菊老师编写了第 8 章，在此对他们的工作表示衷心的感谢。

本书可作为高等院校学生学习单片机原理与应用的主导或辅助教材，还可以供其他希望自学电子技术或嵌入式系统设计的初级爱好者使用。

由于编者水平有限，疏漏之处在所难免，恳请专家和读者对本书提出批评与建议。

模块 1 智能电子技术基础

第 1 章 智能电子产品最小系统……（3）
学习情境 1–1 初识单片机……（4）
学习情境 1–2 开发工具的使用……（6）
学习情境 1–3 制作智能电子最小系统……（13）
学习情境 1–4 单片机的数制与编码……（15）
学习情境 1–5 单片机的内部结构……（19）
本章复习思考题……（26）
第 2 章 汇编语言——智能电子产品的指令系统……（28）
学习情境 2–1 数据传送指令……（29）
学习情境 2–2 运算类指令……（51）
学习情境 2–3 逻辑运算指令……（63）
学习情境 2–4 控制转移指令功能和位操作功能……（72）
学习情境 2–5 汇编语言源程序的汇编……（87）
本章复习思考题……（92）
第 3 章 应急处理——智能电子产品的中断系统……（94）
学习情境 3–1 单键程控彩灯……（95）
学习情境 3–2 双键程控彩灯……（102）
本章复习思考题……（109）
第 4 章 电子闹钟——智能电子产品的定时计数器件……（110）
学习情境 4–1 LED 闪烁控制……（111）
学习情境 4–2 BCD 码显示 60 s 计数器……（118）
学习情境 4–3 外部脉冲计数器……（123）
学习情境 4–4 单音阶发生器……（125）
本章复习思考题……（130）

模块2 接口技术

第5章 输入与输出——智能电子产品的I/O接口电路 ……（133）
学习情境5–1 键盘控制数码广告牌 ……（134）
学习情境5–2 4×4矩阵键盘控制双数码管显示 ……（143）
学习情境5–3 液晶显示数字广告 ……（152）
本章复习思考题 ……（160）
第6章 串口通信——智能电子产品的通信系统 ……（161）
学习情境6–1 双机通信 ……（161）
学习情境6–2 多机通信 ……（182）
本章复习思考题 ……（194）

模块3 实用技术

第7章 智能电子产品的系统结构 ……（199）
学习情境7–1 智能仪器的系统结构 ……（199）
学习情境7–2 简易DC电压表 ……（211）
学习情境7–3 自动转换电压表 ……（218）
本章复习思考题 ……（225）

模块4 综合应用

第8章 智能电子产品的设计与制作 ……（229）
学习情境8–1 C51程序设计 ……（229）
学习情境8–2 Keil软件使用 ……（252）
学习情境8–3 综合实训——智能电子小车的设计与制作 ……（266）
本章复习思考题 ……（275）
附录A ASCII码表 ……（277）

模 块 1

智能电子技术基础

第 1 章　智能电子产品最小系统

学习情境导航

知识目标

1. 常见型号单片机的特点与差别
2. 单片机怎样控制灯的闪烁
3. 单片机的程序和数据的存放：程序控制器；数据存储器
4. I/O 口的知识
5. 单片机的内部结构
6. 常见专用寄存器（A、PSW、SP、DPTR）

能力目标

1. 伟福（wave）软件的使用
2. Proteus 的基本操作
3. 单片机的连线：电源连接；时钟电路连接；复位电路；EA 引脚的连接
4. 掌握单片机电路的开发过程

重点、难点

1. 单片机管脚的基本连接
2. 伟福（wave）软件和 Proteus 的基本操作
3. I/O 口的知识

推荐教学方式

将单片机结构与人或生产车间进行类比，便于学生理解；通过“一体化”教学，结合 Proteus 和 wave 6000 两个软件，边讲边做，与学生共同完成项目任务，让学生了解单片机电路开发的基本流程。

推荐学习方式

通过完成项目任务，在做中学，学中做，实现技能与知识点的掌握；两个应用软件应多上机操作。

学习情境 1–1　初识单片机

一、单片机的基本概念

单片机是集成在一个芯片上的计算机，全称单片微型计算机 SCMC（Single Chip Micro-Computer）。单片机是计算机、自动控制和大规模集成电路技术相结合的产物，融计算机结构和控制功能于一体。图 1–1 是单片机示意图，其中黑色的是塑料外壳，保护着里面的半导体芯片，而白色发光的部分则是其金属引脚，单片机通过这些引脚与外部通信。

图 1–1

二、单片机的主要分类

单片机按照不同的方式进行分类如下。

（1）按应用领域可分为：家电类、工控类、通信类、个人信息终端类等。

（2）按通用性可分为：通用型和专用型。

通用型单片机的主要特点是：内部资源比较丰富，性能全面，而且通用性强，可覆盖多种应用要求。

专用型单片机的主要特点是：针对某一种产品或某一种控制应用而专门设计，设计时已使结构最简，软硬件应用最优，可靠性及应用成本最佳。

（3）按总线结构可分为：总线型和非总线型。

（4）按字长位数可分为：4 位机、8 位机、16 位机和 32 位机。

（5）按结构体系可分为：诺依曼结构和哈佛结构。

（6）按指令体系可分为：CISC（Complex Instruction Set Computer）复杂指令体系和 RISC（Reduced Instruction Set Computer）精简指令体系。

（7）按生产工艺可分为：HMOS 型和 CHMOS 型。

三、单片机的发展过程

单片机诞生于 20 世纪 70 年代，像仙童（Fairchild）公司研制的 F8 单片微型计算机就是当时的产品。这时的单片机还处在初级的发展阶段，元件集成规模还比较小，功能比较简单，多数公司均把 CPU、RAM（有的还包括了一些简单的 I/O 口）集成到芯片上，这种芯片还需配上外围的其他处理电路方可构成完整的计算系统。

1976 年 Intel 公司推出了 MCS–48 单片机，并推向市场，这个时期的单片机才是真正的 8 位单片微型计算机。它因为体积小，功能全，价格低而获得了广泛的应用，为单片机的发展奠定了基础，成为单片机发展史上重要的里程碑。

其后，在 MCS–48 的带领下，各大半导体公司相继研制和发展了自己的单片机，像 Zilog 公司的 Z8 系列。到了 20 世纪 80 年代初，单片机已发展到了高性能阶段，像 Intel 公司的 MCS–51 系列、Motorola 公司的 6801 系列和 6802 系列、Rockwell 公司的 6501 系列及 6502 系列等。此外，日本的著名电气公司 NEC 和 Hitachi 都相继开发了具有自己特色的专用单片机。

1982 年以后，16 位单片机问世，代表产品是 Intel 公司的 MCS–96 系列。16 位单片机比起 8 位机，数据宽度增加了一倍，实时处理能力更强，主频更高，集成度达到了 12 万只晶体管，RAM 增加到了 232 字节，ROM 则达到了 8 KB，并且有 8 个中断源，同时配置了多路的 A/D 转换通道，高速的 I/O 处理单元，适用于更复杂的控制系统。

20 世纪 90 年代以后，单片机获得了飞速的发展，世界各大半导体公司相继开发了功能更为强大的单片机。美国 Microchip 公司发布了一种完全不兼容 MCS–51 的新一代 PIC 系列单片机，引起了业界的广泛关注，特别是其精简指令集只有 33 条指令，吸引了不少用户，使人们从 Intel 的 111 条复杂指令集中走出来。PIC 单片机获得了快速的发展，在业界中占有一席之地。

随后出现了更多的单片机品种。Motorola 公司接着发布了 MC68HC05 系列单片机，MC68HC05 系列以其高速低价等特点赢得了不少用户。日本的几个著名公司也都研制出了性能更强的产品，但不同于 Intel 等公司投放到市场的通用单片机，日本的单片机一般均用于专用系统控制。例如，NEC 公司生产的 uCOM87 系列单片机，其代表作 uPC7811 是一种性能相当优异的单片机。

1990 年美国 Intel 公司推出的 80960 超级 32 位单片机引起了计算机界的轰动，产品相继投放市场，成为单片机发展史上又一个重要的里程碑。

在此期间，单片机品种纷繁复杂，有 8 位、16 位，甚至 32 位机，但 8 位单片机仍以价格低廉、品种齐全、应用软件丰富、支持环境充分、开发方便等特点而占据着主导地位。由于 Intel 公司拥有雄厚的技术、性能优秀的机型和良好的基础，所以，其生产的单片机仍是主流产品。

中国目前最常用单片机的厂家如下。

Intel 公司　　（MCS–51 系列，MCS–96 系列）
Atmel 公司　　（AT89 系列，MCS–51 内核）
Microchip 公司　　（PIC 系列）
Motorola 公司　　（68HCXX 系列）
Zilog 公司　　（Z86 系列）
Philips 公司　　（87，80 系列，MCS–51 内核）
Siemens 公司　　（SAB80 系列，MCS–51 内核）
NEC 公司　　（78 系列）
Epson 公司　　（EOC88 系列）

四、MCS–51 系列单片机

MCS–51 是指由美国 Intel 公司生产的一系列单片机的总称，这一系列单片机包括了很多品种，如 8031、8051、8751、8032、8052、8752 等，其中 8051 是最早、最典型的产品，该系列其他单片机都是在 8051 的基础上进行功能的增、减、改变而来的，所以人们习惯于用 8051 来称呼 MCS–51 系列单片机。

MCS–51 系列单片机分为两大子系列，即 51 子系列与 52 子系列。

51 子系列：基本型，根据片内 ROM 的配置，对应的芯片为 8031、8051、8751。

52 子系列：增强型，根据片内 ROM 的配置，对应的芯片为 8032、8052、8752。

这两大系列单片机的主要硬件特性见表 1–1。

表 1–1　常用型号单片机比较

片内 ROM 格式			ROM 大小	RAM 大小	寻址范围	I/O 特性		中断数量
无	ROM	EPROM				计数器	并行口	
8031	8051	8751	4 KB	128 B	64 KB	2×16	4×8	5
80C31	80C51	87C51	4 KB	128 B	64 KB	2×16	4×8	5
8032	8052	8752	8 KB	256 B	64 KB	2×16	4×8	6
80C32	80C52	87C52	8 KB	256 B	64 KB	2×16	4×8	6

80C51 单片机是在 8051 的基础上发展起来的，它们从外形看是完全一样的，其指令系统、引脚信号、总线等完全一致，这两种单片机是完全可互相移植的。主要差别就在于芯片的制造工艺上，80C51 的制造工艺在 8051 的基础上进行了改进。

8051 系列单片机采用的是 HMOS 工艺，该工艺具有高速度、高密度的特性。

80C51 系列单片机采用的是 CHMOS 工艺，该工艺具有高速度、高密度、低功耗的特性。

单片机自 20 世纪 70 年代末问世以来，已走过 30 多年的发展历程。目前使用最多的仍是 8 位单片机。而在 8 位单片机中，具有基础和典型意义的是 8051 及其改进型 80C51，特别是 80C51 的使用更为广泛，本教材以 80C51 为基本教学内容。

学习情境 1–2　开发工具的使用

一、任务目标

（1）实训板的基本使用方法。

（2）Proteus 和 wave 的基本操作。

（3）编程器的基本操作。

二、知识链接

（一）实训板

目前市面上有许多专供单片机初学者学习 MCS–51 系列单片机程序的辅助实验（实训）板。这些实训装置通常由电源、实训板、并口和串口电缆及相关软件组成。通过正确使用实验板，可以很快掌握单片机指令的使用方法，直观地看到程序运行结果。这些实验板的使用方法也很简单，一般只要插上电源，和电脑的并行口连接（数据通信还要连接串行口）即可，除了要了解单片机本身有关知识以外，几乎不增加其他方面的学习负担。通过实训，可以掌握单片机常用的 I/O 操作、键盘扫描、数码管显示、RAM 扩展、A/D 和 D/A 转换、中断处理、数据通信等操作。

这些实验板对电脑没有特殊要求，但通常必须有一个并行通信口和一个 RS–232 串行通信口，当然也有一些是支持 USB 接口的。如果自备仿真器，则使用更加方便。

（二）Proteus 简介

Proteus 是一个完整的嵌入式系统软件、硬件设计仿真平台。Proteus 电路设计是在功能强大的原理布线工具 Proteus ISIS 环境中进行绘制的。Proteus ISIS 编辑环境具有友好的人机交互界面，设计功能强大，使用方便，易于上手。

1. Proteus 构成

（1）原理图输入系统 ISIS。

（2）混合模型仿真器。

（3）动态器件库。

（4）高级图形分析模块。

（5）处理器仿真模型 VSM。

（6）布线/编辑 ARES。

2. Proteus ISIS 编辑环境

电路设计是在 Proteus ISIS 环境中进行绘制的。当运行 Proteus ISIS 的执行程序后将进入 Proteus ISIS 的编辑环境，如图 1–2 所示。

选择相应的工具箱图标按钮，系统将提供不同的操作工具。对象选择器根据选择不同的工具箱图标按钮决定当前状态显示的内容。显示对象的类型包括元器件、终端、引脚、图形符号、标注和图表等。

工具箱中各图标按钮对应的操作如下。

：选择元器件。

：在原理图中标注连接点。

：标志线段（为线段命名）。

：在电路中输入脚本。

：在原理图中绘制总线。

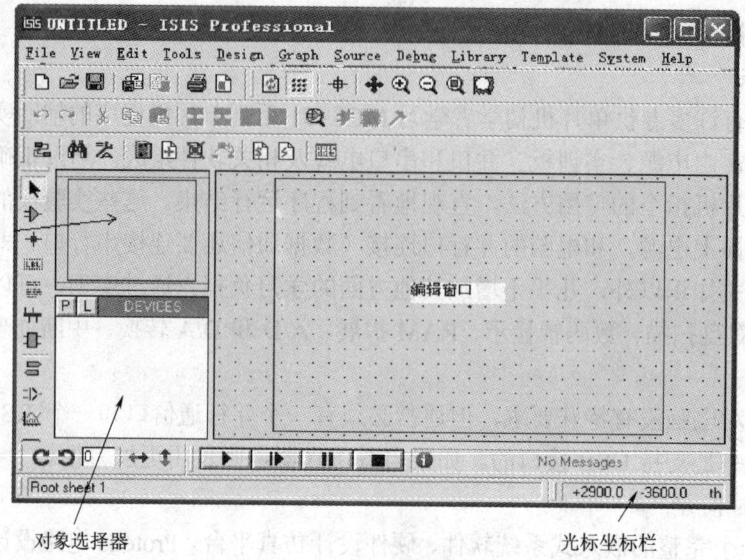

图 1–2 Proteus ISIS 编辑环境

：绘制子电路块。

：可以单击任意元器件并编辑元器件的属性。

：对象选择器列出各种终端（输入、输出、电源和地等）。

：对象选择器将出现各种引脚（普通引脚、时钟引脚、反电压引脚和短接引脚等）。

：对象选择器出现各种仿真分析所需的图表（模拟图表、数字图表、噪声图表、混合图表和 A/C 图表等）。

：对设计电路分割仿真时用此模式。

：对象选择器列出各种激励源（正统激励源、脉冲激励源、指数激励源和 FILE 激励源等）。

：可在原理图中添加电压探针。电路进入仿真模式时，可显示探针处的电压值。

：可在原理图中添加电流探针。电路进入仿真模式时，可显示探针处的电流值。

：对象选择器列出各种虚拟仪器（示波器、逻辑分析仪、定时/计数器的模式发生器等）。

除上述图标按钮外，系统还提供 2D 图形模式图标按钮。

：直线按钮，用于创建元器件或表示图表时绘制线。

：方框按钮，用于创建元器件或表示图表时绘制方框。

：圆按钮，用于创建元器件或表示图表时绘制圆。

：弧线按钮，用于创建元器件或表示图表时绘制弧线。

：任意形状，用于创建元器件或表示图表时绘制任意形状。

A：文本编辑按钮，用于插入各种文字说明。

：符号按钮，用于选择各种符号元器件。

：标记按钮，用于产生各种标记图标。对于具有方向性的对象，系统还提供如下各种旋

转图标按钮。

C Ↄ：方向旋转按钮，以 90°偏转改变元器件的放置方向。

↔：水平镜像旋转按钮，以 Y 轴为对称轴按 180°偏置旋转元器件。

↕：垂直镜像旋转按钮，以 X 轴为对称轴按 180°偏置旋转元器件。

P L DEVICES：其中的 P 是 Pick 切换按钮，单击该按钮可以弹出 Pick Devices，Pick Port，Pick Terminals，Pick Pins 或 Pick Symbols 窗体，通过不同的窗体，可以分别添加元器件端口、终端、引脚或符号到对象选择器中，以便在今后的绘图中使用。

在图 1–2 中 Proteus ISIS 的菜单栏包括 File（文件）、View（视图）、Edit（编辑）、Library（库）、Tools（工具）、Design（设计）、Graph（图形）、Source（源）、Debug（调试）、Template（模板）、System（系统）和 Help（帮助），单击任一菜单后都将弹出其菜单项。Proteus ISIS 完全符合 Windows 菜单风格。

File（文件）菜单项：包括常用的文件功能，如打开新的设计、加载设计、保存设计、导入/导出文件，也可打印、显示最近使用过的设计文档，以及退出 Proteus ISIS 系统等。

View（视图）菜单项：包括是否显示网格、设置格点间距、约定缩放电路及显示与隐藏各种工具栏等。

Edit（编辑）菜单项：包括撤销/恢复操作，查找与编辑、剪切、复制、粘贴元器件及设置多个对象的叠层关系等。

Library（库）菜单项：包括添加、创建元器件/图标及调用库管理器。

Tools（工具）菜单项：包括实时标注、实时捕捉及自动布线等。

Design（设计）菜单项：包括编辑设计属性、编辑图纸属性、进行设计注释等。

Graph（图形）菜单项：包括编辑图形、添加 Trace、仿真图形和分析一致性等。

Source（源）菜单项：包括添加/删除源文件、定义代码生成工具调用外部文本编辑器。

Debug（调试）菜单项：包括启动高度、执行仿真、单步执行和重新排布弹出窗口等。

Template（模板）菜单项：包括设置图形格式、文本格式、设计颜色、线条连接点大小和图形等。

System（系统）菜单项：包括设置自动保存时间间隔、图纸大小和标注字体等。

Help（帮助）菜单项：包括教学示例。

3. Proteus 基本操作步骤

（1）新建设计文件。

（2）调出元件到元件池。

（3）放置元件并连线。

（4）加载程序文件。

（5）仿真。

（三）伟福软件

用鼠标双击桌面上的伟福编程软件的图标，即可进入编程环境，如图 1–3 所示。

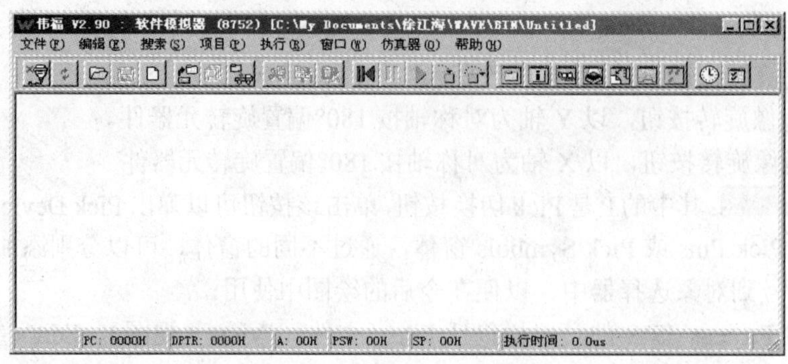

图 1–3　伟福软件编辑环境

与一般的应用软件类似，该软件有标题栏、菜单栏、工具栏、状态栏和工作区等。功能也与以前用过的其他软件一样，具体使用时再介绍。

在应用该软件之前最好先在 D 盘上建立自己的工作文件夹，过程略。

1. 文件的建立和保存

单击“文件”菜单，执行“新建文件（N）”选项，在工作区中出现文件名为 NONAME1 的编辑文档，再单击“文件”菜单执行“保存文件（S）”选项，出现保存文件的对话框，找到自己的工作文件夹，并将文件名改为汇编语言的文件名，即扩展名为.ASM，如 AA.ASM，单击“保存”按钮即可。工作区里的编辑文档的文件名将改为修改的名称 AA.ASM，如图 1–4 所示。文件名的长度一般小于等于 8 个字符。

2. 文件的打开

若要打开一个已存在的文件，就单击菜单文件执行“打开文件（O）”选项，或者直接单击工具栏中打开文件的图标，都会出现对话框，找到相应的文件夹，选择要打开的文件，单击“打开”按钮。伟福环境可以同时打开多个汇编文件。

建立新文件也可通过打开一个已有文件，然后单击“文件”菜单执行“另存为（A）”选项，出现保存文件对话框，起一个合适的名称保存即可。

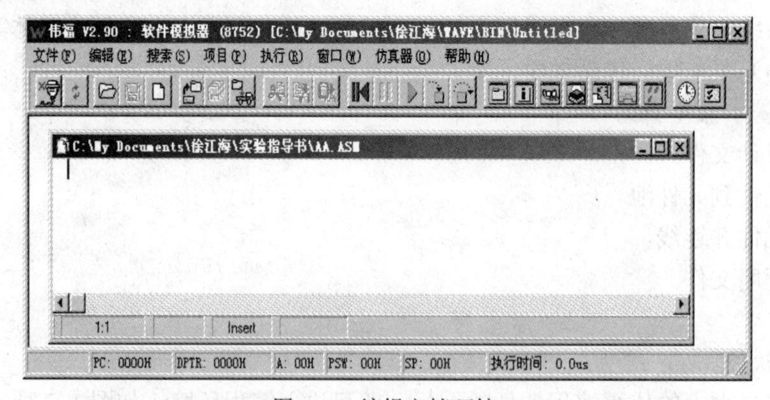

图 1–4　编辑文档环境

3. 汇编文件的编写

在已打开的文件编辑中编写程序，程序的编写应符合汇编语言指令的格式，这在理论课上已学过，这里不再重复。

编写时最好将所有的标号靠左对齐，指令的操作码对齐，以便于阅读。编辑时可以使用“编辑（E）”菜单里的选项，或使用工具栏中的“剪切、复制、粘贴”等图标，来提高编辑速度。程序中用到的标点符号应在英文状态下输入。

4. 文件的编译

编辑好的文件就可以编译，编译时可以单击“项目（P）”菜单执行“编译（M）”选项，也可直接单击工具栏中的“编译”图标。编译时一定要将光标移到编辑文档内部。编译过程中系统会检查语法错误，有中文提示错误类型，并指出所在行（编辑文档的状态栏有行列的信息），改正后继续编译直到没有语法错误。查找某行也可通过“搜索（S）”菜单进行。文件编译好后可以通过信息窗口查看有关的信息，单击工具栏中的“信息窗口”图标，也可在“窗口（W）”菜单中选择，可以观察到所写程序编译后产生的目标程序文件，即十六进制文件和二进制文件。

5. 程序的模拟运行

编译好的程序可以在环境中模拟运行，单击“执行（R）”菜单里的有关选项，或工具栏中的执行选项图标（复位、全速运行、跟踪、单步等）。“跟踪”或“单步”执行时，可以打开“CPU窗口”，观察内部特殊功能寄存器中数据的变化，打开“数据窗口”观察内部 RAM 中的数据变化情况，可以分析程序编写是否正确。“跟踪”和“单步”的区别：“跟踪”可以进入子程序内部，而“单步”将调用指令看做一句指令，执行时跨越过去，执行下一句指令。

6. 编程

编译好的文件，可以通过编程器将目标文件下载（编程）到芯片内部，插到设计好的电路上实际运行。使用前先检查编程器与计算机的连线是否接好，并插上编程器的电源。用鼠标双击桌面上的编程器图标，进入编程器的使用环境，如图 1–5 所示。

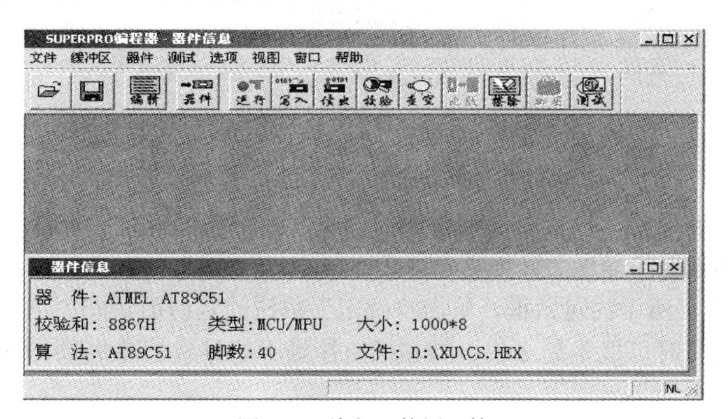

图 1–5　编程器使用环境

跟一般的应用软件一样，编程器有许多内容，本书只需要了解其中的几项操作。

1. 选择芯片型号

单击工具栏中的“器件”按钮，弹出对话框，先选择芯片的制造厂家、芯片类型，然后选择所要芯片型号，单击“确定”按钮即可。在状态栏中会出现相应的信息，如图 1–5 所示。

2. 目标文件的装载

单击工具栏中的“装载”按钮，出现打开文件的对话框，找到目标文件存放的文件夹，打开所要的文件。在打开的过程中会出现文件类型选择的对话框，如图 1–6 所示。一般无须选择，直接单击“确定”按钮，就会在数据区中出现以十六进制数表示的目标文件（即机器码），如图 1–7 所示。

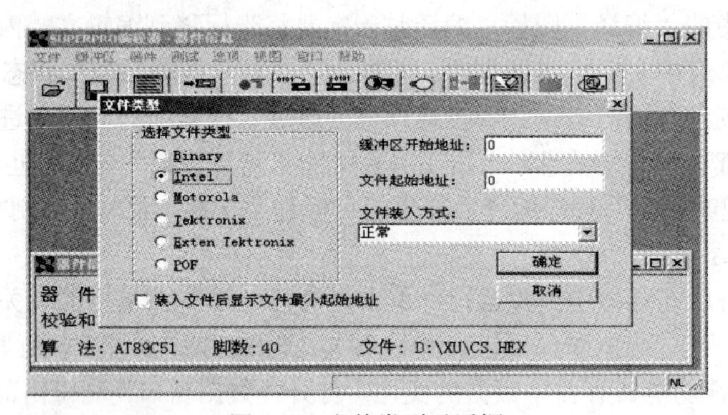

图 1–6　文件类型对话框

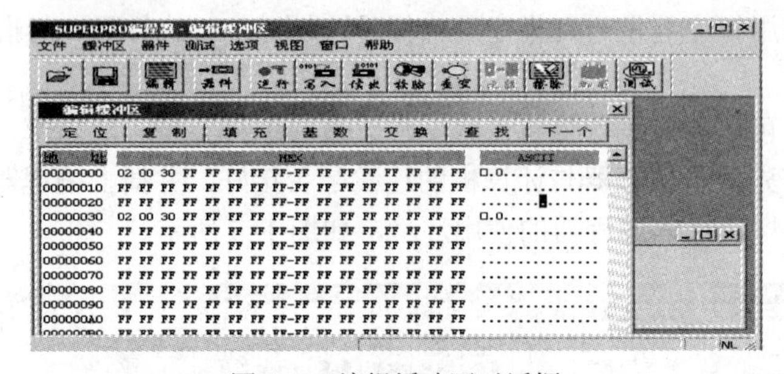

图 1–7　编辑缓冲区对话框

3. 芯片擦除

芯片除第一次使用外，以后每次使用都需擦除其内部的内容，才能写入新的目标文件。将集成块放置在编程器的插座上并锁紧（注意缺口方向），单击“擦除”按钮，自动完成擦除，成功后显示如图 1–8 所示的对话框，单击“确定”按钮回到前面状态，不成功显示相关错误提示信息。注意：有时可能是集成块引脚和插座接触不好导致擦除失败，重新放置集成块再擦除。

4. 目标程序下载

在芯片内部已擦除的前提下，单击“写入”按钮，出现图 1–9 所示的编程对话框。

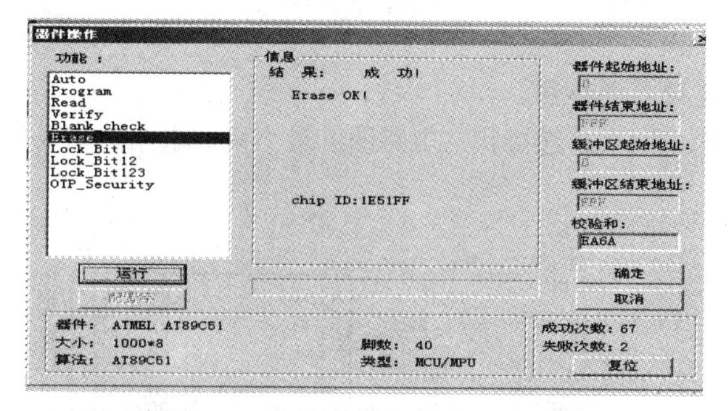

图 1-8　芯片擦除成功后的对话框

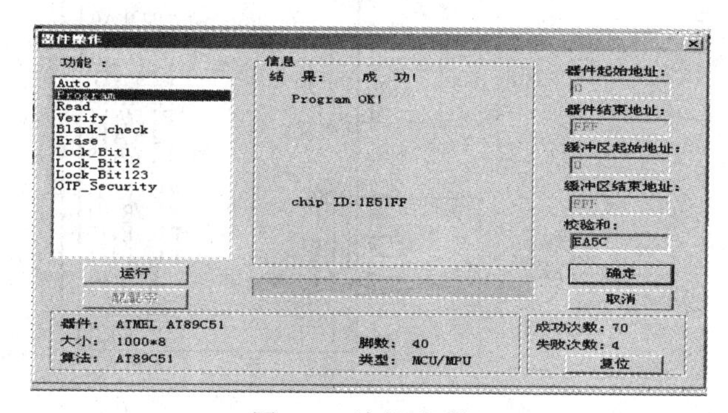

图 1-9　编程对话框

学习情境 1-3　制作智能电子最小系统

一、任务目标

（1）掌握单片机开发环境的使用方法。

（2）熟悉常用程序的调试方法。

（3）掌握智能电子最小系统的连线方法。

二、知识链接

AT89C51 芯片的 40 个引脚中常见几个引脚的功能与使用方法如下。

（1）电源：电源正极接 40（Vcc）引脚，电源负极接 20（Vss）引脚，电源电压为 5 V，正负偏离值不超过 5%。

（2）振荡电路：单片机内部由大量的时序电路组成，没有时钟脉冲的跳动单片机的各个部分将无法工作。所以在单片机内部集成有振荡电路，只要按照图 1-10 将晶振和电容接到单片机的 18（XIAL2）、19（XIAL1）引脚，一个完整的振荡器就构成了，晶振的频率，决定了单片机工作的快慢。

（3）复位电路：用于将单片机内部各电路的状态恢复到初始值。

三、任务实施

1. 跟我做——确定硬件电路图

在 Proteus 软件中按图 1–10 连接状态电路图。最小系统电路的构成包括：时钟电路、流水灯电路和复位电路。

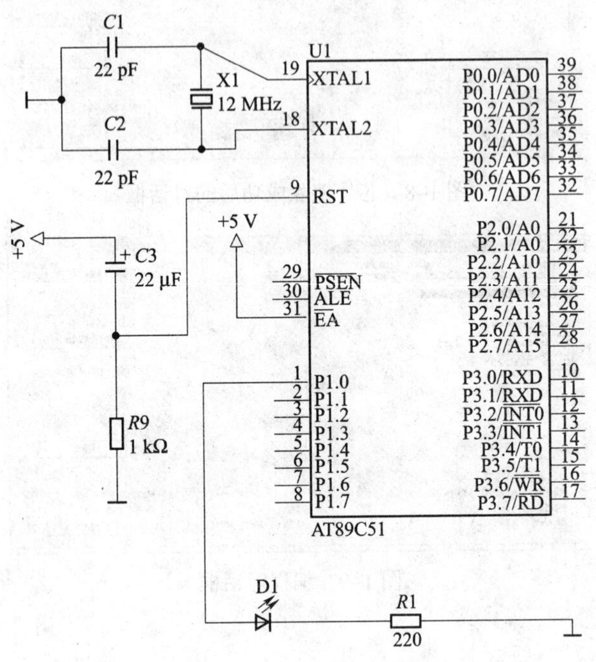

图 1–10 单片机最小系统

2. 跟我做——准备器件

器件列表见表 1–2。

表 1–2 元件列表

元 件 名 称	参 数	数 量
单片机芯片	AT89C51	1 片
晶振	12 MHz	1 个
电容	22 pF	2 个
电解电容	22 μF	1 个
发光二极管		1 个
电阻	220 Ω，1 kΩ	8 个

3. 跟我做——软硬件联调

（1）在 Proteus 中按照图 1–10 连好硬件电路。

（2）用伟福软件编写程序，并进行编译得到.HEX格式文件。

（3）将所得的.HEX格式文件在Proteus中加载到单片机芯片中。

（4）开始仿真，看数码管显示有怎样的变化。

（5）Proteus 中结果正常后，用实际硬件搭接电路，通过编程器将.HEX 格式文件下载到AT89C51中。

（6）通电看效果，看灯是否闪烁。

四、课外任务

修改本节中的任务，实现8个LED灯的亮灭闪烁控制。

学习情境1–4　单片机的数制与编码

一、任务目标

掌握常用型号单片机的内部结构，明确单片机的4种连接方法：① 电源连线；② 时钟电路连线；③ 复位连线；④ EA引脚连线。所有单片机要正常工作必须要有这4种连接。

二、知识链接

单片机是计算机的一种类型，因此所采用的数制与编码也和计算机中的相同。

计算机内部是由各种基本的数字电路构成，只能识别和处理数字信息。而数字电路中的各种数据都是以二进制数表示，因为它易于物理实现。同时，数据的存储、传送、处理简单可靠，不仅可以实现数值运算，而且可以实现逻辑运算。但二进制数书写时太长，不方便阅读和记忆，因此，常采用十六进制数来缩写。

（一）计算机中的常用数制

1. 进位计数制的概念

使用有限个基本数码来表示数据，按进位的方法进行计数称为进位计数制。进位计数制包含两大要素：基数和位权。

基数：用来表示数据基本数码的个数，大于此数后必须进位。

位权：数码在表示数据时所处的数位所具有的单位常数，简称“权”。任意一个j进制数的表示方法如下。

$$s_j=\sum_{i=-m}^{n-1}k_i j^i$$

式中，k_i=0，1，…，j_i为第i位的数码；m为小数部分位数；n为整数部分位数。

2. 单片机中常用的数制

（1）十进制（Decimal）数。

特点：① 基数为10，有0，1，…，9共10个数码，逢10进1；② 各位的权为10^i。任意一个十进制数的表示方法如下。

$$s_{10}=\sum_{i=-m}^{n-1}k_i10^i$$

式中，k_i=0，1，2，3，4，5，6，7，8，9。

例如：$(273.45)_{10}=2\times10^2+7\times10^1+3\times10^0+4\times10^{-1}+5\times10^{-2}$。

（2）二进制（Binary）数。

特点：① 基数为 2，有 0，1 两个数码，逢 2 进 1。② 各位的权为 2^i。

任意一个二进制数的表示方法为

$$s_2=\sum_{i=-m}^{n-1}k_i2^i$$

式中，k_i=0，1。

例如：$(1011.101)_2=1\times2^3+0\times2^2+1\times2^1+1\times2^0+1\times2^{-1}+0\times2^{-2}+1\times2^{-3}$。

（3）十六进制（Hexadecimal）数。

特点：① 基数为 16，有 0～9 和 A，B，C，D，E，F（对应十进制 10～15）共 16 个数码，逢 16 进 1；② 各位的权为 16^i。

任意一个十六进制数的表示方法为

$$s_{16}=\sum_{i=-m}^{n-1}k_i16^i$$

式中，k_i=0～9，A～F。

例如：$(\text{A87.E79})_{16}=\text{A}\times16^2+8\times16^1+7\times16^0+\text{E}\times16^{-1}+7\times16^{-2}+9\times16^{-3}$。

为了区别这几种数制，可在数的后面加上数字下标 2，10，16，也可以加一字母。用 B 表示二进制数；D 表示十进制数；H 表示十六进制数。如果后面的数字或字母被省略，则表示该数为十进制数。

3. 各种数制间的转换

（1）j 进制转换为十进制。

方法：只需按权展开相加即可。

例如：$101101\text{B}=1\times2^5+0\times2^4+1\times2^3+1\times2^2+0\times2^1+1\times2^0$

$=32+0+8+4+0+1$

$=45\text{D}$

（2）十进制转换为 j 进制。

十进制转换为 j 进制时，必须将整数部分和小数部分分开转换。

整数部分的转换：把十进制的整数不断地除以所需要的基数 j，直至商为零，所得余数依倒序排列，就能转换成以 j 进制数的整数部分，这种方法称为除基取余法。

小数部分的转换：将一个十进制小数转换成 j 进制小数时，可不断地将十进制小数部分乘以 j，并取整数部分，直至小数部分为零或达到一定精度时，将所得整数依顺序排列，就可以得

到 j 进制数的小数部分，这种方法称为乘基取整法。

例如：115.375D= (1110011.011)B

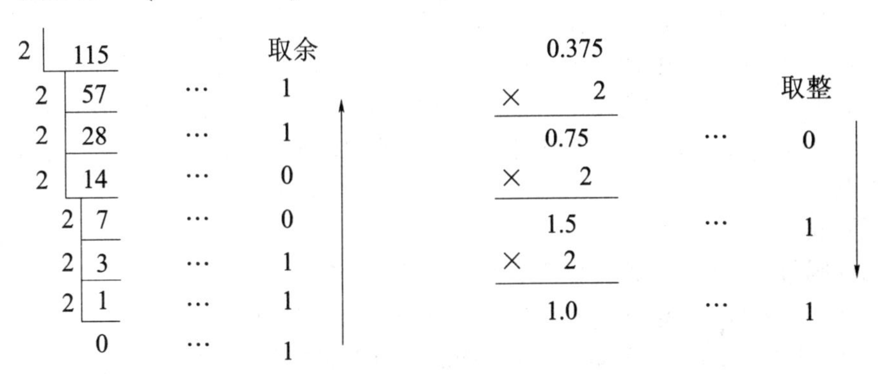

116.84375D= (74.D8)H

（3）二进制与十六进制数的相互转换。

由于二进制的基数是 2，而十六进制的基数为 $16=2^4$，即 4 位二进制数正好对应一位十六进制数，因此两者之间的转换十分方便。

方法：以小数点为中心，整数部分从右向左，每 4 位二进制数对应一位 16 进制数，整数部分不足 4 位高位加 0；小数部分从左向右，每 4 位二进制数对应一位 16 进制数，小数部分不足 4 位低位加 0。

示例如下

B6.8H=10110110.1000B= (10110110.1) B

11011.011B=00011011.0110B= (1B.6) H

（二）计算机中数的表示

在实际计算过程中，数是有正有负的，而计算机只能识别 0，1 两种信息，那么正、负数在计算机中如何表示呢？

1. 机器数与真值

机器数是指机器中数的表示形式。它将数值连同符号位一起数码化，表示成一定长度的二进制数，其长度通常为 8 的整数倍。机器数通常有两种：有符号数和无符号数。有符号数的最高位为符号位，代表了数的正负，其余各位用于表示数值的大小；无符号数的最高位不作符号位，所有各位都用来表示数值的大小。

真值是指机器数所代表的实际正负数值。有符号数的符号数码化的方法通常是将符号用“0 正 1 负”的原则表示，并以二进制数的最高位作为符号位。

2. 有符号数的表示方法

有符号数的表示方法有原码、反码和补码 3 种。以下均以长度为 8 位的二进制数表示有符号数。

（1）原码表示法。

将 8 位二进制数的最高位（D7 位）作为符号位（0 正 1 负），其余 7 位（D6 位～D0 位）表示数值的大小。

例如：＋55 的原码为 00110111B

–55 的原码为 10110111B

有符号数的原码表示范围为–127～＋127（FFH～7FH），其中 0 的原码有两个 00H 和 80H，分别是＋0 的原码和–0 的原码。原码表示简单，与真值转换方便，但进行加、减运算时其电路实现较为繁杂。

（2）反码表示法。

正数的反码与原码相同，但负数的反码其符号位不变，其余各数值位按位取反。

例如：＋0 的反码为 00000000B；＋127 的反码为 01111111B

–0 的反码为 11111111B；　–127 的反码为 10000000B

有符号数的反码表示的范围为–127～＋127，其中 0 的反码与原码类似，也有两个值。

（3）补码表示法。

正数的补码与原码相同，负数的补码等于其反码加 1（即相应数值的原码按位取反，再加 1）。

例如：–127 的补码为 10000001B；–1 的补码为 11111111B

有符号数补码表示的范围为–128～＋127，其中 0 的补码只有一种表示，即＋0= –0= 00000000。当有符号数用补码表示时，可以把减法转换为加法进行计算。

（三）常用编码

1. BCD（Binary Code Decimal）码

由于人们习惯于使用十进制数，但计算机又不能识别十进制数，所以，为了将十进制数用二进制表示，并按十进制的运算规则运算，就出现了 BCD 码。BCD 码就是二—十进制编码。它用 4 位二进制数表示一位十进制数，称为压缩的 BCD 码。因为 4 位二进制数共有 2^4=16 种组合状态，故可选其中 10 种编码来表示 0～9 这 10 个数字，不同的选法对应不同的编码方案。按编码方案的不同又可分为有权码和无权码。有权码主要有 8421，2421 等，无权码有余 3 码、格雷码等。

这里主要介绍 8421BCD 码。8421BCD 码是一种最常用的编码。4 位二进制码的权分别为 8，4，2，1，其特点如下。

（1）由 4 位二进制数 0000～1001 分别表示十进制数 0～9。

（2）每 4 位二进制数进位规则应为逢 10 进 1。

（3）当进行两个 BCD 码运算时，为了得到 BCD 码的结果，需进行十进制调整。调整方法为：加（减）法运算的和（差）数所对应的每一位十进制数大于 9 时或低 4 位向高 4 位产生进（借）位时，需加（减）6 调整。

例 1–1：9172=（1001 0001 0111 0010）BCD。

例 1–2：用 BCD 码运算 48＋69=?

0100　1000（48）

0110　1001（69）	；高 4 位值大于 9 且低 4 位向高 4 位产生了进位，要进行调整
1011　0001（B1）	；结果不正确
+0110　0110	；在高低 4 位分别进行+6 调整
10001　0111（117）	；调整结果正确，为十进制值

2. ASCII 码

美国标准信息交换码简称 ASCII（American Standard Code for Information Interchange）码，用于表示在计算机中需要进行处理一些字母、符号等。ASCII 码是由 7 位二进制数码构成的字符编码，共有 2^7=128 种组合状态。用它们表示 52 个大小写英文字母、10 个十进制数、7 个标点符号、9 个运算符号及 50 个其他控制符号。在表示这些符号时，用高 3 位表示行码，低 4 位表示列码，如附录 A 所示。

学习情境 1–5　单片机的内部结构

一、任务目标

掌握常用型号单片机的内部结构，明确单片机内部结构的组成单元以及 80C51 封装与引脚，熟悉 80C51 内部数据存储单元地址的分配和各专用寄存器（SFR）。

二、知识链接

（一）80C51 单片机的内部逻辑结构

80C51 是 8 位单片机中一个最基本、最典型的芯片型号，其逻辑结构如图 1–11 所示。

单片机仍保持着经典计算机的体系结构，由 10 大基本部分所组成。下面结合 80C51 的具体结构做说明。

1. 中央处理器 CPU

中央处理器简称 CPU（Central Processing Unit），是单片机的核心，用于完成运算和控制操作。中央处理器包括运算器和控制器两部分电路。

（1）运算电路。

运算电路是单片机的运算部件，用于实现算术和逻辑运算。图 1–11 中的算术逻辑单元 ALU（Arithmetic Logic Unit）、累加器（ACC）、B 寄存器、程序状态字和两个暂存寄存器等都属于运算器电路。

运算电路以 ALU 为核心，基本的算术运算和逻辑运算均在其中进行，包括加、减、乘、除、增量、减量、十进制调整、比较等算术运算，“与”“或”“异或”等逻辑运算，左、右移位和半字节交换等操作。操作结果的状态由程序状态字（PSW）保存。

（2）控制电路。

控制电路是单片机的指挥控制部件，保证单片机各部分能自动而协调地工作。图 1–11 中的程序计数器（PC）、PC 加 1 寄存器、指令寄存器、指令译码器、定时控制电路以及振荡电路等均属于控制电路，单片机执行程序就是在控制电路的控制下进行的。首先从程序存储器中读出

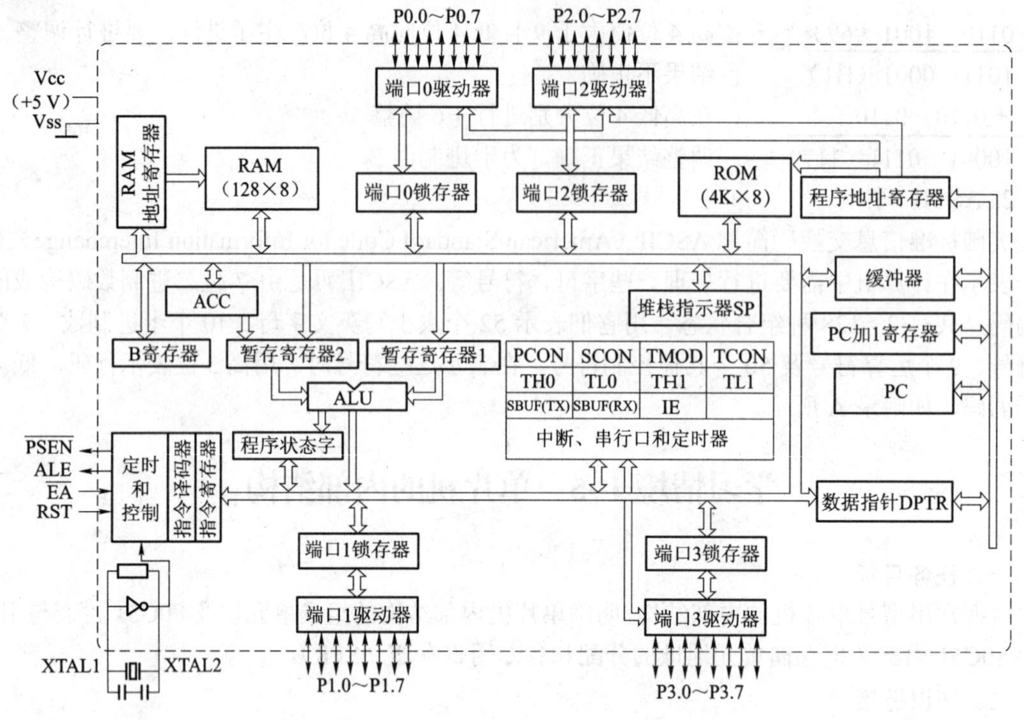

图 1–11　80C51 逻辑结构

指令，送指令寄存器保存；然后送指令译码器进行译码，译码结果送定时控制电路，由定时控制逻辑产生各种定时信号和控制信号；再送到系统的各个部件去控制相应的操作。这就是执行一条指令的全部过程，而执行程序就是不断重复这一过程。

2. 内部数据存储器

内部数据存储器包括 RAM（128×8）和 RAM 地址寄存器，用于存放可读/写的数据。实际上 80C51 芯片中共有 256 个 RAM 单元，但其中后 128 个单元为专用寄存器，能作为普通 RAM 存储器供用户使用的只有前 128 个单元。因此，通常所说的内部数据存储器是指前 128 个单元，简称“内部 RAM”。

3. 内部程序存储器

内部程序存储器包括 RAM（128×8）和 RAM 地址寄存器等。80C51 共有 4 KB 掩膜 ROM，用于存放程序和原始数据，因此称之为程序存储器，简称“内部 ROM”。

4. 定时器/计数器

由于控制应用的需要，80C51 共有两个 16 位的定时器/计数器，用定时器/计数器 0 和定时器/计数器 1 表示，用于实现定时或计数功能，并以其定时或计数结果对单片机进行控制。

5. 并行 I/O 口

80C51 共有 4 个 8 位并行 I/O 口（P0，P1，P2，P3），以实现数据的并行输入/输出。

6. 串行口

80C51 单片机有一个全双工串行口，以实现单片机和其他数据设备之间的串行数据传送。该串行口功能较强，既可作为全双工异步通信收发器使用，也可作为同步移位器使用。

7. 中断控制电路

80C51 单片机的中断功能较强，以满足控制应用的需要。它共有 5 个中断源，即外部中断 2 个，定时/计数中断 2 个，串行中断 1 个。全部中断分为高级和低级共两个优先级别。

8. 时钟电路

80C51 芯片内部有时钟电路，但石英晶体和微调电容需外接。时钟电路为单片机产生时钟脉冲序列。

9. 位处理器

单片机主要用于控制，需要有较强的位处理功能，因此，位处理器是它的必要组成部分。有些资料把位处理器称为布尔处理器。

10. 内部总线

上述这些部件通过总线连接起来，才能构成一个完整的计算机系统。芯片内的地址信号、数据信号和控制信号都是通过总线传送的。总线结构减少了单片机的连线和引脚，提高了集成度和可靠性。

（二）80C51 单片机的封装与信号引脚

1. 芯片封装形式

80C51 有 40 引脚双列直插式 DIP（Dual In-line Package）和 44 引脚方形扁平式 QFP（Plastic Quad Flat Package）共两种封装形式。其中双列直插式封装芯片的引脚排列及芯片逻辑符号如图 1–12 所示。

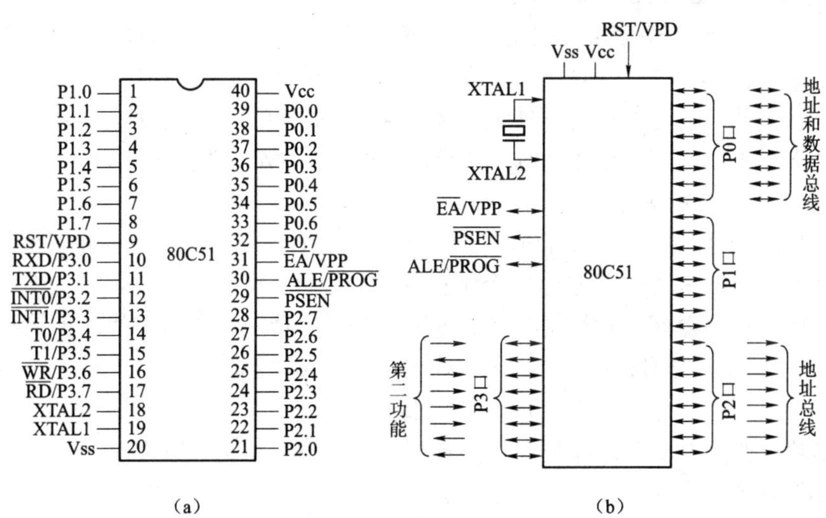

图 1–12　双列直插式芯片封装

（a）引脚排列；（b）逻辑符号

2. 芯片引脚介绍

（1）主电源引脚 Vcc 和 Vss。

Vcc：电源端。工作电源和编程校验（+5 V）。

Vss：接地端。

（2）时钟振荡电路引脚 XTAL1 和 XTAL2。

XTAL1 和 XTAL2 分别用作晶体振荡器电路的反相器输入和输出端。在使用内部振荡电路时，这两个端子用来外接石英晶体，振荡频率为晶振频率，振荡信号送至内部时钟电路产生时钟脉冲信号。若采用外部振荡电路，则 XTAL2 用于输入外部振荡脉冲，该信号直接送至内部时钟电路，而 XTAL1 必须接地。

（3）控制信号引脚 RST/VPD，ALE/PROG，PSEN 和 EA/VPP。

RST/VPD：复位信号输入端。当 RST 端保持 2 个机器周期（24 个时钟周期）以上的高电平时，使单片机完成复位操作。第二功能 VPD 为内部 RAM 的备用电源输入端。主电源一旦发生断电，降到一定低电压值时，可通过 VPD 为单片机内部 RAM 提供电源，以保护片内 RAM 中的信息不丢失，使其上电后能继续正常运行。

ALE/PROG：ALE 为地址锁存允许信号。在访问外部存储器时，ALE 用来锁存 P0 扩展地址低 8 位的地址信号；在不访问外部存储器时，ALE 也以时钟振荡频率的 1/6 的固定速率输出，因而它又可用作外部定时或其他需要。但是，在遇到访问外部数据存储器时，会丢失一个 ALE 脉冲。ALE 能驱动 8 个 LSTTL 门输入。第二功能 PROG 是内部 ROM 编程时的编程脉冲输入端。

PSEN：外部程序存储器 ROM 的读选通信号。当访问外部 ROM 时，PSEN 产生负脉冲作为外部 ROM 的选通信号；而在访问外部数据 RAM 或片内 ROM 时，不会产生有效的 PSEN 信号。PSEN 可驱动 8 个 LSTTL 门输入端。

EA/VPP：访问外部程序存储器控制信号。对 80C51 而言，它们的片内有 4 KB 的程序存储器，当 EA 为高电平时，CPU 访问片内程序存储器有两种情况：访问地址空间在 0～4 KB 范围内，CPU 访问片内程序存储器；访问的地址超出 4 KB 时，CPU 将自动执行外部程序存储器的程序，即访问外部 ROM。当 EA 接地时，只能访问外部 ROM。第二功能 VPP 为编程电源输入。

（三）并行 I/O 口电路结构

单片机芯片内还有一项主要内容就是并行 I/O 口。80C51 共有 4 个 8 位的并行 I/O 口，分别记作 P0，P1，P2，P3。每个口都包含一个锁存器、一个输出驱动器和输入缓冲器。实际上，它们已被归入专用寄存器之列，并且具有字节寻址和位寻址功能。在访问片外扩展存储器时，低 8 位地址和数据由 P0 口分时传送，高 8 位地址由 P2 口传送。在无片外扩展存储器的系统中，这 4 个口的每一位均可作为双向的 I/O 端口使用。

80C51 单片机的 4 个 I/O 口都是 8 位双向口，这些口在结构和特性上是基本相同的，但又各具特点，以下将分别介绍之。

1. P0 口

P0 口的逻辑电路如图 1–13 所示。

由图 1–13 可见，电路中包含有一个数据输出锁存器、两个三态数据输入缓冲器、一个数据输出的驱动电路和一个输出控制电路。当对 P0 口进行写操作时，由锁存器和驱动电路构成数据输出通路。由于通路中已有输出锁存器，因此数据输出时可以与外设直接连接，而不需再加数据锁存电路。

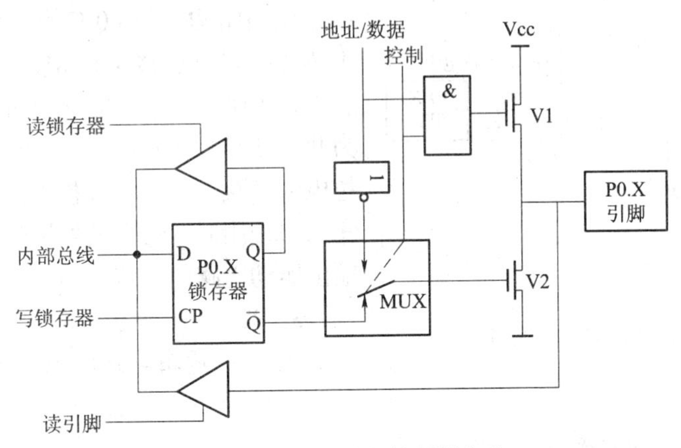

图 1–13　P0 口某位的逻辑电路

考虑到 P0 口既可以作为通用的 I/O 口进行数据的输入/输出，又可以作为单片机系统的地址/数据线使用，为此在 P0 口的电路中有一个多路转接电路 MUX。在控制信号的作用下，多路转接电路可以分别接通锁存器输出或地址/数据线。当作为通用的 I/O 口使用时，内部的控制信号为低电平，封锁与门，将输出驱动电路的上拉场效应管（FET）截止，同时使多路转接电路 MUX 接通锁存器 Q 端的输出通路。

读端口是指通过上面的缓冲器读锁存器 Q 端的状态。在端口已处于输出状态的情况下，Q 端与引脚的信号是一致的，这样安排的目的是为了适应对端口进行“读—修改—写”操作指令的需要。例如，“ANL P0，A”就是属于这类指令，执行时先读入 P0 口锁存器中的数据，然后与 A 的内容进行逻辑与，再把结果送回 P0 口。对于这类“读—修改—写”指令，不直接读引脚而读锁存器是为了避免可能出现的错误。因为在端口已处于输出状态的情况下，如果端口的负载恰是一个晶体管的基极，导通的 PN 结会把端口引脚的高电平拉低，这样直接读引脚就会把本来的“1”误读为“0”。但若从锁存器 Q 端读，就能避免这样的错误，得到正确的数据。

但要注意，当 P0 口进行一般的 I/O 输出时，由于输出电路是漏极开路电路，因此必须外接上拉电阻才能有高电平输出；当 P0 口进行一般的 I/O 输入时，必须先向电路中的锁存器写入“1”，使 FET 截止，以避免锁存器为“0”状态时对引脚读入的干扰。

在实际应用中，P0 口绝大多数情况下都是作为单片机系统的地址/数据线使用，这要比当做一般 I/O 口应用简单。当输出地址或数据时，由内部发出控制信号，打开上面的与门，并使多路转接电路 MUX 处于内部地址/数据线与驱动场效应管栅极反相接通状态。这时的输出驱动电路由于上、下两个 FET 处于反相，形成推拉式电路结构，使负载能力大为提高。而当输入数据

时，数据信号则直接从引脚通过输入缓冲器进入内部总线。

2. P1 口

P1 口的逻辑电路如图 1–14 所示。

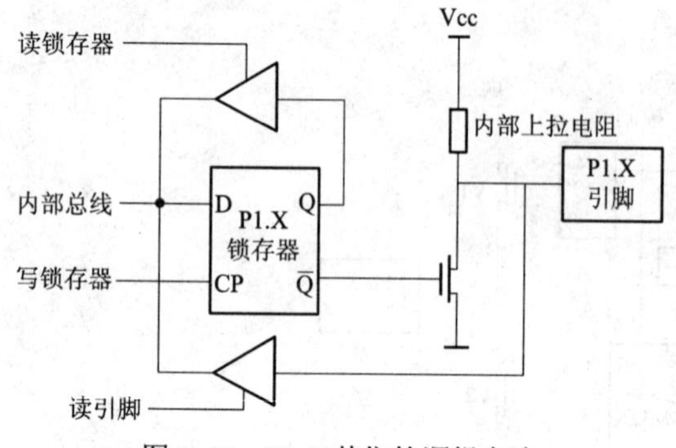

图 1–14　P1 口某位的逻辑电路

因为 P1 口通常是作为通用 I/O 口使用的，所以在电路结构上与 P0 口有一些不同之处：首先它不再需要多路转接电路 MUX；其次是电路的内部有上拉电阻，与场效应管共同组成输出驱动电路。为此，P1 口作为输出口使用时，已经能向外提供推拉电流负载，无需再外接上拉电阻。当 P1 口作为输入口使用时，同样也需先向其锁存器写“1”，使输出驱动电路的 FET 截止。

3. P2 口

P2 口的逻辑电路如图 1–15 所示。

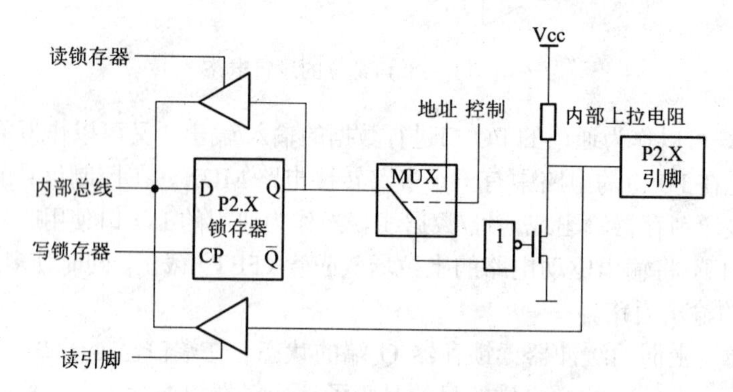

图 1–15　P2 口某位的逻辑电路

P2 口电路比 P1 口电路多了一个多路转接电路 MUX，这又正好与 P0 口一样。P2 口可以作为通用 I/O 口使用，这时多路转接电路开关倒向锁存器 Q 端。通常情况下，P2 口是作为高位地址线使用，此时多路转接电路开关应倒向相反方向。

4. P3 口

P3 口的逻辑电路如图 1–16 所示。

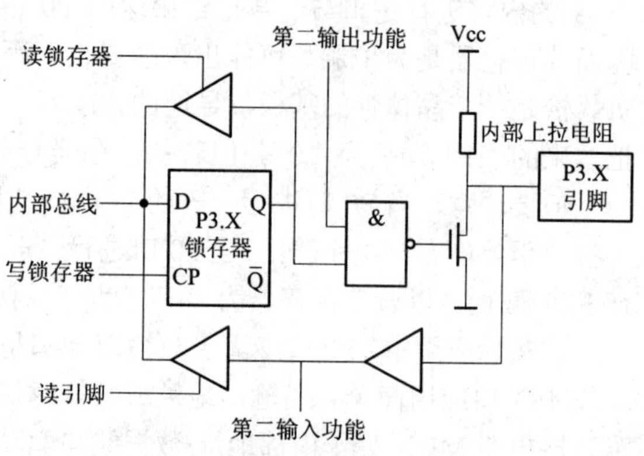

图 1–16　P3 口某位的逻辑电路

P3 口的特点：为适应引脚信号第二功能的需要，增加了第二功能控制逻辑。由于第二功能信号有输入和输出两类，因此分两种情况说明。

（1）对于第二功能为输出的信号引脚，当作为 I/O 使用时，第二功能信号引线应保持高电平，与非门开通，以维持从锁存器到输出端数据输出通路的畅通。当输出第二功能信号时，该位的锁存器应置“1”，使与非门对第二功能信号的输出是畅通的，从而实现第二功能信号的输出。

（2）对于第二功能为输入的信号引脚，在端口线的输入通路上增加了一个缓冲器，输入的第二功能信号就从这个缓冲器的输出端取得。而作为 I/O 使用的数据输入，仍取自三态缓冲器的输出端。不管是作为 I/O 输入还是第二功能信号输入，端口锁存器输出和第二功能输出信号线都应保持高电平。

（四）时钟电路与复位电路

1. 时钟信号的产生

在 80C51 芯片内部有一个高增益反相放大器，其输入端为芯片引脚 XTAL1，其输出端为引脚 XTAL2。而在芯片的外部，XTAL1 和 XTAL2 之间跨接晶体振荡器和微调电容，从而构成一个稳定的自激振荡器，这就是单片机的时钟电路，如图 1–17 所示。

时钟电路产生的振荡脉冲经过触发器进行二分频之后，才成为单片机的时钟脉冲信号。请读者特别注意时钟脉冲与振荡脉冲之间的二分频关系，否则会造成概念上的错误。一般地，电容 C1 和 C2 取 30 pF 左右，晶体的振荡频率范围是 1.2～12 MHz。晶体振荡频率高，则系统的时钟频率也高，单片机运行速度也就快。80C51 在通常应用情况下，使用振荡频率为 6 MHz 或 12 MHz。

2. 引入外部脉冲信号

在由多片单片机组成的系统中，为了各单片机之间时钟信号的同步，应当引入唯一的公用外部脉冲信号作为各单片机的振荡脉冲。这时，外部的脉冲信号是经 XTAL2 引脚注入，其连接如图 1–18 所示。

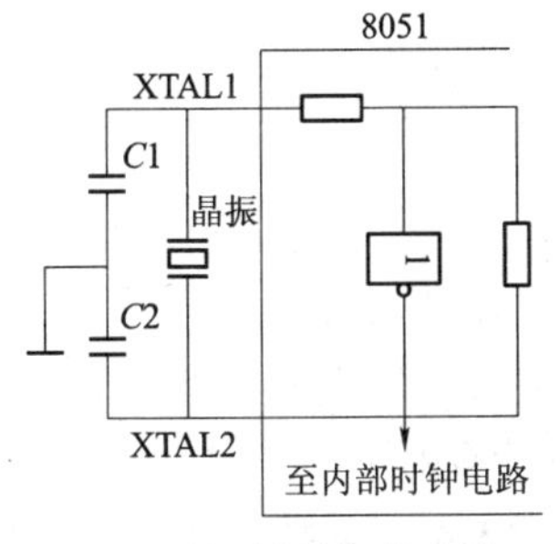

图 1–17　时钟振荡电路

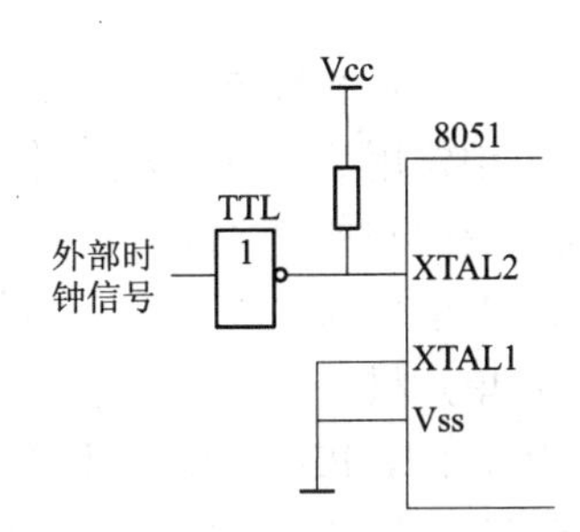

图 1–18　外部时钟源接法

3. 时序

时序是用定时单位来说明的。80C51 的时序定时单位共有 4 个，从小到大依次是：节拍、状态、机器周期和指令周期，下面分别加以说明。

（1）节拍与状态。

把振荡脉冲的周期定义为节拍，用 P 表示。振荡脉冲经过二分频后，就是单片机的时钟信号的周期，其定义为状态，用 S 表示。

这样，一个状态就包含两个节拍，其前半周期对应的拍节叫节拍 1（P1），后半周期对应的节拍叫节拍 2（P2）。

（2）机器周期。

80C51 采用定时控制方式，因此它有固定的机器周期。规定一个机器周期的宽度为 6 个状态，并依次表示为 S1～S6。由于一个状态又包括两个节拍，因此，一个机器周期总共有 12 个节拍，分别记作 S1P1，S1P2，…，S6P2。由于一个机器周期共有 12 个振荡脉冲周期，因此机器周期就是振荡脉冲的 12 分频。

当振荡脉冲频率为 12 MHz 时，一个机器周期为 1 μs；当振荡脉冲频率为 6 MHz 时，一个机器周期为 2 μs。

（3）指令周期。

指令周期是最大的时序定时单位，执行一条指令所需要的时间称为指令周期。它一般由若干个机器周期组成。不同的指令，所需要的机器周期数也不相同。通常，包含一个机器周期的指令称为单周期指令，包含两个机器周期的指令称为双周期指令等。指令的运算速度与指令所包含的机器周期有关，机器周期数越少的指令执行速度越快。80C51 单片机通常可以分为单周期指令、双周期指令和四周期指令 3 种。四周期指令只有乘法和除法指令两条，其余均为单周期和双周期指令。

三、课外任务

掌握单片机内部结构，了解单片机的基本连线，熟悉单片机电路开发的基本流程。

本章复习思考题

1. 单片机具有哪些特点？
2. 计算机中常用数的表示方法有哪些？
3. 原码、反码和补码之间有何关系？
4. MCS-51 单片机由哪几部分组成，各部分的功能是什么？
5. 什么是单片机复位，单片机是如何实现复位的，复位后单片机的状态如何？
6. P0，P1，P2，P3 各口都有什么用途，使用时要注意什么？
7. MCS-51 单片机的 EA 引脚有何功能，在使用 8031 时 EA 如何接，使用 80C51 时 EA 如何接？
8. MCS-51 单片机有哪些信号需要使用引脚的第二功能？
9. 如何从 MCS-51 单片机的 4 个工作寄存器组中选择当前工作寄存器？
10. MCS-51 单片机的内部存储空间是怎样分配的？
11. 试阐述程序状态字寄存器 PSW 的含义。

12. 将下面十六进制的数转换成二进制，进而转换成十进制。

（D7.B）H　　　　（15.9）H　　　　（F9.3）H

13. 将下面十进制数转换成二进制数，进而转换成十六进制数。

（211.125）10　　（18.9375）10　　（135.6875）10

14. 写出下列各十进制数的原码、补码和反码。

① 28；② 68；③ –28；④ –68；⑤ –126

第2章　汇编语言——智能电子产品的指令系统

学习情境导航

知识目标

1. 寻址方式
2. MOV 类指令
3. MOVX 类指令
4. 七段数码管的基本知识
5. 查表指令
6. 运算类指令
7. 逻辑运算指令
8. 无条件转移指令
9. 条件转移指令
10. 子程序知识
11. 延时子程序
12. 位地址
13. 位操作指令
14. 位控制转移指令

能力目标

1. 单片机常用汇编指令的灵活运用
2. 七段数码管显示字形码的使用
3. 数据表格的建立方法
4. 掌握用查表指令实现七段数码管的软件译码方法
5. P0 口上拉电阻的正确连接
6. 数码管显示电路的连接
7. 掌握单片机中用除法将一个数各位转化为 BCD 码的方法
8. 开关电路的使用

9. 掌握 I/O 端口的锁存器和读 I/O 端口的管脚的区别
10. 能够判断哪些指令属于“读—修改—写”类指令
11. 编写较复杂的流水灯变化控制程序
12. 掌握单片机子程序的编写及调用方法
13. 掌握单片机延时程序的编写方法
14. 掌握循环程序循环次数控制的方法
15. 掌握用 ORG 指令安排程序存储空间的方法
16. 初步掌握单按键电路的结构及相关编程方法

重点、难点

1. MOV 类指令的应用
2. 查表指令的应用
3. 条件转移指令的应用
4. 延时子程序的编写
5. 数码管的开关和按键、发光二极管电路的连接与程序编写

推荐教学方式

尽量在实训室中采用“一体化教学”，将知识与技能分解到本章的各个任务中去，结合 Proteus 软件强大的硬件仿真功能，与学生在计算机上共同完成各项任务，实现知识与技能的传授。

推荐学习方式

注意每个项目中所涉及的知识点的分析与讲解，与具体的项目任务结合起来学习；一边看，一边在计算机上实践，做学结合，可以收到事半功倍的效果。

学习情境 2–1　数据传送指令

学习子情境 2–1–1　片内存储器之间的数据传送

一、任务目标

（1）掌握 MOV 指令的格式、功能及使用方法。

（2）存储器的寻址方式的理解。

（3）伟福软件的调试功能的使用。

二、任务要求

本节要做的是编程实现将 10～19 共 10 个整数送到地址为 30 H～39 H 的 10 个片内 RAM 存储单元中，再将 30H～39H 内的数据依次送到 50H～59H 这 10 个片内数据存储单元中，通过伟福软件查看结果。

三、知识链接

（一）数据传送指令的分类

80C51 的数据传送操作属于复制性质，而不是搬移性质。基本传送类指令的助记符为 MOV，指令格式如下。

```
MOV<目的操作数>，<源操作数>
```

传送指令中有从右向左传送数据的约定，即指令右边的操作数为源操作数，表示数据的来源；而左边操作数为目的操作数，表示数据的去向。

对于不同的存储器的数据传送，指令是有区别的，可将数据传送类指令分成如下 5 大类。

（1）内部 RAM 数据传送指令。

（2）外部数据存储器读/写指令。

（3）程序存储器读指令。

（4）数据交换指令。

（5）堆栈操作指令。

（二）寻址方式

大多数指令执行时都需要使用操作数，所以就存在如何取得操作数的问题，即指令的寻址方式。80C51 单片机指令系统共有 7 种寻址方式。

1. 寄存器寻址方式

寄存器寻址就是操作数在寄存器中，因此，只要指定了寄存器就能得到操作数。在寄存器寻址方式的指令中，以符号名称来表示寄存器。例如，下列指令的功能是把寄存器 R0 的内容传送到累加器 A 中。

```
MOV  A，R0
```

由于操作数在 R0 中，因此，在指令中指定了 R0，就能从中取得操作数，所以称为寄存器寻址方式。寄存器寻址方式的寻址范围如下。

（1）寄存器寻址的主要对象是通用寄存器，有 4 组共 32 个通用寄存器，但寄存器寻址只能使用当前寄存器组。因此，指令中的寄存器名称只能是 R0～R7。在使用本指令前，常须通过对 PSW 中 RS1、RS0 位的状态设置来进行当前寄存器组的选择。

（2）部分专用寄存器。例如，累加器 A，B 寄存器对以及数据指针 DPTR 等。

2. 直接寻址方式

直接寻址方式是指令中操作数直接以存储单元地址的形式给出。例如，下列指令的功能是把内部 RAM　3AH 单元中的数据传送给累加器 A。

```
MOV  A，3AH
```

3AH 就是被寻的直接地址。直接寻址的操作数在指令中以存储单元形式出现，因为直接寻址方式只能使用 8 位二进制数表示的地址，因此，这种寻址方式的寻址范围只限于内部 RAM，具体如下。

低 128 单元：在指令中直接以单元地址形式给出。

专用寄存器：专用寄存器除以单元地址形式给出外，还可以寄存器符号形式给出。应当指出，直接寻址是访问专用寄存器的唯一方法。

3. 寄存器间接寻址方式

寄存器寻址方式中，寄存器中存放的是操作数；而寄存器间接寻址方式中，寄存器中存放的是操作数的地址，即操作数是通过寄存器间接得到的，因此，称为寄存器间接寻址。寄存器间接寻址也需以寄存器符号形式表示。为了区别寄存器寻址和寄存器间接寻址，在寄存器间接寻址方式中，应在寄存器名称前面加前缀标志@。假定 R0 寄存器的内容是 3AH，则指令“MOV　A，@R0”的功能是以 R0 寄存器内容 3AH 为地址，把该地址单元的内容送累加器 A。

有关寄存器间接寻址方式寻址范围及其说明如下。

（1）内部 RAM 低 128 单元。对内部 RAM 低 128 单元的间接寻址，只能使用 R0 或 R1 作间址寄存器（地址指针）。其通用形式为“@Ri”（i=0 或 1）。

（2）外部 RAM 64 KB。对外部 RAM 64 KB 存储空间的间接寻址，通常使用 DPTR 作间址寄存器，其形式为“@DPTR”。下列指令的功能是把 DPTR 指定的外部 RAM 单元的内容送累加器 A。

```
MOVX  A，@DPTR
```

（3）对外部 RAM 低 256 单元的间接寻址，除可使用 DPTR 作间址寄存器寻址外，还可使用 R0 或 R1 作间址寄存器。例如，下列指令的功能是把由 R0 指定低位字节地址的外部 RAM 单元的内容送累加器 A。

```
MOVX  A，@R0
```

（4）堆栈操作指令（PUSH 和 POP）也应算作是寄存器间接寻址，即以堆栈指针（SP）作间址寄存器的间接寻址方式。

4. 立即寻址方式

所谓立即寻址就是操作数在指令中直接给出。因为通常把在指令中给出的数称为立即数，所以就把这种寻址方式称为立即寻址。在指令格式中，8 位立即数用 date 表示，为了与直接寻址指令中的直接地址相区别，在立即数前面加“#”标志。假定立即数是 3AH，则立即寻址方式的传送指令如下。

```
MOV  A，#3AH
```

除 8 位立即数外，80C51 指令系统中还有一条 16 位立即寻址指令，用“data16”表示 16 位立即数，指令格式如下。

```
MOV  DPTR，#data16
```

5. 变址寻址方式

变址寻址是为了访问程序存储器中的数据表格。80C51 的变址寻址以 DPTR 或 PC 作基址寄存器，以累加器 A 作变址寄存器，并以两者内容相加形成的 16 位地址作为操作数地址，以达到访问数据表格的目的。但应注意，A 中的数为无符号数。

例如，指令：MOVC A，@A＋DPTR

其功能是把 DPTR 和 A 的内容相加得到一个程序存储器地址，再把该地址单元的内容送累加器 A。因此，符号@应理解为是针对“A＋DPTR”的，而不是只针对 A。

对 80C51 指令系统的变址寻址方式作如下说明。

（1）变址寻址方式只能对程序存储器进行寻址，或者说它是专门针对程序存储器的寻址方式，寻址范围可达 64 KB。

（2）变址寻址的指令只有 3 条，即“MOVC A，@A＋DPTR”“MOVC A，@A＋PC”和“JMP @A＋DPTR”。其中前两条是程序存储器读指令，后一条是无条件转移指令。

（3）尽管变址寻址方式较为复杂，但变址寻址指令都是一字节指令。

6. 位寻址方式

80C51 具有位处理功能，可以对数据位进行操作，因此，就有供其使用的位寻址方式。位寻址指令中应直接使用位地址，例如，下列指令功能是把 3AH 位的状态送进位 C。

```
MOV  C，3AH
```

位寻址的寻址范围如下。

（1）内部 RAM 中的位寻址区 20H～2FH。16 个单元共有 128 位，位地址范围 00H～7FH。在指令中，寻址位有两种表示方法：一种是位地址；另一种是单元地址加位数。例如，2FH 单元第 0 位，用位地址表示为 78H，用单元地址加位数表示为 2FH.0。

（2）专用寄存器中的可寻址位。对这些专用寄存器的寻址位，在指令中有 4 种表示方法：① 直接使用位地址。例如，PSW 寄存器位 5 地址为 D5H。② 位名称表示方法。例如，PSW 寄存器位 5 是 F0 标志位，则可使用 F 表示该位。③ 单元地址加位数的表示方法。例如，D0H 单元（即 PSW 寄存器）位 5，表示为 D0H.5。④ 专用寄存器符号加位数的表示方法。例如，PSW 寄存器的位 5，表示为 PSW.5。

一个寻址位有多种表示方法，虽然看起来复杂，但在实际应用中可以给程序设计带来方便。

7. 相对寻址方式

在 80C51 的 7 种寻址方式中，前面讲述的 6 种主要用来解决操作数的给出问题，而第 7 种相对寻址方式则是为解决程序转移而设置的，只为转移指令所采用。

在相对寻址方式的转移指令中，若给出地址偏移量（在 80C51 指令系统中用 rel 表示），则把 PC 的当前值加上偏移量就构成了程序转移的目的地址。但要强调一点，这里的 PC 当前值是指执行完该转移指令后的 PC 值，即本转移指令的 PC 值加上它的字节数。因此转移的目的地址可用如下公式表示。

目的地址=转移指令地址＋转移指令字节数＋rel

偏移量 rel 是一个带符号的 8 位二进制补码数。所能表示的数的范围是–128～＋127。因此，相对转移是以转移指令所在地址为基点，向前最大可转移（127＋转移指令字节数）个单元地址，向后最大可转移（128–转移指令字节数）个单元地址。

（三）指令知识

在本节中将用到数据传送类指令，可把它分为 4 类，在本节用到的只是第一类指令，即内部 RAM 数据传送指令，下面分析这类指令。

1. 8 位立即数传送指令

（1）MOV　A，#data（8 位立即数送累加器）。

指令代码	指令功能	字节数	周期数	对标志位的影响			
74H	A←date	2	1	P（√）	OV（×）	AC（×）	CY（×）

（2）MOV　direct，#data（8 位立即数送直接寻址单元）。

指令代码	指令功能	字节数	周期数	对标志位的影响			
75H	direct←date	3	2	P（×）	OV（×）	AC（×）	CY（×）

（3）MOV　@Ri，#data（8 位立即数送 Ri 间接寻址单元）。

指令代码	指令功能	字节数	周期数	对标志位的影响			
76H～77H	（Ri）←date	2	1	P（×）	OV（×）	AC（×）	CY（×）

（4）MOV Rn，#data（8 位立即数送寄存器）。

指令代码	指令功能	字节数	周期数	对标志位的影响			
78H～79H	Rn←date	2	1	P（×）	OV（×）	AC（×）	CY（×）

2. 16 位立即数传送指令

MOV　DPTR，#data16（16 位立即数送 DPTR）

指令代码	指令功能	字节数	周期数	对标志位的影响			
90H	DPTR←date16	3	2	P（×）	OV（×）	AC（×）	CY（×）

程序中，该指令用于为 DPTR 赋值。其中立即数高 8 位送 DPH，低 8 位送 DPL。

3. 内部 RAM 单元之间的数据传送指令

（1）MOV　direct2，direct1（直接寻址数据送直接寻址单元）。

指令代码	指令功能	字节数	周期数	对标志位的影响			
85H	direct2←（direct1）	3	2	P（×）	OV（×）	AC（×）	CY（×）

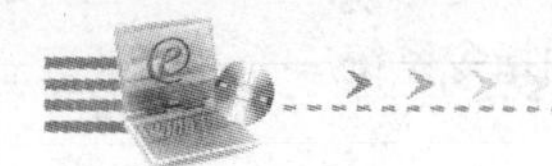

（2）MOV　direct，@Ri（Ri 间接寻址数据送直接寻址单元）。

指令代码	指令功能	字节数	周期数	对标志位的影响			
86H～87H	direct←（(Ri)）	2	2	P（×）	OV（×）	AC（×）	CY（×）

（3）MOV　direct，Rn（寄存器内容送直接寻址单元）。

指令代码	指令功能	字节数	周期数	对标志位的影响			
88H～8FH	direct←（Rn）	2	2	P（×）	OV（×）	AC（×）	CY（×）

（4）MOV　@Ri，direct（直接寻址数据送 Ri 间接寻址单元）。

指令代码	指令功能	字节数	周期数	对标志位的影响			
A6H～A7H	（Ri）←（direct）	2	2	P（×）	OV（×）	AC（×）	CY（×）

（5）MOV　Rn，direct（直接寻址数据送寄存器）。

指令代码	指令功能	字节数	周期数	对标志位的影响			
A8H～AFH	Rn←（direct）	2	2	P（×）	OV（×）	AC（×）	CY（×）

4. 通过累加器的数据传送指令

（1）MOV　A，direct（直接寻址数据送累加器）。

指令代码	指令功能	字节数	周期数	对标志位的影响			
E5H	A←（direct）	2	1	P（√）	OV（×）	AC（×）	CY（×）

（2）MOV　A，@Ri（Ri 间接寻址数据送累加器）。

指令代码	指令功能	字节数	周期数	对标志位的影响			
E6H～E7H	A←（(Ri)）	1	1	P（√）	OV（×）	AC（×）	CY（×）

（3）MOV　A，Rn（寄存器内容送累加器）。

指令代码	指令功能	字节数	周期数	对标志位的影响			
E8H～EFH	A←（Rn）	1	1	P（√）	OV（×）	AC（×）	CY（×）

（4）MOV　direct，A（累加器内容送直接寻址单元）。

指令代码	指令功能	字节数	周期数	对标志位的影响			
F5H	direct←（A）	2	1	P（×）	OV（×）	AC（×）	CY（×）

（5）MOV　@Ri，A（累加器内容送 Ri 间接寻址单元）。

指令代码	指令功能	字节数	周期数	对标志位的影响			
F6H～F7H	（Ri）←（A）	1	1	P（×）	OV（×）	AC（×）	CY（×）

（6）MOV　Rn，A（累加器内容送寄存器）。

指令代码	指令功能	字节数	周期数	对标志位的影响			
F8H～FFH	Rn←（A）	1	1	P（×）	OV（×）	AC（×）	CY（×）

这 6 条指令用于实现累加器与不同寻址方式的内部 RAM 单元之间的数据传送。实际上就是内部 RAM 单元的读/写指令。

四、任务实施

1. 跟我做——软件分析

本任务为软件验证性实训，所以不用连接硬件电路，程序如下，程序流程图如图 2–1 所示。

```
      ORG    0000H
      MOV    30H，#10   ┐
      MOV    31H，#11   │
      MOV    32H，#12   │
      MOV    33H，#13   │  将 10～19 这 10 个数据送到 30H～39H 片内数据
      MOV    34H，#14   │  存储单元中去，用了 10 条“MOV direct，#data”
      MOV    35H，#15   │  指令
      MOV    36H，#16   │
      MOV    37H，#17   │
      MOV    38H，#18   │
      MOV    39H，#19   ┘
      MOV    R0，#30H   ┐  给两个指针 R0 和 R1 送初值，让 R0 指向 30H 存
      MOV    R1，#50H   ┘  储单元，让 R1 指向 50H 存储单元
      MOV    R3，#10    ┐
L1:   MOV    A，@R0     │
      MOV    @R1，A     │  通过 R0 和 R1 两个指针，将 30H～39H 存储单元
      INC    R0         │  中的内容依次送到 50H～59H 存储单元中去
      INC    R1         │
      DJNZ   R3，L1     ┘
      END
```

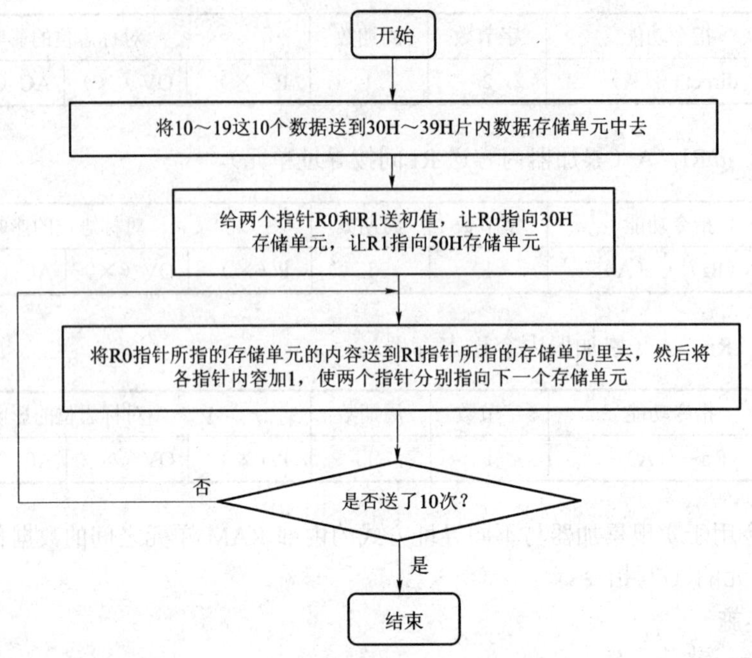

图 2–1　片内数据传送程序流程图

2. 跟我做——程序分析

(1) 第一条指令“ORG　0000H”是一条伪指令，它的作用是决定程序指令放到单片机程序存储器的哪个地方，本任务中的这条伪指令使得程序从 0000H 这个 ROM 单元开始存放。这是因为，当单片机复位时，PC 是指 0000H 单元的程序存储器，要从这里开始执行程序，所以在 0000H 放程序指令。

（2）程序中指针的应用。

```
        MOV     R3, #10
L1:     MOV     A, @R0
        MOV     @R1, A
        INC     R0
        INC     R1
        DJNZ    R3, L1
        END
```

R0 和 R1 是程序中用到的指针，R0 的初始值是 30H，R1 的初始值是 50H，也就是说 R0 和 R1 开始时分别指向 30H 和 50H 存储单元，通过“MOV　A，@R0”指令将 R0 指针指向的 30H 单元中的内容送到 A 中，然后再通过“MOV　@R1，A”指令将数据送到 R1 指针指向的 50H 单元去，这里累加器 A 做了个中转站。

任务要求送 10 次数据，怎样实现呢？首先看“INC　R0”和“INC　R1”两条指令，INC 指令的作用就是将操作数的内容加 1。由于 R0 和 R1 是指针，它们的内容是存储单元的地址，把它们的内容加 1 相当于两个指针都往下移了一个存储单元，指向了新的存储器。就是不断地让指针内容加 1，使指针不停地移动，选中不同的存储单元。

“DJNZ　R3，L1”是条件控制转移指令，L1 是指令的标号。DJNE 指令的执行过程：先将左边的参数（R3）的值减 1，然后判断这个值是否等于 0，如果等于 0，就往下执行（即执行“END”命令）；如果不等于 0，就转移到右边的参数（标号 L1）所指定的那条指令去。由于 R3 的初始值是 10，所以要减 10 次才不会跳到 L1 去，也就是说下面这段指令，要反复执行 10 次。这几条反复执行的程序称为循环体。

怎样实现将 30H～39H 中的内容依次传送到 50H～59H 中去？

第一次执行循环体：将 R0 指针指向的 30H 内容送到指针 Rl 指向的 50H 中去（以累加器 A 为桥梁），然后两个指针通过 INC 指令，分别向下移一个单元指向 31H 和 51H。

第二次执行循环体：将现在 R0 指针指向的 31H 内容送到指针 R1 指向的 51H 中去，然后两个指针通过 INC 指令，分别又向下移一个单元指向 32H 和 52H。

这样反复执行 10 次循环体后，就实现了将 30H～39H 中的内容依次传送到 50H～59H 中去的任务要求。

3. 跟我做——软件调试

（1）用伟福软件编写程序，并进行编译。

（2）运用伟福软件的单步调试功能，一条一条地执行指令，通过伟福软件的相关存储器窗口观察存储单元是怎样变化的。

学习子情境 2–1–2　　片内与片外 RAM 间的数据传送

一、任务目标

（1）掌握涉及片外数据存储器操作的数据传送类指令（MOVX）。

（2）指针 DPTR 的使用。

（3）DPTR 指针与 Ri 指针的区别。

（4）了解单片机专用寄存器的相关知识。

二、任务要求

将 10～19 这 10 个数先送到 30H～39H 这 10 个片内 RAM 单元中，然后再将 30H～39H 中的数传送到 10 个片外 RAM 单元中去，地址为 010H～019H。

三、知识链接

（一）片外数据存储器与片内数据存储器

单片机的数据存储器分为片外和片内两大类，其中片内存储器又分成了低 128 个用户使用的 RAM 和 21 个专用寄存器。当片内的 RAM 不够用时，用户就要使用片外的 RAM，对 80C51 单片机来说，片外 RAM 最多可以有 64 K 个存储单元。

1. 片内数据存储器低Ĩ单元区

80C51 的内部数据存储器低 128 单元区，称为内部 RAM，地址为 00H～7FH。它们是单片机中供用户使用的数据存储器单元，按用途可划分为如下 3 个区域。

（1）寄存器区。

内部 RAM 的前 32 个单元是作为寄存器使用的，共分为 4 组，组号依次为 0，1，2，3。每组有 8 个寄存器，在组中按 R7～R0 编号。这些寄存器用于存放操作数及中间结果等，因此，称为通用寄存器，有时也叫工作寄存器。4 组通用寄存器占据内部 RAM 的 00H～1FH 单元地址。

在任一时刻，CPU 只能使用其中的一组寄存器，并且把正在使用的那组寄存器称为当前寄存器组；至于到底是哪一组，则由程序状态字寄存器 PSW 中 RS1，RS0 位的状态组合来决定。

在单片机中，凡是能称为寄存器的（包括现在讲的通用寄存器和后面将要讲到的专用寄存器）都有两个特点：一是可用 8 位地址直接寻址，使寄存器的读/写操作十分快捷，有利于提高单片机的运行速度；二是在指令中使用寄存器时，既可用其名称表示，也可用其单元地址表示，为使用带来方便。此外，通用寄存器还能提高程序编制的灵活性，因此，在单片机的应用编程中应充分利用这些寄存器，以简化程序设计，提高程序运行速度。

（2）位寻址区。

内部 RAM 的 20H～2FH 单元，既可作为一般 RAM 单元使用，进行字节操作，也可对单元中的每一位进行位操作，因此，把该区称为位寻址区。位寻址区共有 16 个 RAM 单元，总计 128 个可直接寻址位，位地址为 00H～7FH。位寻址区是为位操作而准备的，是 80C51 位处理器的位数据存储区。

在通常的使用中，“位”有两种表示方式一种是以位地址的形式，例如，位寻址区的最后一位是 7FH；另一种是以存储单元地址加位的形式表示，例如，同样的最后位表示为 27H. 7，即 27H 单元的第 7 位。

（3）用户 RAM 区。

在内部 RAM 低 128 单元中，通用寄存器占去 32 个单元，位寻址区占去 16 个单元，剩余的 80 个单元就是供用户使用的一般 RAM 区，其单元地址为 30H～7FH。对于用户 RAM 区，只能以存储单元的形式来使用，此处再没有任何其他规定或限制。但应当提及的是，在一般应用中常把堆栈开辟在此区中。

2. 片内数据存储器高 128 单元区

内部数据存储器的高 128 单元区供专用寄存器使用，单元地址为 80H～FFH，用于存放相应功能部件的控制命令、状态或数据等。因这些寄存器的功能已作专门规定，故而称为专用寄存器 SFR（Special Function Register）或特殊功能寄存器，为此也可以把高 128 单元区称为专用寄存器区。80C51 的专用寄存器共有 21 个，下面介绍其中的 5 个。

1）专用寄存器简介

（1）累加器 A（或 ACC—Accumulator）。

累加器为 8 位寄存器，是程序中最常用的专用寄存器，功能较多，地位重要。概括起来累

加器有以下几项功能。

- 累加器用于存放操作数，是 ALU 数据的一个来源。单片机中大部分单操作数指令的操作数都取自累加器，许多双操作数指令中的一个操作数也取自累加器。即累加器中所保存的一个操作数，经暂存寄存器 2 进入 ALU 后，与从暂存寄存器 1 进入的另一个操作数在 ALU 中进行运算。
- 累加器是 ALU 运算结果的暂存单元，用于存放运算的中间结果。
- 累加器是数据传送的中转站，单片机中的大部分数据传送都通过累加器进行。
- 在变址寻址方式中把累加器作为变址寄存器使用。

其实，累加器并不是理想的 ALU 结构形式，其原因就在于数据操作中对累加器的依赖太多。其结果使繁忙的累加器变成了制约单片机速度提高的“瓶颈”。面对“瓶颈”问题，人们曾采用过双累加器结构，但双累加器只能缓解拥堵而不能消除拥堵。消除拥堵的最根本解决办法是不用累加器，而代之以寄存器阵列（Register File）。寄存器阵列结构的实质就是给数目众多的阵列单元都赋予累加器的功能，让数据操作面向整个寄存器阵列，拥堵自然消除，速度也随之提高。

（2）B 寄存器（B Register）。

B 寄存器是一个 8 位寄存器，主要用于乘除运算。乘法运算时，B 为乘数。乘法操作完成后，乘积的高 8 位存于 B 中。除法运算时，B 为除数。除法操作完成后，余数存于 B 中。在其他情况下，B 寄存器也可作为一般的数据寄存器使用，地址为 F0H。

（3）程序状态字（PSW——Program Status Word）。

位序	PSW.7	PSW.6	PSW.5	PSW.4	PSW.3	PSW.2	PSW.1	PSW.0
位标志	CY	AC	F0	RS1	RS0	OV	/	P

程序状态字是一个 8 位寄存器，用于寄存指令执行的状态信息。其中有些位状态是根据指令执行结果而由硬件自动设置的，而有些位状态则是使用软件方法设定的。PSW 的位状态可以用专门指令进行测试，也可以用指令读出。一些条件转移指令将根据 PSW 中有关位的状态进行程序转移。PSW 的各位定义如下。

除 PSW.1 位保留未用外，对其余各位的定义及使用介绍如下。

（a）CY（PWS.7）——进位标志位。

CY 是进位标志位，是 PSW 中最为常用的标志位，共有 4 项基本功能：一是在加法运算中存放进位标志，有进位时 CY 置 1，无进位时 CY 清 0；二是在减法运算中存放借位标志，有借位时置 1，无借位时 CY 清 0；三是在位操作中作累加位使用，在位传送和位运算中都要用到 CY；四是在移位操作中用于构成循环移位通路。对于加减运算，不管参与运算的数是符号数还是无符号数，都按无符号数的原则来设置进位标志位。

（b）AC（PSW.6）——半进位标志位。

在加减运算中，当有低 4 位向高 4 位进位或借位时，AC 由硬件置位，否则 AC 位被清 0。

在进行十进制数运算时需要十进制调整，此时要用到 AC 位的状态进行判断。

（c）F0（PSW.5）——用户标志位。

这是一个由用户定义使用的标志位，用户根据需要用软件方法置位或复位。例如，用它来控制程序的转向。

（d）RS1 和 RS0（PSW.4 和 PSW.3）——寄存器组选择位。

用于设定当前通用寄存器的组号。通用寄存器共有 4 组，其对应关系见表 2–1。这两个选择位的状态由软件设置，被选中的寄存器组即为当前通用寄存器组。

表 2–1　寄存器组选择

RS1	RS0	寄存器组	R0～R7 地址
0	0	组 0	00～07H
0	1	组 1	08～0FH
1	0	组 2	10～17H
1	1	组 3	18～1FH

（e）OV（PSW.2）——溢出标志位。

在加减运算中，如果 OV=1，则表示运算结果超出了累加器 A 所能表示的符号数有效范围（–128～＋127），运算结果是错误的，即产生了溢出；否则，OV=0 表示运算结果正确，即无溢出产生。对于加减运算，不管参与运算的数是符号数还是无符号数，都按符号数的原则来设置溢出标志位。在乘法运算中，OV=1 表示乘积超过 255，即乘积分别在 B 与 A 中；否则，OV=0，表示乘积只在 A 中。在除法运算中，OV=1 表示除数为 0，除法不能进行；否则，OV=0，除数不为 0，除法可正常进行。

（f）P（PSW.0）——奇偶标志位。

表明累加器 A 中 1 的个数的奇偶性，在每个指令周期由硬件根据 A 的内容对 P 位进行置位或复位。若 1 的个数为偶数，则 P=0；若 1 的个数为奇数，则 P=1。

（4）数据指针 DPTR。

数据指针为 16 位寄存器（双字节寄存器），它是 80C51 中唯一一个供用户使用的 16 位寄存器。DPTR 的使用比较灵活，既可以按 16 位寄存器使用，也可以分作两个 8 位寄存器使用，如下所示。

```
DPH    DPTR 高位字节
DPL    DPTR 低位字节
```

DPTR 在访问外部数据存储器时作地址指针使用，由于外部数据存储器的寻址范围为 64 KB，故把 DPTR 设计为 16 位。此外，在变址寻址方式中，用 DPTR 作基址寄存器，用于对程序存储器的访问。

（5）堆栈指针（Stack Pointer, SP）。

堆栈是一个特殊的存储区，用来暂存数据和地址，它是按“先进后出”的原则存取数据的。堆栈共有两种操作：进栈和出栈。

由于 80C51 单片机的堆栈设在内部 RAM 中，因此 SP 是一个 8 位寄存器。系统复位后，SP 的内容为 07H，从而复位后堆栈实际上是从 08H 单元开始的。但 08H～1FH 单元分别属于工作寄存器 1～3 区，如程序要用到这些区，最好把 SP 值改为 1FH 或更大的值。一般在内部 RAM 的 30H～7FH 单元中开辟堆栈。SP 的内容一经确定，堆栈的位置也就跟着确定下来，由于 SP 可初始化为不同值，因此堆栈位置是浮动的。

此处，只集中讲述了 5 个专用寄存器，其余的专用寄存器（如 TCON、TMOD、IE、IP、SCON、PCON、SBUF 等）将在以后章节中陆续介绍。

2）专用寄存器中的寻址

80C51 系列单片机有 21 个可寻址的专用寄存器，其中有 11 个专用寄存器是可以位寻址的。对专用寄存器的字节寻址问题作如下几点说明。

（1）21 个字节寻址的专用寄存器是不连续地分散在内部 RAM 高 128 单元之中，尽管还余有许多空闲地址，但用户并不能使用。

（2）程序计数器 PC 不占据 RAM 单元，它在物理上是独立的，是不可寻址的寄存器。

（3）对专用寄存器只能使用直接寻址方式，既可使用寄存器符号，也可使用寄存器。

（4）80C51 中 21 个专用寄存器的名称、符号及地址见表 2–2。

表 2–2　80C51 专用寄存器一览表

寄存器符号	寄存器地址	寄存器名称
A*	E0H	累加器（Accumulator）
B*	F0H	B 寄存器（B Register）
PSW*	D0H	程序状态字寄存器（Program Status Word Register）
SP	81H	堆栈指示器（Stack Pointer）
DPL	82H	数据指针（Data Pointer）低 8 位
DPH	83H	数据指针（Data Pointer）高 8 位
IE*	A8H	中断允许控制寄存器（IE Control Register）
IP*	B8H	中断优先级控制寄存器（IP Control Register）
P0*	80H	I/O 口 0
P1*	90H	I/O 口 1
P2*	A0H	I/O 口 2
P3*	B0H	I/O 口 3
PCON	87H	电源控制寄存器（Power Control Register）

续表

寄存器符号	寄存器地址	寄存器名称
SCON*	98H	串行口控制寄存器（Serial Control Register）
SBUF	99H	串行数据缓冲器（Serial Data Buffer）
TCON*	88H	定时器控制寄存器（Timer Control Register）
TMOD	89H	定时器方式选择寄存器（Timer Mode Control Register）
TL0	8AH	定时器 0（Timer0）低 8 位
TL1	8BH	定时器 1（Timer1）低 8 位
TH0	8CH	定时器 0（Timer0）高 8 位
TH1	8DH	定时器 1（Timer1）高 8 位

3）专用寄存器的位寻址

在 21 个专用寄存器中，有 11 个寄存器是可以位寻址的，即表 2–2 中带“*”的寄存器。80C51 专用寄存器中可寻址位的共有 83 个，其中许多位还有其专用名称，寻址时既可使用位地址也可使用位名称。专用寄存器的可寻址位加上位寻址区的 128 个通用位，构成位处理器的整个数据位存储空间。各寄存器的位地址与位名称见表 2–3。

表 2–3　专用寄存器的位地址与位名称

寄存器符号	位地址与位名称							
B	F7H	F6H	F5H	F4H	F3H	F2H	F1H	F0H
A	E7H	E6H	E5H	E4H	E3H	E2H	E1H	E0H
PSW	D7H	D6H	D5H	D4H	D3H	D2H	D1H	D0H
	CY	AC	F0	RS1	RS0	OV	—	P
IP	BFH	BEH	BDH	BCH	BBH	BAH	B9H	B8H
	—	—	—	PS	PT1	PX1	PT0	PX0
P3	B7H	B6H	B5H	B4H	B3H	B2H	B1H	B0H
	P3.7	P3.6	P3.5	P3.4	P3.3	P3.2	P3.1	P3.0
IE	AFH	AEH	ADH	ACH	ABH	AAH	A9H	A8H
	EA	—	—	ES	ET1	EX1	ET0	EX0
P2	A7H	A6H	A5H	A4H	A3H	A2H	A1H	A0H
	P2.7	P2.6	P2.5	P2.4	P2.3	P2.2	P2.1	P2.0
SCON	9FH	9EH	9DH	9CH	9BH	9AH	99H	98H
	SM0	SM1	SM2	REN	TB8	RB8	TI	RI

续表

寄存器符号	位地址与位名称							
P1	97H	96H	95H	94H	93H	92H	91H	90H
	P1.7	P1.6	P1.5	P1.4	P1.3	P1.2	P1.1	P1.0
TCON	8FH	8EH	8DH	8CH	8BH	8AH	89H	88H
	TF1	TR1	TF0	TR0	IE1	IT1	IE0	IT0
P0	87H	86H	85H	84H	83H	82H	81H	80H
	P0.7	P0.6	P0.5	P0.4	P0.3	P0.2	P0.1	P0.0

（二）相关指令（MOVX）

外部数据存储器读/写指令为 MOVX，其中 X 代表外部。外部数据存储器读/写只能通过累加器 A 使用间接寻址方式进行，间址寄存器可以是 Ri 或 DPTR。

1. Ri 作间址寄存器的外部 RAM 单元读/写指令

（1）MOVX　A，@Ri（Ri 间接寻址的外部 RAM 单元读）。

指令代码	指令功能	字节数	周期数	对标志位的影响			
E2H～E3H	A←（(Ri)）	1	2	P（√）	OV（×）	AC（×）	CY（×）

（2）MOVX　@Ri，A（Ri 间接寻址的外部 RAM 单元写）。

指令代码	指令功能	字节数	周期数	对标志位的影响			
F2H～F3H	（Ri）←A	1	2	P（×）	OV（×）	AC（×）	CY（×）

2. DPTR 作间址寄存器的外部 RAM 单元读/写指令

（1）MOVX　A，@DPTR（DPTR 间接寻址的外部 RAM 单元读）。

指令代码	指令功能	字节数	周期数	对标志位的影响			
E0H	A←（(DPTR)）	1	2	P（√）	OV（×）	AC（×）	CY（×）

（2）MOVX　@DPTR，A（DPTR 间接寻址的外部 RAM 单元写）。

指令代码	指令功能	字节数	周期数	对标志位的影响			
F0H	（DPTR）←（A）	1	2	P（×）	OV（×）	AC（×）	CY（×）

注意：能够指向片外 RAM 单元的指针包括 R0，R1，DPTR 三个，而能够指向片内 RAM 单元的指针只有 R0，R1，而且片外 RAM 只能通过指针的方式进行访问，即只能通过间接寻址

方式进行访问。虽然 Ri 和 DPTR 都可以作为指针，指向片外的数据存储器，但它们是有区别的，DPTR 指向的范围要广一些，所有的片外 RAM 都可以指到，而 Ri 只能指向低 128 个片外的数据存储单元。

四、任务实施

1. 跟我做——任务程序

该任务涉及将片内数据传送到片外 RAM 中去，肯定要用到 MOVX 传送指令，它的实现程序如下。

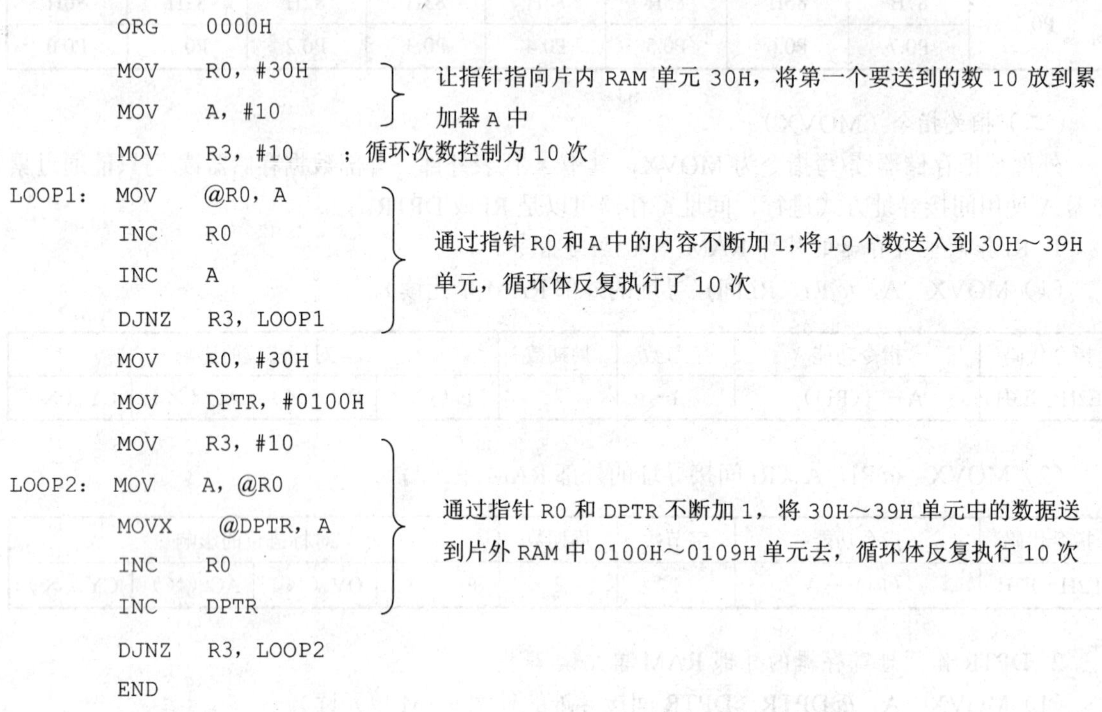

```
        ORG    0000H
        MOV    R0，#30H      } 让指针指向片内 RAM 单元 30H，将第一个要送到的数 10 放到累
        MOV    A，#10        } 加器 A 中
        MOV    R3，#10   ；循环次数控制为 10 次
LOOP1:  MOV    @R0，A        }
        INC    R0            } 通过指针 R0 和 A 中的内容不断加 1，将 10 个数送入到 30H～39H
        INC    A             } 单元，循环体反复执行了 10 次
        DJNZ   R3，LOOP1     }
        MOV    R0，#30H
        MOV    DPTR，#0100H
        MOV    R3，#10       }
LOOP2:  MOV    A，@R0        }
        MOVX   @DPTR，A      } 通过指针 R0 和 DPTR 不断加 1，将 30H～39H 单元中的数据送
        INC    R0            } 到片外 RAM 中 0100H～0109H 单元去，循环体反复执行 10 次
        INC    DPTR          }
        DJNZ   R3，LOOP2
        END
```

程序流程图如图 2–2 所示。

2. 跟我做——程序编写和调试

（1）用伟福软件编写程序，并进行编译。

（2）运用伟福软件的单步调试功能，一条一条地执行指令，并通过伟福软件的相关存储器窗口观察存储单元是怎样变化的。

学习子情境 2–1–3　数码管显示十进制数

一、任务目标

（1）七段数码管显示十进制数的原理。

（2）查表指令对程序存储器 ROM 的操作。

（3）掌握用查表指令实现七段数码管显示的软件译码方法。

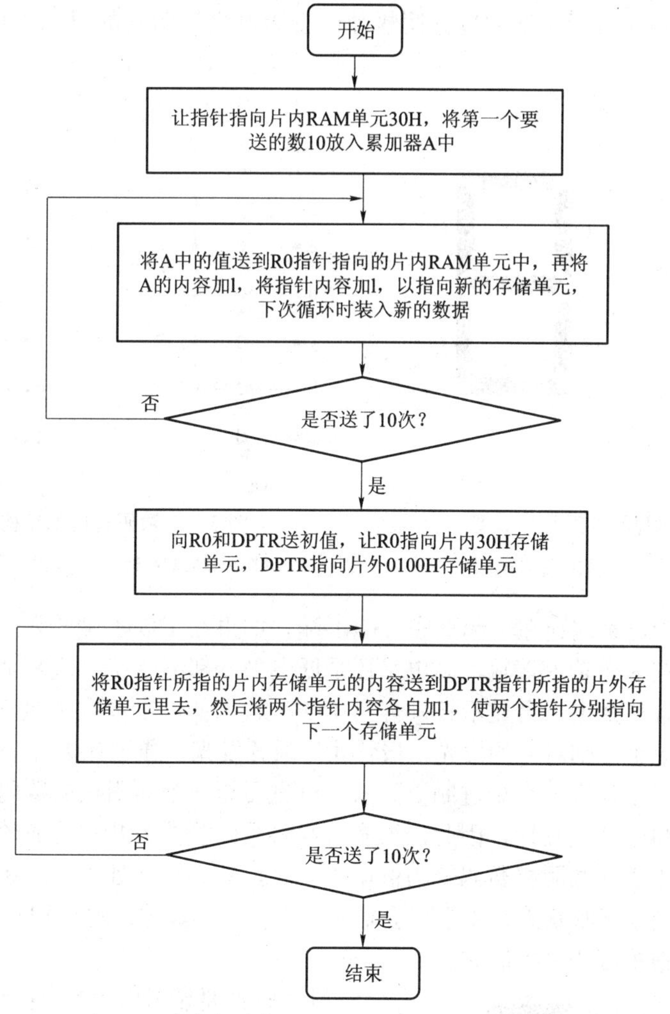

图 2–2　片内与片外 RAM 之间数据传送程序流程图

二、任务要求

单数码管轮流显示 0～9 数码。

三、知识链接

（一）数码管的基础知识

当发光二极管正向导通时，二极管将发光，一般情况下二极管的发光体都是点状的，如果把它做成条状，然后将 8 个这样的条状二极管按图 2–3（b）的形式排列在一起，就形成了数码管。它的内部电路有两种形式，图 2–4（a）的 8 个发光二极管的所有正端（阳极）连在一起，形成公共端 COM，称这种数码管为共阳极数码管；图 2-4（b）的 8 个发光二极管的所有负端（阴极）连在一起，形成公共端 COM，称这种数码管为共阴极数码管，八段数码管的

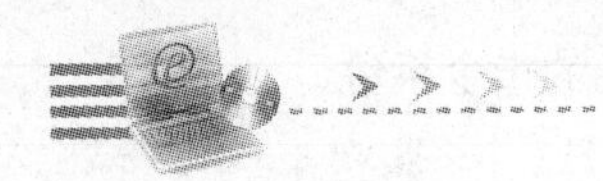

外形及管脚图如图 2–3 所示，下面以共阴极数码管为例来说明它的显示原理。

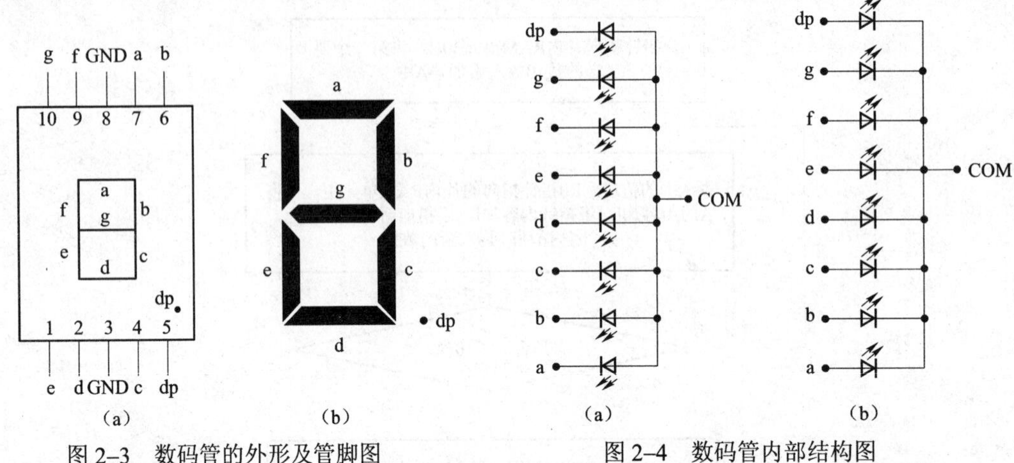

图 2–3 数码管的外形及管脚图

（a）数码管的管脚衅；（b）数码管的外形图

图 2–4 数码管内部结构图

（a）共阳极数码管结构；（b）共阴极数码管结构

共阴极的数码管，负端连在一起形成 COM 端，如果在 COM 端输入一个高电平，则这 8 个发光二极管无论在 8 个输入端输入高电平还是低电平，都不能使得这 8 个条状发光二极管正向导通发光，数码管什么也不会显示。只有当 COM 输入低电平（或接地）时，此时若在相应输入脚输入一个高电平，则对应的发光二极管才导通并发光，通过让 8 个发光二极管某些亮、某些灭，就可以显示出任意一个十进制数码来。可见要想一个共阴极的数码管正常显示，有个前提条件，就是要将公共端接地，因此，很多时候将数码管的公共端看成数码管的片选脚，只有当片选脚为有效电平（共阴极数码管为低电平）时，数码管才处于工作状态，才可以正常显示，否则数码管将处于休眠状态，不会理会输入，什么都不显示。可以把片选脚（COM）固定接地，也可通过一根控制线来控制它。

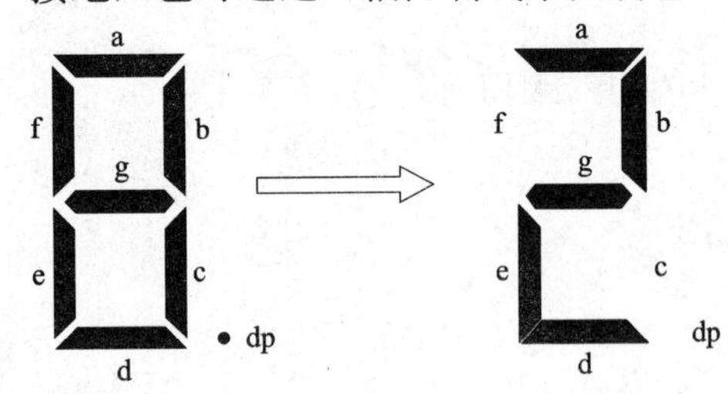

图 2–5 数码管显示“2”的原理图

8 段数码管要显示出“2”这个十进制数码，如图 2–5 所示，只需要让 8 个发光二极管中的 dp，f 和 c 三个不亮，其他都亮，就可以显示出 2 这个符号出来，那么怎样才能让这 8 个发光二极管按照这个规律亮灭呢？当共阴极数码管的公共端 COM 接低电平时，要想使某段发光二极管亮，只需向对应输入脚输入一个高电平，要让它灭，就输入一个低电平即可。因此，只要向数码管的 dp，g，f，e，d，c，b，a 这 8 个输入脚上输入一个 01011011B 的控制数据就可以了，这个二进制数换成十六进制数可写成 5BH。大家自己来试一下，要显示“3”，应向这 8 个输入脚输入一串什么样的 8 位二进制数？实际上，要显示 3，只要让 dp，f，e 这 3 段发光二极管不亮，其他都亮，向 dp，g，f，e，d，c，b，a 这 8 个输入脚输入一个 01001111B（4FH）就

可以了。

通过上面的分析，可以发现，八段数码管要显示的每一个十进制数码都对应了一个 8 位的二进制控制数，把这个 8 位的二进制控制数称为这个要显示的字符的字型码，在此就不用再一个一个地分析每个十进制数的字型码，共阳极数码管原理类似，只不过高低电平不同而已。

（二）程序存储器读指令组

对程序存储器只能读不能写，读指令为 MOVC，其中的 C 为 Code 的第一个字母，是代码的意思。程序存储器包括内部程序存储器和外部程序存储器。程序存储器读操作同样只能通过累加器 A 进行。

（1）MOVC　A，@A＋DPTR（程序存储器读）。

指令代码	指令功能	字节数	周期数	对标志位的影响			
93H	A←((A)＋(DPTR))	1	2	P（√）	OV（×）	AC（×）	CY（×）

（2）MOVC　A，@A＋PC（程序存储器读）。

指令代码	指令功能	字节数	周期数	对标志位的影响			
83H	A←（(A) ＋ (PC)）	1	2	P（√）	OV（×）	AC（×）	CY（×）

这两条指令都是一字节指令，并且都为变址寻址方式，寻址范围为 64 KB。在前面介绍寻址方式时曾讲过，该类指令主要用于读程序存储器中的数据表格。下面是程序存储器传送指令 MOVC 的应用举例。程序功能为用查表方法把累加器中的十六进制数转换为 ASCII 码，并回送到累加器中。

```
2000    HBA: INC  A
2001         MOVC A，@A+PC
2002         RET
2003         DB   30H          ；以下是十六进制数 ASCII 码表
2004         DB   31H
2005         DB   32H
 …
200C         DB   39H
200D         DB   41H
200E         DB   42H
200F         DB   43H
2010         DB   44H
2011         DB   45H
```

```
2012            DB    46H
```

由于数据表紧跟在 MOVC 指令之后，因此，以 PC 作为基址寄存器比较方便。假定 A 中的十六进制数为 00H，加 1 后为 01H，取出 MOVC 指令后，(PC)=2002H，(A)+(PC)= 2003H，从 2003H 单元取得数据送 A，则（A）=30H，即为十六进制数 0 的 ASCII 码值。查表之前 A 加 1 是因为 MOVC 指令与数据表之间有一个地址单元间隔（RET 指令）。

（三）数值比较转移指令（CJNE 指令）

CJNE 指令是条件转移类指令，所谓条件转移，就是设有条件的程序转移。执行条件转移指令时，若指令中设定的条件满足，则进行程序转移，否则程序顺序执行。

（1）CJNE　A，#data，rel（累加器内容与立即数比较，不等则转移）。

代码	指令功能	字节	周期	对标志位的影响			
B4H	若（A）=data，则 PC←（PC）+3，CY←0； 若（A）>data，则 PC←（PC）+3+rel，CY←0； 若（A）<data，则 PC←（PC）+3+rel，CY←1	3	2	P（×）	OV（×）	AC（×）	CY（×）

（2）CJNE　A，direct，rel（累加器内容与直接寻址单元比较，不等则转移）。

代码	指令功能	字节	周期	对标志位的影响			
B5H	若（A）=（direct），则 PC←（PC）+3，CY←0； 若（A）>（direct），则 PC←（PC）+3+rel，CY←0； 若（A）<（direct），则 PC←（PC）+3+rel，CY←1	3	2	P（×）	OV（×）	AC（×）	CY（×）

（3）CJNE Rn，#data，rel（寄存器内容与立即数比较，不等则转移）。

代码	指令功能	字节	周期	对标志位的影响			
B8H～BFH	若（Rn）=data，则 PC←（PC）+3，CY←0； 若（Rn）>data，则 PC←（PC）+3+rel，CY←0； 若（Rn）<data，则 PC←（PC）+3+rel，CY←1	3	2	P（×）	OV（×）	AC（×）	CY（×）

（4）CJNE @Ri，#data，rel（间接寻址单元与立即数比较，不等则转移）。

代码	指令功能	字节	周期	对标志位的影响			
B6H ～ B7H	若（(Ri)）=data，则 PC←（PC）+3，CY←0； 若（(Ri)）>data，则 PC←（PC）+3+rel，CY←0； 若（(Ri)）<data，则 PC←（PC）+3+rel，CY←1	3	2	P（×）	OV（×）	AC（×）	CY（×）

数值比较转移指令是 80C51 指令系统中仅有的 4 条 3 操作数指令，在程序设计中非常有用，既可以通过数值比较来控制程序转移，又可以根据程序转移与否来判定数值比较的结果。

若程序顺序执行，则左操作数＝右操作数；若程序转移且（CY）=0，则左操作数＞右操作数；若程序转移且（CY）=1，则左操作数＜右操作数。

四、任务实施

1. 跟我做——硬件电路分析

图 2-6 中的数码管是共阴极数码管，由 P0 口输出的 8 位二进制数控制，P0.0 接 a 控制端，P0.1 接 b 控制端，这样按顺序接下去，最后 P0.7 接 dp 控制端。要让数码管显示某个十进制数

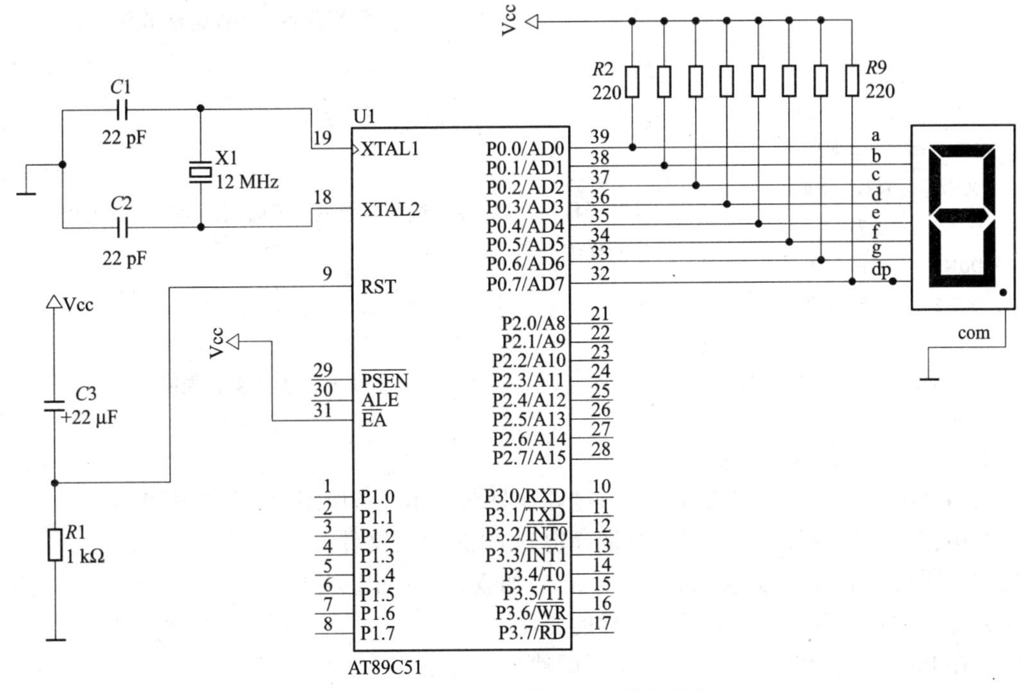

图 2–6　单数码管轮流显示十进制数码

码，只需要将它所对应的 8 位字型码从 P0 口输出即可。电阻 $R2$～$R9$ 是 P0 做输出时的 8 个上拉电阻，阻值为 220Ω，共阴极数码管的片选脚公共端 COM 固定接地，一直有效。

2. 跟我做——程序分析

建立一个十进制数的字形码的数据表格，共 10 行数据，第 0 行数据为 0 对应的字型码，第 1 行数据为 1 对应的字型码……第 9 行数据为 9 对应的字型码，所以，要想显示哪个十进制数，只需要将这个数作为行号装入 A 中，即可用查表指令将它对应的字型码取出来，经过 P0 输出，就可以让数码管显示相应数字。本任务所用程序如下，程序流程图如图 2-7 所示。

```
       ORG    0000H
START: MOV    R1，#00H       ；将初始行号 0 放到 R1 中，从数据表格中的第 0 行开始

NEXT:  MOV    A，R1          ┐
       MOV    DPTR，#TABLE   │ 先将 R1 中的行号放入 A 中，用查表指令将行号对应的字型
       MOVC   A，@A+DPTR     │ 码装入累加器 A，再把字型码通过 P0 口输出驱动数码管，
       MOV    P0，A          │ 经过子程序 DELAY 延时后，经过“INC R1”指令将 R1 中
       LCALL  DELAY          │ 行号加 1，准备去下一个要显示的数据，经过 CJNE 指令控
       INC    R1             │ 制将数据表中的 10 个数据都取出显示
       CJNE   R1，#10，NEXT  ┘

       LJMP    START         } 当 10 个数据都显示完了，执行这条无条件转移指令，又重
                               新开始

DELAY: MOV    R5，#20        ┐
D2:    MOV    R6，#20        │
D1:    MOV    R7，#248       │
       DJNZ    R7，$         │ 延时子程序，以 RET 结束，延迟一段时间，具体工作过程
       DJNZ    R6，D1        │ 后面详细介绍
       DJNZ    R5，D2        │
       RET                   ┘
TABLE: DB 3FH，06H，5BH，4FH，66H，6DH，7DH，07H，7FH，6FH ；字型码数据表格
       END
```

3. 跟我做——调试程序

（1）在 Proteus 中按照图 2-6 的硬件电路连好线，本任务所用元件详见表 2-4。

（2）用伟福软件编写程序，并进行编译得到.HEX 格式文件。

（3）将所得的.HEX 格式文件在 Proteus 中加载到单片机芯片中。

（4）开始仿真，看数码管显示有怎样的变化。

（5）在 Proteus 中运行正常后，用实际硬件搭接电路。

（6）通过编程器将.HEX 格式文件下载到 AT89C51 中。

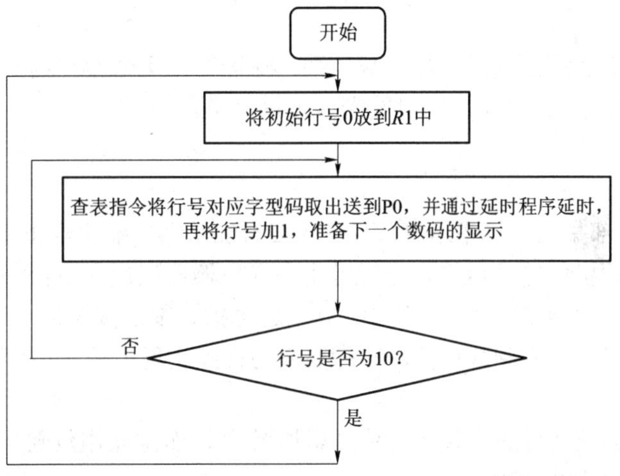

图 2–7　单数码管轮流显示十进制数码程序流程图

（7）通电查看电路工作效果。

表 2–4　元件列表

元　件　名　称	型　号	数　量	Proteus 中的名称
单片机芯片	AT89C51	1 片	AT89C51
晶振	12 MHz	1 个	CRYSTAL
电容	22 pF	2 个	CAP
电解电容	22 μF/16 V	1 个	CAP-ELEC
电阻	1 kΩ，220 Ω	具体数量见电路图	RES
八段数码管（也可用七段数码管）	共阴极数码管	1 个	7SEG-COM-CAT-BLUE

学习情境 2–2　运算类指令

学习子情境 2–2–1　单片机的算术运算功能

一、任务目标

（1）掌握单片机的算术运算指令的功能。

（2）掌握运算指令对程序状态字 PSW 的影响。

（3）巩固对单片机 4 个 I/O 口的使用技能。

（4）ADD 指令与 ADDC 指令的区别与应用。

二、任务要求

利用单片机的算术运算指令进行加、减、乘、除运算，两个操作数由 P1 和 P2 两个 I/O 口的接线开关提供，并将结果送 P0，P3 口发光二极管显示。

三、知识链接

（一）算术运算类指令

在单片机 CPU 内部集成的算术运算部件（主要有加法器、乘法器和除法器），可以完成加、减、乘、除运算，单片机的算术运算指令经过指令译码器译码后产生控制信号，控制算术运算部件工作产生运算结果。80C51 指令系统中，算术运算指令都是按 8 位二进制无符号数执行的。若要进行符号数或多字节二进制数运算，则需要编写程序实现。

1. 加法指令组

加法指令的一个加数（目的操作数）总是累加器 A，而源操作数则是有立即数、直接、间接和寄存器 4 种寻址方式的加数。

（1）ADD　A，#data（立即数加法）。

指令代码	指令功能	字节数	周期数	对标志位的影响			
24H	A←（A）＋date	2	1	P（√）	OV（√）	AC（√）	CY（√）

（2）ADD　A，direct（直接寻址加法）。

指令代码	指令功能	字节数	周期数	对标志位的影响			
25H	A←（A）＋direct	2	1	P（√）	OV（√）	AC（√）	CY（√）

（3）ADD　A，@Ri（间接寻址加法）。

指令代码	指令功能	字节数	周期数	对标志位的影响			
26H～27H	A←（A）＋（(Ri)）	1	1	P（√）	OV（√）	AC（√）	CY（√）

（4）ADD　A，Rn（寄存器寻址加法）。

指令代码	指令功能	字节数	周期数	对标志位的影响			
28H～2FH	A←（A）＋（Rn）	1	1	P（√）	OV（√）	AC（√）	CY（√）

2. 带进位加法指令组

带进位加法运算的特点是进位标志参加运算，因此，带进位加法是 3 个数相加：累加器 A 的内容、不同寻址方式的加数以及进位标志 CY 的状态，运算结果送累加器 A。

（1）ADDC　A，# data（立即数带进位加法）。

指令代码	指令功能	字节数	周期数	对标志位的影响			
34H	A←（A）＋date＋（CY）	1	1	P（√）	OV（√）	AC（√）	CY（√）

（2）ADDC　A，direct（直接寻址带进位加法）。

代码	指令功能	字节数	周期数	对标志位的影响			
35H	A←（A）＋（direct）＋（CY）	2	1	P（√）	OV（√）	AC（√）	CY（√）

（3）ADDC　A，@Ri（间接寻址带进位加法）。

指令代码	指令功能	字节数	周期数	对标志位的影响			
36H～37H	A←（A）＋（（Ri））＋（CY）	1	1	P（√）	OV（√）	AC（√）	CY（√）

（4）ADDC　A，Rn（寄存器寻址带进位加法）。

指令代码	指令功能	字节数	周期数	对标志位的影响			
38H～3FH	A←（A）＋（Rn）＋（CY）	1	1	P（√）	OV（√）	AC（√）	CY（√）

3. 带借位减法指令组

带借位减法指令的功能是从累加器A中减去不同寻址方式的操作数以及进位标志CY的状态，其差值再回送到累加器A。

（1）SUBB A，# data（立即数带借位减法）。

指令代码	指令功能	字节数	周期数	对标志位的影响			
94H	A←（A）–data–（CY）	2	1	P（√）	OV（√）	AC（√）	CY（√）

（2）SUBB　A，direct（直接寻址带借位减法）。

指令代码	指令功能	字节数	周期数	对标志位的影响			
95H	A←（A）–（direct）–（CY）	2	1	P（√）	OV（√）	AC（√）	CY（√）

（3）SUBB　A，@Ri（间接寻址带借位减法）。

指令代码	指令功能	字节数	周期数	对标志位的影响			
96H～97H	A←（A）–（（Ri））–（CY）	1	1	P（√）	OV（√）	AC（√）	CY（√）

（4）SUBB　A，Rn（寄存器寻址带借位减法）。

指令代码	指令功能	字节数	周期数	对标志位的影响			
98H～9fH	A←（A）－（Rn）－（CY）	1	1	P（√）	OV（√）	AC（√）	CY（√）

在加法指令中，有不带进位加法指令和带进位加法指令之分。而在减法运算中只有带借位减法指令，没有不带借位的减法指令。若要进行不带借位的减法运算，可采取变通办法，在“SUBB”指令前先把进位标志位清 0 即可。

4. 加 1 指令组

（1）INC　A（累加器加 1）。

指令代码	指令功能	字节数	周期数	对标志位的影响			
04H	A←（A）＋1	1	1	P（√）	OV（×）	AC（×）	CY（×）

（2）INC　direct（直接寻址单元加 1）。

指令代码	指令功能	字节数	周期数	对标志位的影响			
05H	direct←（direct）＋1	2	1	P（×）	OV（×）	AC（×）	CY（×）

（3）INC　@Ri（间接寻址单元加 1）。

指令代码	指令功能	字节数	周期数	对标志位的影响			
06H～07H	（Ri）←（（Ri））＋1	1	1	P（×）	OV（×）	AC（×）	CY（×）

（4）INC　Rn（寄存器加 1）。

指令代码	指令功能	字节数	周期数	对标志位的影响			
08H～0FH	Rn←（Rn）＋1	1	1	P（×）	OV（×）	AC（×）	CY（×）

（5）INC DPTR（16 位数据指针加 1）。

指令代码	指令功能	字节数	周期数	对标志位的影响			
A3H	DPTR←（DPTR）＋1	1	2	P（×）	OV（×）	AC（×）	CY（×）

加 1 指令的操作不影响标志位的状态。即 16 位数据指针加 1 “INC DPTR”指令使低 8 位产生进位，直接进到高 8 位而不置位进位标志 CY。对于累加器内容加 1 操作，既可以使

用指令“INC A”，也可以使用指令“INC ACC”。但要注意这是两条不同的指令。“ INC A ”是寄存器寻址指令，指令代码为 04H；而“ INC ACC ”是直接寻址指令，指令代码为 05E0H。

5. 减 1 指令组

（1）DEC　A（累加器减 1）。

指令代码	指令功能	字节数	周期数	对标志位的影响			
14H	A←（A）–1	1	1	P（√）	OV（×）	AC（×）	CY（×）

（2）DEC　direct（直接寻址单元减 1）。

代码	指令功能	字节数	周期数	对标志位的影响			
15H	direct←（direct）–1	2	1	P（×）	OV（×）	AC（×）	CY（×）

（3）DEC　@Ri（间接寻址单元减 1）。

指令代码	指令功能	字节数	周期数	对标志位的影响			
06H～07H	（Ri）←（（Ri））–1	1	1	P（×）	OV（×）	AC（×）	CY（×）

（4）DEC Rn（寄存器减 1）。

指令代码	指令功能	字节数	周期数	对标志位的影响			
18H～1FH	Rn←（Rn）–1	1	1	P（×）	OV（×）	AC（×）	CY（×）

6. 乘除指令组

80C51 有乘除指令各一条，都是一字节指令。乘除指令是整个指令系统中执行时间最长的指令，共需要 4 个机器周期。对于 12 MHz 晶振的单片机，一次乘除运算时间为 4 μs。

（1）乘法指令。

乘法指令把累加器 A 和寄存器 B 中的两个无符号 8 位数相乘，所得 16 位乘积的低位字节送 A，高位字节送 B。

MUL　AB（乘法）

指令代码	指令功能	字节数	周期数	对标志位的影响			
A4H	AB←（A）×（B）	1	4	P（√）	OV（√）	AC（×）	CY（√）

乘法运算影响标志位的状态，进位标志位 CY 总是被清 0，溢出标志位状态与乘积有关。若

OV=1，表示乘积大于 255（FFH），分别存放在 B 与 A 中；否则，表示乘积小于或等于 255，只存放在 A 中，B 的内容为 0。

（2）除法指令。

除法指令进行两个 8 位无符号数的除法运算，其中被除数置于累加器 A 中，除数置于寄存器 B 中。指令执行后，商存于 A 中，余数存于 B 中。

DIV AB（除法）

指令代码	指令功能	字节数	周期数	对标志位的影响			
84H	A←（A）/（B）的商 B←（A）/（B）的余数	1	4	P（√）	OV（√）	AC（√）	CY（√）

除法运算影响标志位的状态，进位标志位 CY 总是被清 0，而溢出标志位 OV 状态则反映除数情况。当除数为 0（B=0）时，OV 置 1，表明除法无意义，不能进行；其他情况 OV 都被清 0，即除数不为 0，除法可正常进行。

7. 十进制调整指令

十进制调整指令用于对两个 BCD 码十进制数加减运算的结果进行修正。

DA A（十进制调整）

代码	指令功能	字节数	周期数	对标志位的影响			
D4H	BCD 码加减结果修正	1	1	P（√）	OV（×）	AC（√）	CY（√）

加减运算的结果存放在累加器中，因此，所谓调整就是对累加器 A 的内容进行修正，这在指令格式中可以反映出来。使用时应注意，十进制调整指令一定要紧跟在加法或减法指令之后。

（二）算术运算类指令应用

例 2–1：双字节无符号数加法（R0R1）＋（R2R3）→（R4R5）。

由于不存在 16 位数加法指令，所以只能先加低 8 位（R1 与 R3 相加，结果放到 R5），而在加高 8 位时要连低 8 位相加时产生的进位一起相加（即 R0，R2 和进位 C 用 ADDC 指令相加，结果放入 R4 中），其编程如下。

```
MOV     A，R1          ；取被加数低字节
ADD     A，R3          ；低字节相加
MOV     R5，A          ；保存低字节和
MOV     A，R0          ；取高字节被加数
ADDC    A，R2          ；两高字节之和加低位进位
MOV     R4，A          ；保存高字节和
```

例 2–2：双字节无符号数相减（R0R1）→（R2R3）→（R4R5）。

R0，R2，R4 存放 16 位数的高字节，R1，R3，R5 存放低字节。先减低 8 位，后减高 8 位和减低位借位，所以要先清零，其编程如下。

```
MOV     A，R1          ；取被减数低字节
CLR     C              ；清借位位
SUBB    A，R3          ；低字节相减
MOV     R5，A          ；保存低字节差
MOV     A，R0          ；取被减数高字节
SUBB    A，R2          ；两高字节之差减低位借位
MOV     R4，A          ；保存高字节差
```

例 2–3：利用除法指令把累加器 A 中的数据对应的百位、十位、个位的 BCD 码求出来，并依次存放在地址 32H，31H，30H 单元中。

解：累加器 A 中的 8 位二进制数，先对其除以 100（64H），商数即为十进制数的百位数；余数部分再除以 10（0AH），所得商数和余数分别为十位数和个位数，即得到 3 位的 BCD 码。数的存放是通过 SWAP 和 ADD 指令实现的。参考程序如下。

```
MOV     B，#64H        ；除数 100 送 B
DIV     AB             ；此时商为百位的 BCD 码
MOV     32H，A         ；百位数 BCD 码存于 32H 中
MOV     A，B           ；将刚才的余数装入 A 中，准备下次除法
MOV     B，#10         ；装入除数 10
DIV     AB             ；得十位数和个位数
MOV     31H，A         ；十位数 BCD 码存于 31H
MOV     30H，B         ；个位 BCD 码存 30H
```

若上述程序执行前：（A）=A8H（168），则执行后：（32H）=01H（BCD），（31H）=06H，（30H）=08H。

四、任务实施

1. 跟我做——硬件电路分析

硬件电路如图 2–8 所示，其中 P2 和 P1 所接 SW1 和 SW2 为拨线开关，可以在两个 I/O 口上输入两个 8 位的二进制数，作为运算指令的两个操作数，P0 和 P3 分别接 16 个发光二极管 D15～D0，用来显示计算的结果，其中 P0 口还接 RP1。RP1 为排阻，内部共有 8 个电阻，其中 RP1 的 1 脚为 8 个电阻的公共端。这个排阻是作为输出口 P0 的上拉电阻。当然也可以用 8 个分离的电阻来构成 RP1 这个结构。

2. 跟我做——软件分析

分别编写加、减、乘、除如下 4 段运算程序。

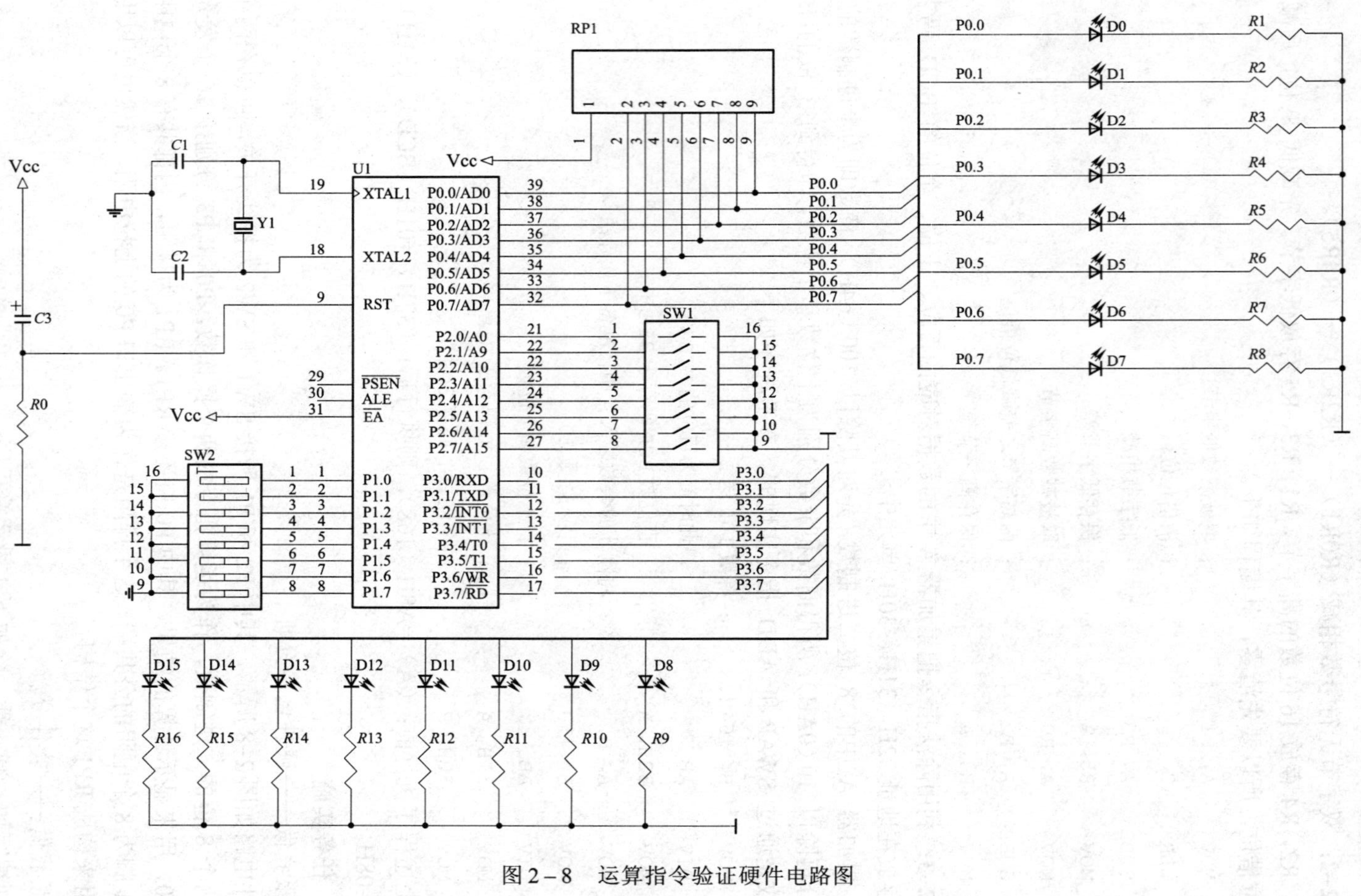

图2－8 运算指令验证硬件电路图

（1）加法运算程序。

```
ORG     0000H
MOV     P1, #0FFH
MOV     P2, #0FFH
MOV     A, P1
MOV     R0, P2
ADD     A, R0
MOV     P0, A
END
```

（2）减法运算程序。

```
ORG     0000H
MOV     P1, #0FFH
MOV     P2, #0FFH
MOV     A, P1
MOV     R0, P2
CLR     C
SUBB    A, R0
MOV     P0, A
END
```

（3）乘法运算程序。

```
ORG     0000H
MOV     P1, #0FFH
MOV     P2, #0FFH
MOV     A, P1
MOV     B, P2
MUL     AB
MOV     P0, A
MOV     P3, B
END
```

（4）除法运算程序。

```
ORG     0000H
MOV     A, P1
MOV     B, P2
DIV     AB
MOV     P0, A
MOV     P3, B
END
```

3. 跟我做——软硬件调试

（1）在 Proteus 中按照图 2–8 搭接好电路，本任务所用元件见表 2–5。

（2）在伟福软件中编辑加法程序，进行编译，得到.HEX 格式文件。

（3）将所得的.HEX 格式文件在 Proteus 中加载到单片机芯片中。

（4）在 Proteus 中仿真，拨动拨号开关，选择进行运算的两个数，看发光二极管所显示的运算结果与预想的是否一样。

（5）Proteus 中结果正常后，用实际硬件搭接电路，通过编程器将.HEX 格式文件下载到 AT89C51 中，通电查看实际效果。

（6）再按相同的步骤完成另外 3 段程序的验证。

表 2–5　元件列表

元 件 名 称	型 号	数 量	Proteus 中的名称
单片机芯片	AT89C51	1 片	AT89C51
晶振	12 MHz	1 个	CRYSTAL
电容	22 pF	2 个	CAP

续表

元 件 名 称	型 号	数 量	Proteus 中的名称
电解电容	22 μF	1 个	CAP-ELEC
拨线开关（可换成独立开关）	拨线开关	2 个	SWITCH（独立开关）
发光二极管		16 个	LED-RED
电阻	220 Ω，1 kΩ	见电路图	RES
排阻		1	RESPACK-8

学习子情境 2–2–2　数据的 BCD 码显示

一、任务目标

（1）掌握单片机中用除法将一个数各位转化为 BCD 码的方法。

（2）巩固数码管显示的相关知识。

（3）地址指针的使用。

（4）开关电路的使用。

二、任务要求

从 P1 口输入一个数（0～255），将该数对应的百、十、个位的数码在单个数码管上轮流显示出来。

三、知识链接

1. 单片机如何求出一个数各位的 BCD 码

在累加器 A 中的数，先对其除以 100（64H），商即为十进制的百位数；余数部分再除以 10（0AH），所得商数和余数分别为十位数和个位数，即得到 3 位的 BCD 码。

例如，现有一数为 178，要求出它各位的 BCD 码，做法为：将 178 除以 100 求百位的 BCD 码，根据除法指令，此时商为 1 装在 A 中，余数为 78，此时的商就是百位的 BCD 码；将上次的余数 78 再来除以 10，商为 7，余数为 8，商 7 就是十位的 BCD 码，余数 8 为个位的 BCD 码。这样 1，7，8 这 3 个 BCD 码就得到了。

2. 单片机用数码管显示各位 BCD 码

这个内容要用到在前面所讲的查表指令，先通过 DB 指令在 ROM 中建立一个字型码数据表格，将表首地址放入 DPTR 中，要想显示哪个数，就将这个数作为行号放入 A 中，通过查表指令将这个数对应的字型码取出来去控制数码管就可以了。现在要显示 3 个数，就不断地用查表指令，将这 3 个数对应的字型码送出就可以了。

四、任务实施

1. 跟我做——硬件电路分析

硬件电路如图 2–9 所示，其中 P1 接了 8 个开关（SWITCH），可以在 I/O 口上输入 8 位的

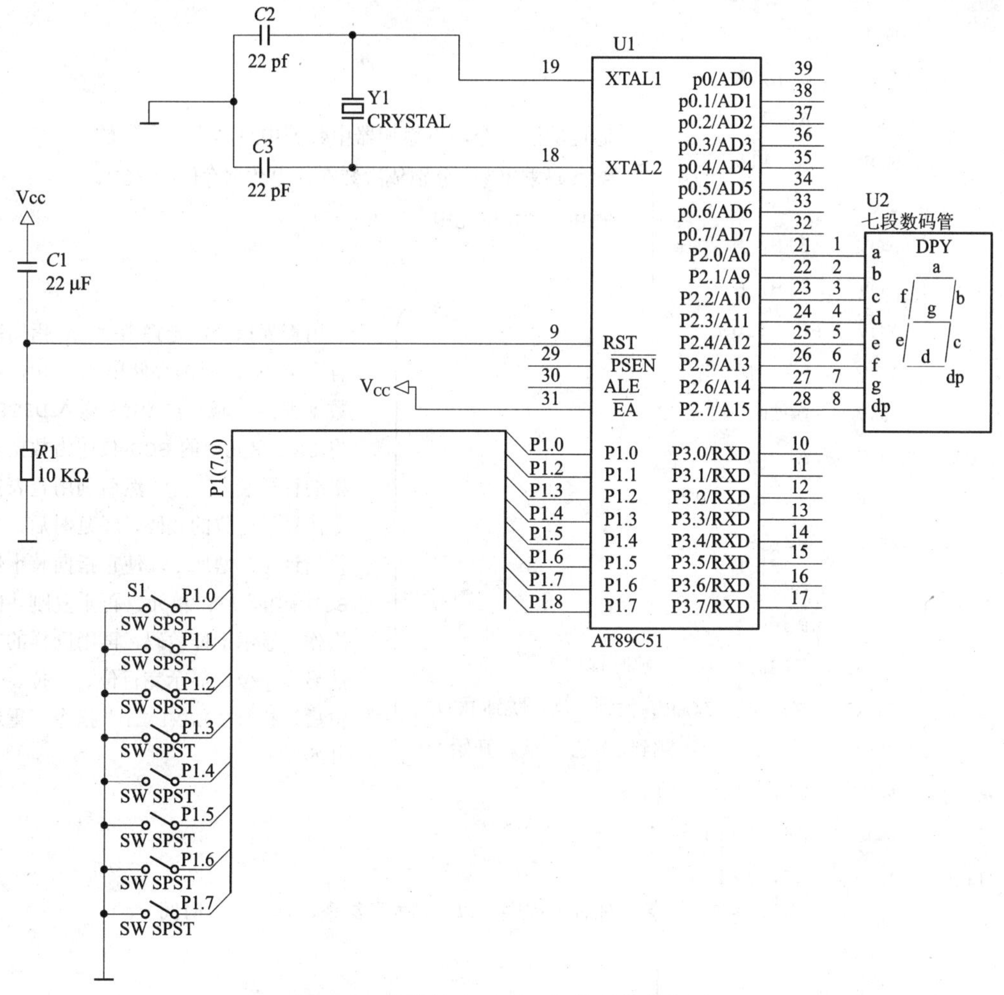

图 2–9　单管轮流显示 3 位数硬件电路图

二进制数，开关合上相应位输入 0，开关断开输入 1，当然这 8 个开关也可以换成上个任务中曾使用的 SW 拨线开关。P2 口为输出口，输出相应的十进制数的字型码，控制共阴极七段数码管显示。注意：这个数码管没有小数点 dp 显示，故称为七段数码管，此时字型码中 dp 位为 1 成 0 对显示没有影响。

2. 跟我做——软件分析

本任务中使用的程序如下，程序流程图见图 2–10。

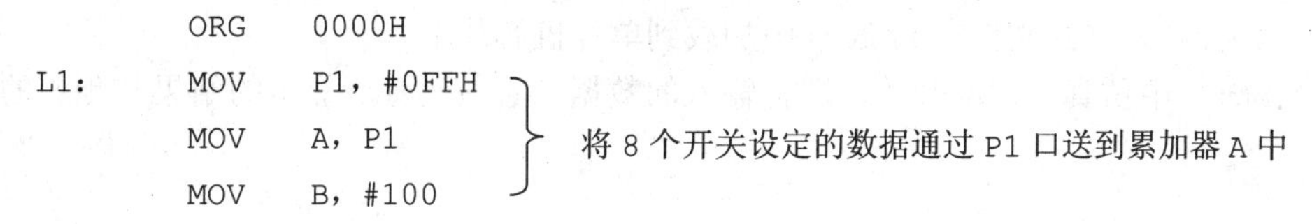

```
        ORG     0000H
L1:     MOV     P1, #0FFH   }
        MOV     A, P1       }  将 8 个开关设定的数据通过 P1 口送到累加器 A 中
        MOV     B, #100     }
```

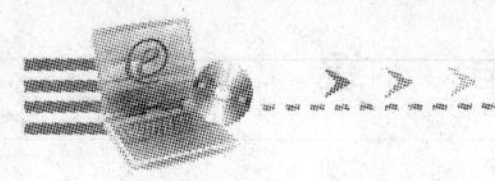

```
        DIV    AB
        MOV    30H，A
        MOV    A，B
        MOV    B，#10
        DIV    AB
        MOV    31H，A
        MOV    32H，B
```

通过除法指令，将累加器中数据中百、十、个位的BCD码求出来，分别依次装在片内数据存储器30H、31H、32H单元中

```
        MOV    R0，#30H
        MOV    R3，#0
        MOV    DPTR，#TABLE
LOOP:   MOV    A，@R0
        MOVC   A，@A+DPTR
        MOV    P2，A
        INC    R0
        INC    R3
        LCALL  DELAY        ；延时程序
        CJNE   R3，#3，LOOP；没到3次，跳到LOOP
        LJMP   L1           ；跳到L1去，重新开始
```

运用查表指令，先将指针R0指向装有百位BCD码的存储单元30H，将数据表格首地址#TABLE送入DPTR，将30H单元中的BCD数作为数据表格的行号装入A中，然后利用查表指令，显示百位的数码，经延时后，再将指针R0增加1，使它指向装十位BCD码的31H单元，再重复刚才的操作，显示十位数码，再用同样的方法显示个位，显示完百位、十位、个位后，执行“LJMP L1”指令，重新开始

```
DELAY:  MOV    R5，#20
D2:     MOV    R6，#200
D1:     MOV    R7，#248
        DJNZ   R7，$
        DJNZ   R6，D1
        DJNZ   R5，D2
        RET
```

延时子程序，以“RET”结束，延迟一段时间

```
TABLE:  DB 3FH，06H，5BH，4FH，66H，6DH，7DH，07H，7FH，6FH；
        建立字型码数据表格
        END
```

3. 跟我做——软硬件调试

（1）在 Proteus 中按照图 2–8 搭接好电路，本任务所用元件见表 2–6。

（2）在伟福软件中编辑加法程序，进行编译，得到 HEX 格式文件。

（3）将所得的 HEX 格式文件在 Proteus 中加载到单片机芯片中。

（4）在 Proteus 中仿真，拨动开关，选择输入的数据，看数码管所显示的结果与预想的是否一样。

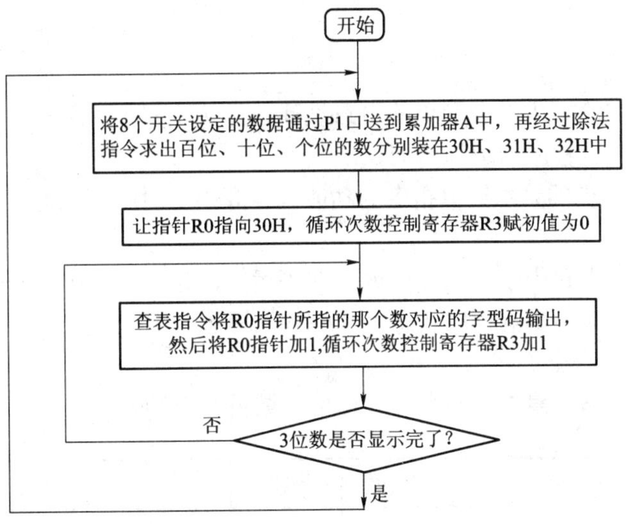

图 2–10　数据转化为 BCD 码并显示程序流程图

（5）Proteu 中结果正常后，用实际硬件搭接电路，通过编程器将.HEX 格式文件下载到 AT89C51 中，通电看实际效果。

表 2–6　元件列表

元 件 名 称	型 号	数 量	Proteus 中的名称
单片机芯片	AT89C51	1 片	AT89C51
晶振	12 MHz	1 个	CRYSTAL
电容	22 pF	2 个	CAP
电解电容	22 μF/16 V	1 个	CAP-ELEC
开关		8 个	SWITCH
电阻	10 kΩ	1 个	RES
七段数码管	共阴极数码管	1 个	7SEG-COM-CAT-BLUE

学习情境 2–3　逻辑运算指令

学习子情境 2–3–1　逻辑运算功能

一、任务目标

利用单片机的算术运算指令进行加、减、乘、除运算和逻辑运算，并将结果送 P3 发光二极

管显示。

二、任务要求

通过本节任务的实施要求学会简单的电路设计、焊接、安装、编程、调试。重点掌握单片机逻辑运算指令的功能、程序的编写与调试。

掌握 MCS–51 单片机的算术运算指令的功能和运算指令对程序状态字的影响。

三、知识链接

逻辑运算：在数字电路中学习的与、或、非等运算，在单片机中有与、或、非、异或逻辑运算指令。这类指令一般不影响程序状态字（PSW）标志。

1. 逻辑“与”运算指令组

（1）ANL direct，A（累加器与直接寻址单元逻辑“与”）。

指令代码	指令功能	字节数	周期数	对标志位的影响			
52H	direct←（direct）^（A）	2	1	P（×）	OV（×）	AC（×）	CY（×）

（2）ANL direct，# data（立即数与直接寻址单元逻辑“与”）。

指令代码	指令功能	字节数	周期数	对标志位的影响			
53H	direct←（direct）^data	3	2	P（×）	OV（×）	AC（×）	CY（×）

（3）ANL A，# data（立即数与累加器逻辑“与”）。

指令代码	指令功能	字节数	周期数	对标志位的影响			
54H	direct←（A）^data	2	1	P（√）	OV（×）	AC（×）	CY（×）

（4）ANL A，directt（直接寻址单元与累加器逻辑“与”）。

指令代码	指令功能	字节数	周期数	对标志位的影响			
55H	direct←（A）^（direct）	2	1	P（√）	OV（×）	AC（×）	CY（×）

（5）ANL A，@ Ri（间接寻址单元与累加器逻辑“与”）。

指令代码	指令功能	字节数	周期数	对标志位的影响			
56～57H	A←（A）^（（Ri））	1	1	P（√）	OV（×）	AC（×）	CY（×）

（6）ANL A，Rn（寄存器与累加器逻辑“与”）。

指令代码	指令功能	字节数	周期数	对标志位的影响			
58～5FH	A←（A）∧（Rn）	1	1	P（√）	OV（×）	AC（）	CY（×）

2. 逻辑“或”运算指令组

（1）ORL　direct，A（累加器与直接寻址单元逻辑“或”）。

指令代码	指令功能	字节数	周期数	对标志位的影响			
42H	direct←（direct）∨（A）	2	1	P（×）	OV（×）	AC（×）	CY（×）

（2）ORL　direct，# data（立即数与直接寻址单元逻辑“或”）。

指令代码	指令功能	字节数	周期数	对标志位的影响			
43H	direct←（direct）∨data	3	2	P（×）	OV（×）	AC（×）	CY（×）

（3）ORL　A，# data（立即数与累加器逻辑“或”）。

指令代码	指令功能	字节数	周期数	对标志位的影响			
44H	direct←（A）∨data	2	1	P（√）	OV（×）	AC（×）	CY（×）

（4）ORL　A，direct（ 直接寻址单元与累加器逻辑“或”）。

指令代码	指令功能	字节数	周期数	对标志位的影响			
45H	direct←（A）∨（direct）	2	1	P（√）	OV（×）	AC（×）	CY（×）

（5）ORL　A，@ Ri（间接寻址单元与累加器逻辑“或”）。

指令代码	指令功能	字节数	周期数	对标志位的影响			
46～47H	A←（A）∨（(Ri)）	1	1	P（√）	OV（×）	AC（×）	CY（×）

（6）ORL　A，Rn（寄存器与累加器逻辑“或”）。

指令代码	指令功能	字节数	周期数	对标志位的影响			
48～4FH	A←（A）∨（Rn）	1	1	P（√）	OV（×）	AC（×）	CY（×）

3. 逻辑“异或”运算指令组

（1）XRL　direct，A（累加器与直接寻址单元逻辑“异或”）。

指令代码	指令功能	字节数	周期数	对标志位的影响			
62H	direct←（direct）⊕（A）	2	2	P（×）	OV（×）	AC（×）	CY（×）

（2）XRL　direct，# data（立即数与直接寻址单元逻辑“异或”）。

指令代码	指令功能	字节数	周期数	对标志位的影响			
63H	direct←（direct）⊕ data	3	2	P（×）	OV（×）	AC（×）	CY（×）

（3）XRL　A，# data（立即数与累加器逻辑“异或”）。

指令代码	指令功能	字节数	周期数	对标志位的影响			
64H	direct←（A）⊕ data	2	1	P（√）	OV（×）	AC（×）	CY（×）

（4）XRL　A，direct（直接寻址单元与累加器逻辑“异或”）。

指令代码	指令功能	字节数	周期数	对标志位的影响			
65H	direct←（A）⊕（direct）	2	1	P（√）	OV（×）	AC（×）	CY（×）

（5）XRL　A，@ Ri（间接寻址单元与累加器逻辑“异或”）。

指令代码	指令功能	字节数	周期数	对标志位的影响			
66～67H	A←（A）⊕（(Ri)）	1	1	P（√）	OV（×）	AC（×）	CY（×）

（6）XRL　A，Rn（寄存器与累加器逻辑“异或”）。

指令代码	指令功能	字节数	周期数	对标志位的影响			
68～6FH	A←（A）⊕（Rn）	1	1	P（√）	OV（×）	AC（×）	CY（×）

4. 累加器清 0 和取反指令

（1）CLR　A（累加器清 0）。

指令代码	指令功能	字节数	周期数	对标志位的影响			
E4H	A←0	1	1	P（√）	OV（×）	AC（×）	CY（×）

（2）CPL　A（累加器按位取反）。

指令代码	指令功能	字节数	周期数	对标志位的影响			
F4H	A←（A）	1	1	P（√）	OV（×）	AC（×）	CY（×）

所谓累加器按位取反实际上就是逻辑“非”运算。下面对逻辑运算举例说明，当需要只改变字节数据的个别位而其余位不变时，只能通过逻辑运算完成。例如，将累加器 A 的低 4 位传送到 P1 口的低 4 位，但 P1 口原高 4 位保持不变，可由以下程序段实现。

```
MOV   R0，A;      A 内容暂存 R0
ANL  A，#0FH; 屏蔽 A 的高 4 位（低 4 位不变）
ANL  P1，#0F0H;  屏蔽 P1 口的低 4 位（高 4 位不变）
ORL  P1，A;       实现低 4 位传送
MOV  A，R0; 恢复 A 的内容
```

四、任务实施

1. 跟我做——确定硬件电路图

在 Proteus 软件中按图 2–11 连接电路图。电路的构成包括一个最小单片机构成系统，流水

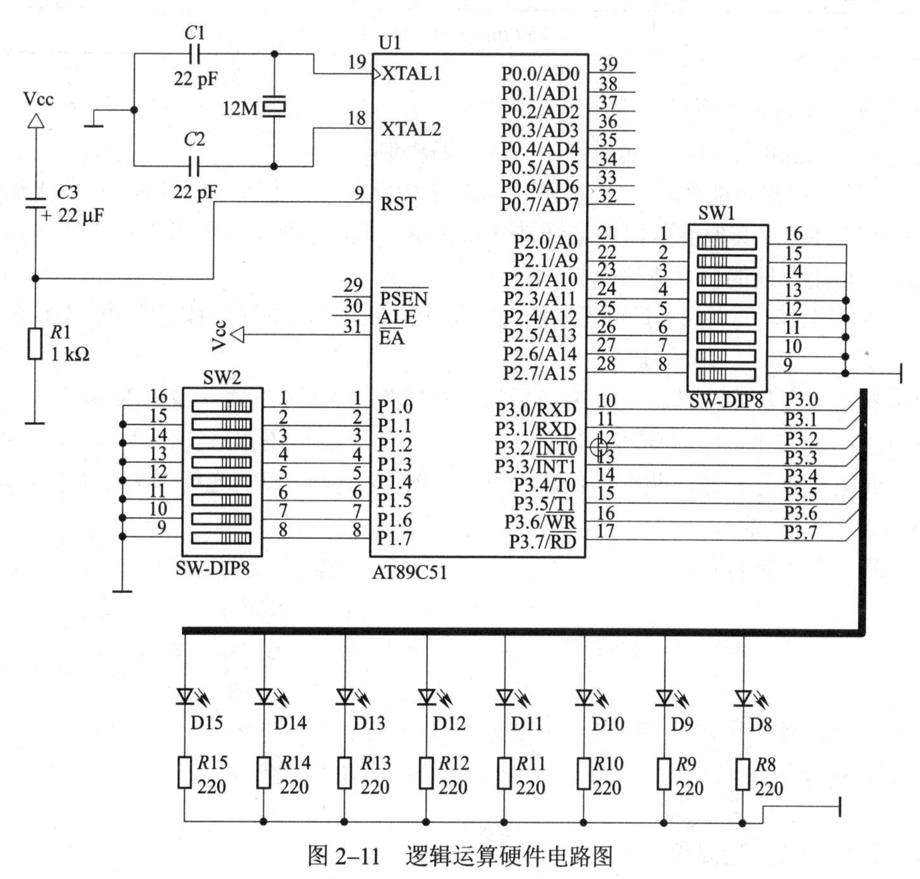

图 2–11　逻辑运算硬件电路图

灯电路和按键电路。

根据分析，其中 P1 和 P2 所接 SW1 和 SW2 为拨动开关，可以在两个 I/O 口上输入两个 8 位的二进制数，作为逻辑运算指令两个操作数，P3 接 8 个发光二极管 D7～D0，用来显示输出结果。

2. 跟我做——准备器件

需要准备的元件如表 2–6 所示。

表 2–6　元件列表

元 件 名 称	参 数	数 量
单片机芯片	AT89C51	1 片
晶振	12 MHz	1 个
电容	22 pF/22 μF	2/1 个
拨动开关	独立开关	2 个
发光二极管		8 个
电阻	220 Ω，1 kΩ	见电路图
万能板	150 mm×90 mm	1 个

3. 跟我做——制作电路板

在万能板上按照电路图焊接元器件，完成电路板制作。

（1）电路焊接时尽可能靠近单片机芯片，以减少电路板分布电容，使得晶振频率更加稳定。

（2）发光二极管及其他显示器件最好是分布在单片机的右侧，这样可以避免在仿真调试时，被连接仿真器与用户板的仿真排所遮挡。

（3）器件分布时，要考虑为后面不断增加的器件预留适当的位置，且器件引脚不宜过高。

4. 跟我做——编写、编译程序

用伟福软件编写程序，并将交叉编译后的程序转换为.HEX 格式（或.BIN 格式）。

编程思路：进入伟福编程界面，建立一个工程和一个源代码程序文件代码键。对单片机的与、或、异或运算进行验证，两个操作数由 P1 和 P2 两个 I/O 口的连线开关提供，并将结果送 P3 口所接发光二极管显示。

（1）逻辑“与”运算程序。

```
ORG  0000H
MOV  P1，#0FFH
MOV  A，P1
ANL  A，P2
MOV  P3，A
END
```

（2）逻辑“或”运算程序。

```
ORG  0000H
MOV  P1，#0FFH
MOV  A，P1
ORL  A，P2
MOV  P3，A
END
```

（3）逻辑“异或”运算程序。

```
ORG  0000H
MOV  P1，#0FFH
MOV  A，P1
XRL  A，P2
MOV  P3，A
END
```

5. 跟我做——文件下载

将编译后的 HEX 或 BIN 格式文件下载到仿真芯片中。

6. 跟我做——仿真调试

将仿真器连接到宿主 PC，按下连接按钮和调试键，仿真系统就可以单步调试或全速运行。

学习子情境 2–3–2　LED 流水灯控制

一、任务目标

本任务就是在单片机电路板上安装电路，以 P1 作为输出口，控制 8 个 LED 灯（可发红、绿或黄光），模拟流水灯控制。通过安装单片机电路板的扩展部分学会简单的电路设计、焊接、安装、编程、调试。

二、知识链接

在 80C51 中只能对累加器 A 进行移位，共有不带进位的循环左右移和带进位的循环左右移指令共 4 条。

（1）RL　A（累加器内容循环左移）。

指令代码	指令功能	字节数	周期数	对标志位的影响			
23H	An+1←An A0←A7	1	1	P（×）	OV（×）	AC（×）	CY（×）

（2）RR　A（累加器内容循环右移）。

指令代码	指令功能	字节数	周期数	对标志位的影响			
03H	An←An+1 A7←A0	1	1	P（×）	OV（×）	AC（×）	CY（×）

（3）RLC　A（通过 CY 循环左移）。

指令代码	指令功能	字节数	周期数	对标志位的影响			
33H	An+1←An CY←A7 A0←CY	1	1	P（×）	OV（×）	AC（×）	CY（×）

（4）RRC　A（通过 CY 循环右移）。

指令代码	指令功能	字节数	周期数	对标志位的影响			
13H	An←An＋1 A7←CY CY←A0	1	1	P（√）	OV（×）	AC（×）	CY（√）

三、任务要求

本任务就是在单片机电路板上安装电路，以 P1 作为输出口，控制 8 个 LED 灯（可发红、绿或黄光），模拟流水灯控制。通过安装单片机电路板的扩展部分学会简单的电路设计、焊接、安装、编程、调试。

四、任务实施

1. 跟我做——确定硬件电路图

流水灯控制电路原理如图 2–12 所示。

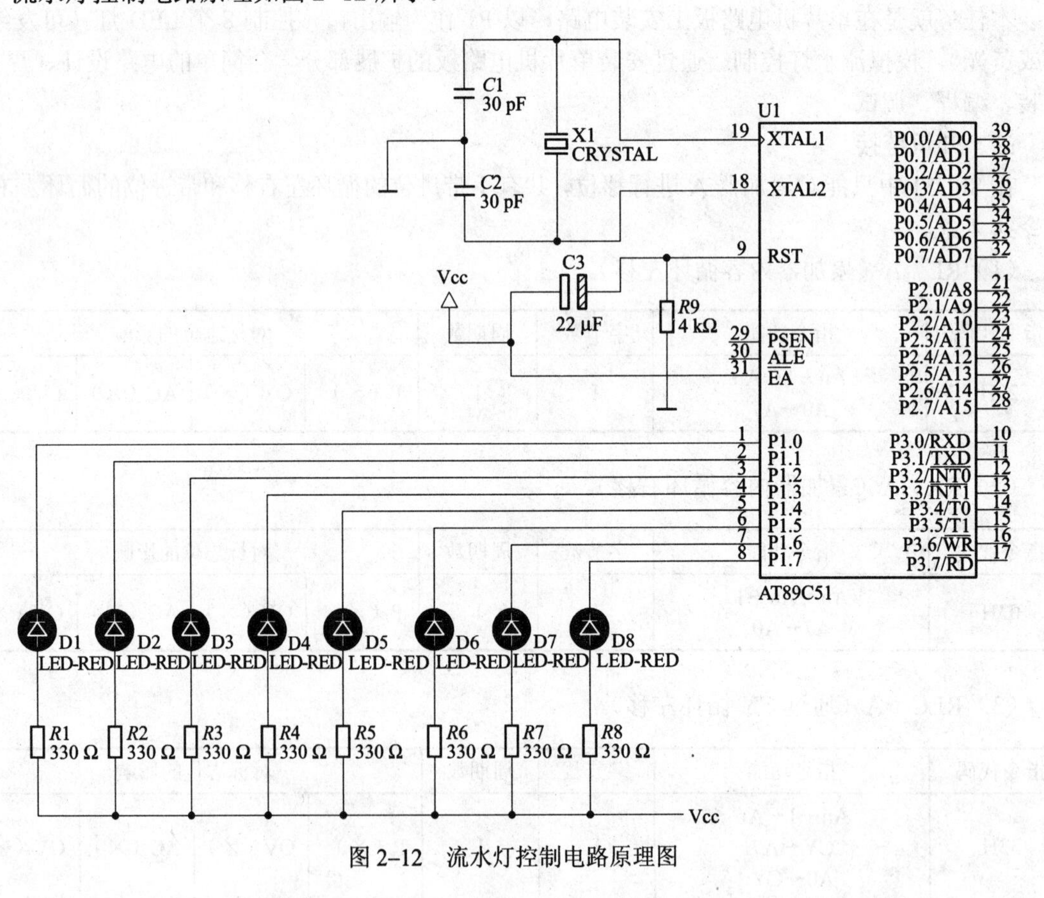

图 2–12　流水灯控制电路原理图

2. 跟我做——准备元件

需要准备的元件清单如表 2–7 所示。

表 2–7　元件清单表

元 件 名 称	参　数	数　量
单片机芯片	AT89C51	1 片
晶振	12 MHz	1 个
电容	30 pF	2 个
电容	22 μF	1 个
发光二极管		8 个
电阻	330 Ω	8 个
电阻	4 kΩ	1 个
万能板	150 mm×90 mm	1 个

3. 跟我做——制作电路板

在万能板上按照电路图焊接元器件，完成电路板制作。

4. 跟我做——编写控制程序

状态 1：8 个 LED，从左到右逐个点亮。

状态 2：8 个 LED，从右到左逐个点亮。

状态 3：8 个 LED，从左到右依次点亮。

状态 4：8 个 LED，从右到左依次熄灭。

转至状态 1 循环。

流程图如图 2–13 所示，LED 流动闪烁源程序如下。

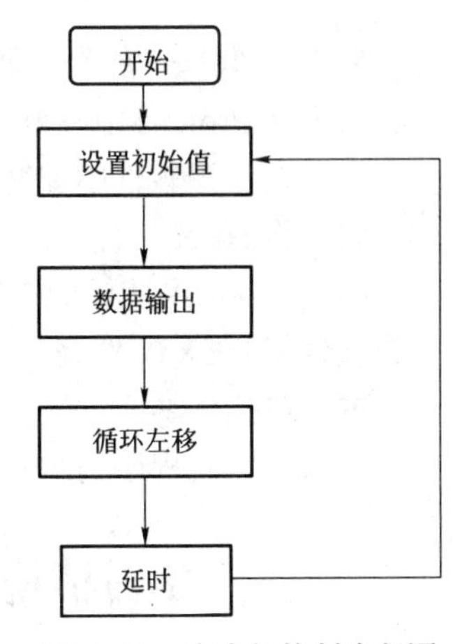

图 2–13　流水灯控制流程图

```
        ORG  0000H
        LJMP  MAIN
        ORG  0040H
MAIN:   MOV  SP, #60H
LOOP1:  MOV  R0, #8
        MOV  A, #0FEH
LP1:    MOV  P1, A
        MOV  R3, #5
        LCALL  DELAY
        RL  A
        DJNZ  R0, LP1
```

```
LOOP2:  MOV R0, #8
        MOV  A, #7FH
LP2:    MOV  P1, A
        MOV  R3, #5
        LCALL  DELAY
        RR  A
        DJNZ  R0, LP2
```

```
LOOP3:    MOV  R0, #8
          MOV  A, #0FEH
LP3:      MOV  P1, A
          MOV  R3, #5
          LCALL  DELAY
          CLR  C
          RLC  A
          DJNZ  R0, LP3
LOOP4:    MOV  R0, #8
          MOV  A, #80H
LP4:      MOV  P1, A
          MOV  R3, #5
          LCALL  DELAY
          SETB  C
          RRC  A
          DJNZ  R0, LP4
          LJMP  LOOP1
DELAY:    MOV  R2, #0FFH     ；延时子程序
DELAY1:   MOV  R1, #0C3H
          DJNZ  R1, $
          DJNZ  R2, DELAY1
          DJNZ  R3, DELAY
          RET
          END
```

5. 跟我做——软硬件联调

（1）在 Proteus 中画好电路原理图。

（2）在伟福软件中编写流水灯控制的程序，编好后调试产生.HEX 文件。

（3）将.HEX 文件写入电路图中的单片机，仿真出流水灯控制的现象。

（4）在最小系统板的扩展部分按照 Proteus 中的电路原理图安装并焊接，利用 Easy ISP 在线下载软件将.HEX 文件烧入 AT89C51 芯片中，实物仿真流水灯控制。

五、课外任务

流水灯控制程序的编写及调试。

学习情境 2–4　控制转移指令功能和位操作功能

学习子情境 2–4–1　单灯闪烁控制

一、任务目标

（1）掌握单片机的位操作指令的功能及应用。

（2）掌握单片机子程序的编写及调用方法。

（3）掌握单片机延时程序的编写方法。

（4）掌握循环程序的编写方法。

（5）用单片机控制单个 LED 的反复闪烁。

二、知识链接

控制转移指令程序的顺序执行是由 PC 自动加 1 实现的。要改变程序的执行顺序进行分支转向，应通过强迫修改 PC 值的方法来实现，这就是控制转移指令的基本功能。转移共分两类：无条件转移和有条件转移。

1. 无条件转移指令组

没有条件限制的程序转移称为无条件转移。80C51 共有 4 条无条件转移指令。

1）长转移指令

```
LJMP  addr 16（无条件长转移）
```

指令代码	指令功能	字节数	周期数	对标志位的影响			
02H	PC←addr 16	3	2	P（×）	OV（×）	AC（×）	CY（×）

长转移指令是 3 字节指令，依次是操作码、高 8 位地址、低 8 位地址。指令执行后把 16 位地址送 PC，从而实现程序转移。由于转移范围大，可达 64 KB，故称为“长转移”。

2）绝对转移指令

```
AJMP  addr 11（无条件绝对转移）
```

指令代码	指令功能	字节数	周期数	对标志位的影响			
	PC←（PC）+2 PC10～0←addr11	2	2	P（×）	OV（×）	AC（×）	CY（×）

该指令代码为 2 字节，但不是固定的，其组成格式如下。

A10	A9	A8	0	0	0	0	1
A7	A6	A5	A4	A3	A2	A1	A0

即指令提供的 11 位地址（addr 11）中，A7～A0 占第 2 字节的 8 位，A10～A8 占第 1 字节的高 3 位，低 5 位为指令操作码。

AJMP 指令的功能是构造程序转移的目的地址，实现程序转移。其构造方法是：以指令提供的 n 位地址（addr 11）去替换 PC 的低 n 位内容，形成新的 PC 值，即转移的目的地址。但应注意：被替换的 PC 值是本条 AJMP 指令地址加 2 以后的 PC 值，即指向下一条指令的 PC 值。例如，在 2070H 地址单元处有绝对转移指令，示例如下。

```
2070H   AJMP  16AH
```

其中 11 位绝对转移地址为 00101101010B（16AH），因此，指令代码组成格式如下。

	0	0	1	1	0	0	0	1
	0	1	1	0	1	0	1	0

程序计数器 PC 加 2 后的内容为 0010000001110010B（2072H），以 11 位绝对转移地址替换 PC 的低 11 位内容，最后形成的目的地址为 0010000101101010B（216AH）。

Addr11 表示地址，是无符号数，其最小值为 000H，最大值为 7FFH；因此，绝对转移指令所能转移的最大范围是 2 KB。对于“2070H AJMP 16AH”指令，其转移范围是 2000H～27FFH。指令示例如下。

```
LOOP：AJMP  addr11
```

假设 addr11=00100000000B，标号 LOOP 的地址为 1030H，则执行指令后，程序将转移 1100H 去执行。该双字节指令的代码为 21H、00H（因为 A10A9A8=001），即指令的第 1 字节为 21H。

3）短转移指令

SJMP rel（无条件短转移）

指令代码	指令功能	字节数	周期数	对标志位的影响			
80H	PC←（PC）+2； PC←（PC）+rel	2	2	P（×）	OV（×）	AC（×）	CY（×）

SJMP 是相对寻址方式转移指令，其中 rel 为偏移量。指令功能是计算目的地址，并按计算得到的目的地址来实现程序的相对转移。计算公式如下。

目的地址=（PC）＋2＋rel

式中，偏移量 rel 是一个带符号的 8 位二进制补码数，因此，所能实现的程序转移是双向的。若 rel 为正数，则向前转移；若 rel 为负数，则向后转移。转移范围只是 0～256，故称为“短转移”。对于短转移指令的使用，可从如下两方面进行讨论。

（1）根据偏移量 rel 计算转移目的地址。这种情况在读目标程序时经常遇到，用于解决往哪儿转移的问题。例如，在 835AH 地址处有 SJMP 指令，其示例如下。

```
835AH  SJMP  35H
```

源地址为 835AH，由于 rel=35H 是正数，因此，程序向前转移。

目的地址=835AH＋02H＋35H=8391H，执行完本指令后，程序转到 8391H 地址去执行。

又例如，在 835AH 地址处有 SJMP 指令，其示例如下。

```
835AH  SJMP  E7H
```

由于 rel=E7H，是负数 19H 的补码，因此，程序向后转移。

目的地址=835AH＋02H−19H=8343H，即执行完本指令后，程序向后转到 8343H 地址去执行。

（2）根据目的地址计算偏移量。这是手工编程时必须解决的问题，也是一项比较麻烦的工

作。假定把SJMP指令所在地址称为源地址，转移地址称为目的地址，并以（目的地址–源地址）作为地址差。则对于2字节的SJMP指令，rel的计算公式如下。

向前转移：rel=目的地址–（源地址＋2）=地址差–2

向后转移：rel=（目的地址–（源地址＋2））补

=FFH–（源地址＋2–目的地址）＋1

=FEH–地址差

为方便起见，在汇编程序中都有计算偏移量的功能。用户编写汇编源程序时，只需在相对转移指令中直接写上要转向的地址标号就可以了。程序汇编时由汇编程序自动计算并填入偏移量。但手工汇编时，偏移量的值则需程序设计人员自己计算。例如，执行指令“LOOP：SJMP LOOP1”，如果LOOP的标号值为0100H（即SJMP这条指令的机器码存于0100H和0101H两个单元之中），标号 LOOP1值0123H，即跳转的目标地址为0123H，则指令的第2个字节（即偏移量）应为：rel=0123H–0102H=21H。

另外，需要说明一点，80C51 没有暂停和程序结束指令，但在使用时又确有程序等待或程序结束的需要。对此可用让程序“原地踏步”的办法解决。一条SJMP指令即可实现“HERE：SJMP HERE”或“HERE：SJMP $”这条指令代码为80FE。在80C51汇编语言中，用“ $ ”代表 PC 的当前值。

4）变址寻址转移指令

```
JMP  @A+DPTR
```

指令代码	指令功能	字节数	周期数	对标志位的影响			
73H	PC←（A）＋（DPTR）	1	2	P（×）	OV（×）	AC（×）	CY（×）

本指令以 DPTR 内容为基址，以A的内容作变址。转移的目的地址由 A 的内容和 DPTR 内容之和来确定，即目的地址=（A）＋（DPTR）。因此，只要把 DPTR 的值固定，而给 A 赋以不同的值，即可实现程序的多分支转移。

上述4条无条件转移指令的功能相同，不同之处在于转移范围。其中长转移指令LJMP的转移范围最大为64 KB；绝对转移指令AJMP的转移范围为2 KB；短转移指令SJMP的转移范围最小，仅为256 B；变址转移指令JMP的转移范围也为64 KB。但要注意，程序转移都是在程序存储器地址空间范围内进行的。

2. 条件转移指令组

所谓条件转移，就是设有条件的程序转移。执行条件转移指令时，若指令中设定的条件满足，则进行程序转移，否则程序顺序执行。

1）累加器判零转移指令

（1）JZ　rel（累加器判零转移）。

代码	指令功能	字节数	周期数	对标志位的影响			
60H	若（A）=0，则PC←（PC）+2+rel； 若（A）≠0，则PC←（PC）+2	2	2	P（×）	OV（×）	AC（×）	CY（×）

（2）JNZ　rel（累加器判非零转移）。

代码	指令功能	字节数	周期数	对标志位的影响			
70H	若（A）≠0，PC←（PC）+2+rel； 若（A）=0，则PC←（PC）+2	2	2	P（×）	OV（×）	AC（×）	CY（×）

2）数值比较转移指令

（1）CJNE　A，#data，rel（累加器内容与立即数比较，不等则转移）。

代码	指令功能	字节数	周期数	对标志位的影响			
60H	若（A）=data，则 PC←（PC）+2，CY←0； 若（A）>data，则 PC←（PC）+2+rel，CY←0； 若（A）<data，则 PC←（PC）+3+rel，CY←0	3	2	P（×）	OV（×）	AC（×）	CY（×）

（2）CJNE　A，direct，rel（累加器内容与直接寻址单元比较，不等则转移）。

代码	指令功能	字节数	周期数	对标志位的影响			
B5H	若（A）=（direct），则 PC←（PC）+3，CY←0； 若（A）>（direct），则 PC←（PC）+3+rel，CY←0； 若（A）<（direct），则 PC←（PC）+3+rel，CY←1	3	2	P（×）	OV（×）	AC（×）	CY（×）

（3）CJNE　Rn，data，rel（寄存器内容与立即数比较，不等则转移）。

代码	指令功能	字节数	周期数	对标志位的影响			
B8H ～ BFH	若（Rn）=data，则 PC←（PC）+3，CY←0； 若（Rn）>data，则 PC←（PC）+3+rel，CY←0； 若（Rn）<（data），则 PC←（PC）+3+rel，CY←1	3	2	P（×）	OV（×）	AC（×）	CY（×）

（4）CJNE　@Ri，#data，rel（间接寻址单元与立即数比较，不等则转移）。

指令代码	指令功能	字节数	周期数	对标志位的影响			
B6H ～ B7H	若（(Ri)）=data，则 PC←（PC）+3，CY←0； 若（(Ri)）>data，则 PC←（PC）+3+rel，CY←0； 若（(Ri)）<（data），则 PC←（PC）+3+rel，CY←1	3	2	P（×）	OV（×）	AC（×）	CY（×）

数值比较转移指令是 80C51 指令系统中仅有的 4 条 3 操作数指令，在程序设计中非常有用，既可以通过数值比较来控制程序转移，又可以根据程序转移与否来判定数值比较的结果。

若程序顺序执行，则左操作数=右操作数；若程序转移且（CY）=0，则左操作数>右操作数；若程序转移且（CY）=1，则左操作数<右操作数。

3）减 1 条件转移指令

（1）DJNZ　Rn，rel（寄存器减 1 条件转移）。

代码	指令功能	字节数	周期数	对标志位的影响			
D8H ～DfH	Rn←（Rn）–1 若 Rn≠0，则 PC←（PC）+2+rel； 若 Rn=0，则 PC←（PC）+2	2	2	P（×）	OV（×）	AC（×）	CY（×）

（2）DJNZ　direct，rel（直接寻址单元减 1 条件转移）。

代码	指令功能	字节数	周期数	对标志位的影响			
D5H	direct←direct−1 若（direct）≠0，则 PC←（PC）+3+rel; 若（direct）=0，则 PC←（PC）+3	3	2	P（×）	OV（×）	AC（×）	CY（×）

这两条指令功能用语言描述为：寄存器（或直接寻址单元）内容减 1 时，若所得结果为 0，则程序顺序执行；若结果不为 0，则程序转移。若预先在寄存器或内部 RAM 单元中设置循环次数，则利用这两条指令即可实现按次数控制循环。

3. 子程序调用与返回指令组

调用和返回构成子程序调用的完整过程。为了实现这一过程，必须有子程序调用指令和返回指令。调用指令在主程序中使用，而返回指令则应该是子程序的最后一条指令。执行完这条指令之后，程序返回主程序断点处继续执行。

1）绝对调用指令

```
ACALL  addr11
```

代码	指令功能	字节数	周期数	对标志位的影响			
11H，31H，…，F1H	PC←（PC）+2; SP←（SP）+1，（SP）←（PC）7～0; SP←（SP）+1，（SP）←（PC）15～8; PC10～0←addr11	2	2	P（×）	OV（×）	AC（×）	CY（×）

本指令中提供 11 位子程序入口地址，其中低 8 位 A7～A0 占据指令第 2 字节，而高 3 位 A10～A8 则占据指令第 1 字节的高 3 位。

为了实现子程序调用，该指令主要完成两项操作。

（1）断点保护。断点保护是通过自动方式的堆栈操作实现的，即把加 2 以后的 PC 值自动送堆栈保存起来，待子程序返回时再出栈送回 PC。

（2）构造目的地址。目的地址的构造是在 PC 加 2 的基础上，以指令提供的 n 位地址取代 PC 的低 11 位，而 PC 的高 5 位不变。

2）长调用指令

```
LCALL  addr 16（长调用）
```

代码	指令功能	字节数	周期数	对标志位的影响			
12H	PC←（PC）＋3； SP←（SP）＋1，（SP）←（PC）7～0； SP←（SP）＋1，（SP）←（PC）15～8； PC10～0←addr16	3	2	P（×）	OV（×）	AC（×）	CY（×）

本指令的调用地址在指令中直接给出，addr16 就是被调用子程序的入口地址。指令执行后，断点进栈保存，转去执行子程序。长调用指令的子程序调用范围是 64 KB，但它是 3 字节指令较长，占用存储空间较多。

3）返回指令

（1）RET（子程序返回）。

代码	指令功能	字节数	周期数	对标志位的影响			
22H	（PC）15～8←（(SP)），SP←（SP）～1； （PC）7～0←（(SP)），SP←（SP）～1	1	2	P（×）	OV（×）	AC（×）	CY（×）

（2）RET（中断服务子程序返回）。

代码	指令功能	字节数	周期数	对标志位的影响			
32H	（PC）15～8←（(SP)），SP ←（SP）～1； （PC）7～0←（(SP)），SP←（SP）～1	1	2	P（×）	OV（×）	AC（×）	CY（×）

子程序返回指令 RET 执行子程序返回功能，从堆栈中自动取出断点地址送给程序计数器 PC，使程序在主程序断点处继续向下执行。例如，已知（SP）=62H，（62H）=07H，（61H）=30H，执行指令 RET 的结果为：（SP）=60H，（PC）=0730H，CPU 从 0730H 开始执行程序。

而中断服务子程序返回指令 RETI，除具有上述子程序返回指令所具有的全部功能之外，还有清除中断响应时被置位的优先级状态、开放较低级中断和恢复中断逻辑等功能。

4. 空操作指令 NOP

代码	指令功能	字节数	周期数	对标志位的影响			
00H	（PC）←（PC）＋1	1	1	P（×）	OV（×）	AC（×）	CY（×）

空操作指令也可算作是一条控制指令，即控制 CPU 不作任何操作，只消耗一个机器周期的

时间。空操作指令是单字节指令，因此，执行后 PC 加 1，时间延续一个机器周期。NOP 指令常用于程序等待或时间延迟。

三、任务要求

通过本节任务的实施要求学会简单的电路设计、焊接、安装、编程、调试；重点掌握单片机转移指令，循环程序和延时子程序的编写与调试。

用单片机控制一个 LED 的亮灭，反复闪烁 30 次。

四、任务实施

1. 跟我做——确定硬件电路图

LED 亮灭硬件电路如图 2-14 所示。

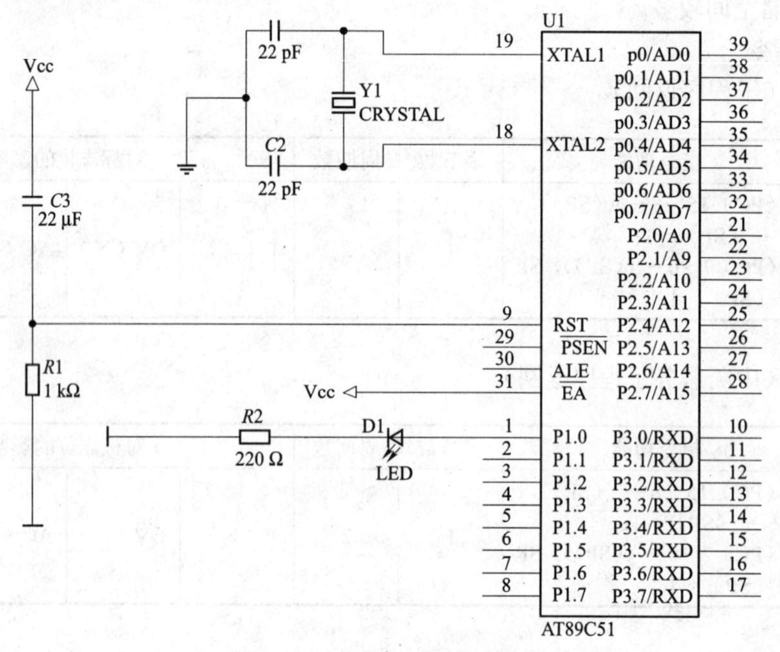

图 2-14　LED 亮灭硬件电路图

2. 跟我做——准备器件

需要准备的元件如表 2-8 所示。

表 2-8　元件列表

元件名称	参　数	数量	元件名称	参数	数量
单片机芯片	AT89C51	1 片	晶振	12 MHz	1 个
电阻	220 Ω，1 kΩ	见图	万能板	150 mm×90 mm	1 块
发光二极管		1 个	电容	22 pF	2 个
电解电容	22 μF	1 个			

3. 跟我做——制作电路板

在万能板上按照电路图 2–14 焊接元器件，完成电路板制作。

4. 跟我做——编写控制程序

源程序如下。（单灯闪烁，亮灭均为 1 s）

```
          ORG    0000H
          LJMP   START
          ORG    0030H
START:    MOV    R4，#30
L1:       CLR    P1.0
          LCALL  DELAY
          SETB   P1.0
          LCALL  DELAY
          DJNZ   R4，L1
          LJMP   $
DELAY:    MOV    R3，#10
LOOP3:    MOV    R2，#100
LOOP2     MOV    R1，#250
LOOP1:    NOP
          NOP
          DJNZ   R1，LOOP1
          DJNZ   R2，LOOP2
          DJNZ   R3，LOOP3
          RET
          END
```

5. 跟我做——软硬件联调

将硬件电路板和单片机开发系统连接好，进行以下操作。

（1）输入源程序。

（2）汇编源程序。

（3）运行程序，观察 LED 显示效果。

五、课外任务

单灯闪烁 20 次，并且亮 1 s，灭 0.5 s。

学习子情境 2–4–2　键控多灯显示

一、任务目标

（1）掌握单片机的位操作指令的功能及应用。

（2）掌握单片机控制转移指令的应用。

（3）掌握按键电路的结构及其编程方法。

二、知识链接

所谓位操作，就是以位（bit）为单位进行的运算和操作。位变量也称为布尔变量或开关变位操作指令，用于进行位的传送、置 1、清 0、取反、位状态判转移、位逻辑运算及位输入/输出灯。

1. 位传送指令组

（1）MOV　C，bit（指定内容送 CY）。

指令代码	指令功能	字节数	周期数	对标志位的影响			
A2H	CY←（bit）	2	1	P（×）	OV（×）	AC（×）	CY（√）

（2）MOV　bit，C（CY 内容送指定位）。

指令代码	指令功能	字节数	周期数	对标志位的影响			
92H	（bit）←CY	2	1	P（×）	OV（×）	AC（×）	CY（×）

指令中的 C 就 CY，由于没有两个可寻址之间的传送指令，因此，无法实现两个可寻址位的直接传送。若需要这种传送，应该使用两条指令以 CY 作为桥梁实现。

2. 位置位复位指令组

（1）SETB　C（CY 置 1）。

指令代码	指令功能	字节数	周期数	对标志位的影响			
D3H	CY←1	1	1	P（×）	OV（×）	AC（×）	CY（√）

（2）SETB　bit（指定位置 1）。

指令代码	指令功能	字节数	周期数	对标志位的影响			
D8H	bit←1	2	1	P（×）	OV（×）	AC（×）	CY（×）

（3）CLR　C（CY 清 0）。

指令代码	指令功能	字节数	周期数	对标志位的影响			
C3H	CY←0	1	1	P（×）	OV（×）	AC（×）	CY（√）

（4）CLR　bit（指定位清 0）。

指令代码	指令功能	字节数	周期数	对标志位的影响			
C2H	bit←0	2	1	P（×）	OV（×）	AC（×）	CY（×）

3. 位逻辑运算指令组

（1）ANL　C，bit（指定位与 CY 逻辑与）。

指令代码	指令功能	字节数	周期数	对标志位的影响			
82H	CY←（CY）^（bit）	2	1	P（×）	OV（×）	AC（×）	CY（√）

（2）ANL　C，/bit（指定位反与 CY 逻辑与）。

指令代码	指令功能	字节数	周期数	对标志位的影响			
B0H	CY←（CY）^（$\overline{\text{bit}}$）	2	2	P（×）	OV（×）	AC（×）	CY（√）

（3）ORL　C，bit（指定位与 CY 逻辑或）。

指令代码	指令功能	字节数	周期数	对标志位的影响			
72H	CY←（CY）v（bit）	2	2	P（×）	OV（×）	AC（×）	CY（√）

（4）ORL　C，/bit（指定位反与 CY 逻辑或）。

指令代码	指令功能	字节数	周期数	对标志位的影响			
A0H	CY←（CY）v（$\overline{\text{bit}}$）	2	2	P（×）	OV（×）	AC（×）	CY（√）

（5）CPL　C（CY 取反）。

指令代码	指令功能	字节数	周期数	对标志位的影响			
B3H	CY←（$\overline{\text{CY}}$）	1	1	P（×）	OV（×）	AC（×）	CY（√）

（6）CPL　bit（指定位取反）。

指令代码	指令功能	字节数	周期数	对标志位的影响			
B2H	bit←（$\overline{\text{bit}}$）	2	1	P（×）	OV（×）	AC（×）	CY（×）

4. 位控制转移指令组

1）以 C 状态为条件的转移指令

（1）JC　rel（CY=1 则转移）。

指令代码	指令功能	字节数	周期数	对标志位的影响			
40H	若（CY）=1，则 PC←（PC）＋2＋rel； 若（CY）≠1，则 PC←（PC）＋2	2	2	P（×）	OV（×）	AC（×）	CY（×）

（2）JC　rel（CY=0 则转移）。

指令代码	指令功能	字节数	周期数	对标志位的影响			
50H	若（CY）=0，则 PC←（PC）＋2＋rel； 若（CY）≠0，则 PC←（PC）＋2	2	2	P（×）	OV（×）	AC（×）	CY（×）

2）以位状态为条件的转移指令

（1）JB　bit，rel（指定位状态为 1 转移）。

指令代码	指令功能	字节数	周期数	对标志位的影响			
20H	若（bit）=1，则 PC←（PC）＋3＋rel； 若（bit）≠1，则 PC←（PC）＋3	3	2	P（×）	OV（×）	AC（×）	CY（×）

（2）JNB　bit，rel（指定位状态为 0 转移）。

指令代码	指令功能	字节数	周期数	对标志位的影响			
20H	若（bit）=0，则 PC←（PC）＋3＋rel； 若（bit）≠0，则 PC←（PC）＋3	3	2	P（×）	OV（×）	AC（×）	CY（×）

（3）JBC　bit，rel（指定位状态为 1 转移，并使该位清 0）。

指令代码	指令功能	字节数	周期数	对标志位的影响			
10H	若（bit）=1，则 PC←（PC）＋3＋rel bit←0； 若（bit）≠1，则 PC←（PC）＋3	3	2	P（×）	OV（×）	AC（×）	CY（×）

三、任务要求

通过本节的实施要求学会简单的电路设计、焊接、安装、编程、调试；重点掌握单片机转移指令，循环程序和延时子程序的编写与调试。

用8个按键（K0～K7）控制8个发光二极管，每个发光二极管独自控制1个LED的亮灭；当按下K0时，对应D0亮；当按下K1时，对应D1亮，依次类推。

四、任务实施

1. 跟我做——确定硬件电路图

按键控制二极管的硬件电路如图2–15所示。

2. 跟我做——准备器件

需要准备的器件如表2–9所示。

表2–9　元件列表

元件名称	参　　数	数量	元件名称	参数	数量
单片机芯片	AT89C51	1片	晶振	12 MHz	1个
电阻	220 Ω，1 kΩ，8.2 kΩ	见图	万能板	150 mm×90 mm	1块
发光二极管		8个	电容	22 pF	2个
电解电容	22 μF	1个	开关		8个

3. 跟我做——制作电路板

在万能板上按照电路图焊接元器件，完成电路板制作。

4. 跟我做——编写控制程序

源程序如下。

```
            ORG  0000H
            LJMP  START
            ORG   0030H
START:      MOV  P1，#0FFH        ；让LED全灭
            JB    P2.0，L1        ；判断K0按键是否按下，没按下则跳到L1去
            CLR  P1.0             ；让灯D0亮
L1:         JB    P2.1，L2        ；
            CLR  P1.1
L2:         JB    P2.2，L3
            CLR  P1.2
L3:         JB    P2.3，L4
            CLR  P1.3
L4:         JB    P2.4，L5
```

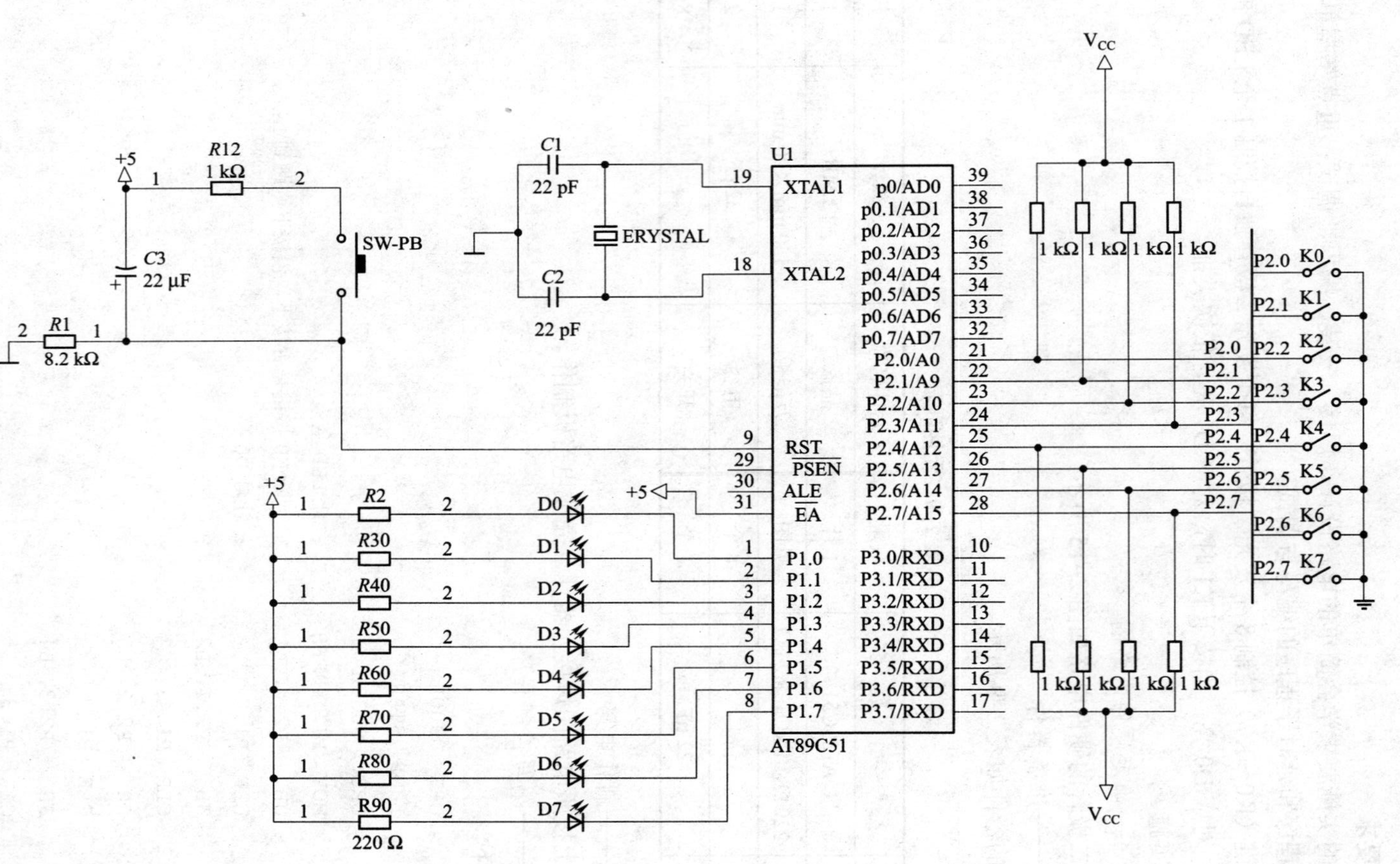

图 2-15　按键控制二极管的硬件电路

```
            CLR  P1.4
L5:         JB   P2.5，L6
            CLR  P1.5
L6:         JB   P2.6，L7
            CLR  P1.6
L7:         JB   P2.7，L
            CLR  P1.7
L:          LCALL   DELAY      ；延时程序让 8 个灯的状态保持一段时间
            LJMP  START
DELAY:      MOV  R1，#255
LOOP1:      MOV  R2，#255
            DJNZ  R2，$
            DJNZ  R1，LOOP1
            RET
            END
```

5. 跟我做——软硬件联调

将硬件电路板和单片机开发系统连接好，进行以下操作。

（1）输入源程序。

（2）汇编源程序。

（3）运行程序，观察 LED 显示效果。

五、课外任务

按键后，单灯亮 1 s，灭 1 s，不断闪烁 10 次，然后再变亮。

学习情境 2–5　汇编语言源程序的汇编

所谓汇编就是将汇编语言转换成机器语言的过程。只有将汇编语言编写的源程序汇编成为机器语言，才能被计算机识别和执行。汇编可分为手工汇编和机器汇编两种形式。采用手工汇编就是先编写出汇编程序，然后对照单片机指令码表手工将汇编程序翻译成机器码，目前已不采用手工汇编。机器汇编就是将源程序输入计算机后，由汇编软件查出相应的机器码，汇编软件（如 ASM51.EXE）通常可对源程序中的语法及逻辑错误进行检查，同时还能对地址进行定位，建立能被开发装置接收的机器码文件及用于打印的列表文件等。单片机的机器汇编过程如图 2–16 所示。

（一）伪指令

为了方便对汇编语言源程序进行汇编，MCS–51 系列单片机的指令系统允许使用一些特定的指令为汇编程序提供相关信息，这些特定的指令称为伪指令。通常用于为程序指定起始点和结束点，将一些数据、表格常数存放在指定的存储单元，对字节数据或表达式赋字符名称等。

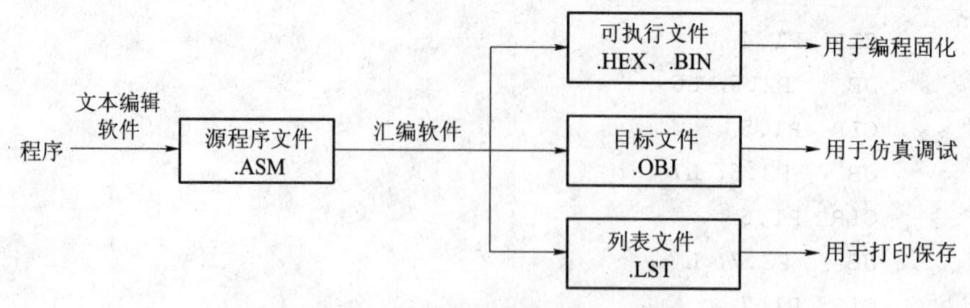

图 2–16　单片机的汇编语言示意图

这些伪指令在汇编时不产生目标代码，不影响程序的执行，因为它们不是真正的指令。下面介绍一些常用的伪指令。

1. 起始地址伪指令 ORG（Origin）

格式：ORG　16 位地址

功能：规定程序段或数据块的起始地址。

汇编过程中，机器检测到该语句时，便确认了汇编的起始地址，然后把 ORG 伪指令下一条指令的首字节机器码存入 16 位地址所指示的存储单元内，其他的后续指令字节或数据连续依次存入后面的存储单元中。在一个源程序中，可以多次使用 ORG 指令，以规定不同的程序段的起始位置。但所规定的地址应该是从小到大，而且不允许重叠。

```
        ORG  1000H
START：MOV A，# 55H
              …
```

该 ORG 指令规定 START 标号的地址为 1000H，第一条指令及其后面指令汇编后的机器码便从 1000H 单元开始存放。

2. 汇编结束伪指令 END

格式：END

功能：用来表示程序结束汇编的位置。

END 一般用在汇编语言源程序的末尾，该伪指令后面的语句将不被汇编成机器码。一个汇编语言源程序可能由几个程序段组成，包括主程序和若干个子程序，但只能有一个 END 指令。

3. 赋值伪指令 EQU（Equate）

格式：字符名　EQU　数据或汇编符号

功能：将该指令右边的值赋给左边的“字符名”。汇编过程中，EQU 伪指令被汇编程序识别后自动将 EQU 后面的“数据或汇编符号”赋给左边的“字符名”。该“字符名”被赋值后，既可用作一个数据，也可用作一个地址。

```
        ORG  1000H
        BLOCK  EQU  20H
```

```
        SUM EQU  30H
START: MOV  R0, # BLOCK
                …
MOV  SIJM, A
```

使用 EQU 伪指令时应注意以下两点。

(1)“字符名”不是标号，故它和 EQU 之间不能用“：”隔开。

(2)“字符名”必须先赋值后使用，因此 EQU 伪指令通常放在源程序的开头。

4. 数据赋值伪指令 DATA

格式：字符名　DATA　表达式

功能：用来将右边表达式的值赋给左边的字符名。

此伪指令的功能与 EQU 类似，使用时它们的区别如下。

(1) DATA 可以先使用再定义，它可以放在程序的开头或结尾，也可以放在程序的其他位置，比 EQU 指令要灵活。

(2) 用 EQU 伪指令可以把一个汇编符号（如 R0）赋给一个字符名称，而 DATA 伪指令则不能。DATA 伪指令在程序中常用来定义数据或地址。

```
        ORG  1000H
        TMP  EQU  R0
        RES  DATA  30H
START:  MOV  RES, TMP
```

5. 定义字节伪指令 DB（Define Byte）

格式：[标号:] DB　8 位数据或数据表

功能：用来为汇编语言源程序在程序存储器中从指定的地址单元开始定义一个或多个字节数据。

该伪指令把右边“8 位数据或数据表”中的数据依次存入程序存储器以左边标号地址的单元中。此时，“8 位数据或数据表”中的数据可用二进制、十进制、十六进制、ASCII 码等形式表示，各数据间用逗号分隔。

```
      ORG  1000H
TAB:  DB  48H, 100, 11000101B, 'D', '6', -2
```

源程序汇编后，程序存储器从 1000H 开始被依次存入 48H、64H、0C5H、44H、0FEH 中，如图 2–17（a）所示。其中，‘D’‘6’分别表示字母 D 和数字 6 的 ASCII 值 44H、36H，0FEH 是“–2 ”的补码。

6. 定义字伪指令 DW（Define Word）

格式：[标号:] DW　16 位数据或数据表

功能：用来为汇编语言源程序在程序存储器中从指定的地址单元开始定义一个或多个数据。DW 伪指令与 DB 伪指令的功能类似，区别仅在于 DB 定义的是字节，DW 定义的是

两个字节。16 位数据的存放顺序是高 8 位在前，低 8 位在后。

```
    ORG  2000H
TAB: DW 345DH, 45H, -2, 'B'
```

源程序汇编后，从程序存储器 2000H 开始，按先高后低的原则依次存入 34H、5DH、00H、45H、0FFH、0FEH、42H、43H 中，如图 2–17（b）所示。其中，“–2”的补码按二进制格式为 0FFFEH。

7. 定义存储空间伪指令 DS（Define storage）

格式：[标号:] DS 表达式

功能：用来从指定的地址单元开始留出一定量的字节空间作为备用空间。预留字的个数由表达式决定。

```
ORG 1000H
DB 32H, 7AH
DS 02H
DW 1234H, 58H
```

源程序汇编后，从程序存储器 1000H 开始存入 32H、7AH，从 1002H 开始预留 2 个地址空间，从 1004H 开始继续存入 12H，34H，00H，58H，如图 2–17（c）所示。

(a) 程序存储器

地址	内容
1000H	48H
1001H	64H
1002H	C5H
1003H	44H
1004H	36H
1005H	FEH

(b) 程序存储器

地址	内容
2000H	34H
2001H	5DH
2002H	00H
2003H	45H
2004H	FFH
2005H	FEH
2006H	42H
2007H	43H

(c) 程序存储器

地址	内容
1000H	32H
1001H	7AH
1002H	
1003H	
1004H	12H
1005H	34H
1006H	00H
1007H	58H

图 2–17 伪指令 DB、DW、DS 的应用实例

（a）DB 的应用；（b）DW 的应用；（c）DS 的应用

8. 位地址赋值伪指令 BIT

格式：字符名 BIT 位地址。

功能：用来将右边的位地址赋给左边的字符名。

```
ORG  1000H
X1  BIT  30H
X2  BIT  P1.1
```

```
START:  MOV  C, X1
        MOV  X2, C
        …
```

注意：有些汇编程序没有 BIT 伪指令，用户只能用 EQU 伪指令定义位地址。但是用这种方式定义时，EQU 语句右边应该是具体的位地址。上例中第二条指令可写成如下形式。

```
X2  EQU  91H
```

（二）源程序的汇编过程

这里以手工汇编方式说明汇编语言源程序的汇编过程，手工汇编一般按如下步骤进行。

（1）确定各指令所占的地址并查出机器码分配至各单元，保留源程序中出现的各种标号地址及符号名称。

（2）计算各相对转移指令的偏移量 rel，并用各实际地址代替标号地址，各实际数值代替符号名。

例如，对下述程序进行手工汇编。

```
        ORG  1000H
        SUM  DATA  1FH
        LEN  DATA  20H
        MOV  R0, # 20H
        MOV  R1, LEN
        CJNE  R1, #00H, NEXT
HERE:   SJMP  HERE
NEXT:   CLR  A
LOOP:   INC  R0
        ADD  A, @ R0
        DJNZ  R1, LOOP
        MOV  SUM, A
        SJMP  HERE
        END
```

执行步骤一，结果如下。

```
地址     机器码               汇编源程序
1000H    78, 20                     MOV  R0, #20H
1002H    A9, LEN                    MOV  R1, LEN
1004H    B9  00  rel1               CJNE R1, #00H, NEXT
1007H    80  rel2             HERE: SJMP HERE
1009H    E4                   NEXT: CLR  A
100AH    08                   LOOP: INC R0
```

```
100BH     26                    ADD  A, @ R0
100CH     D9  rel3              DJNZ  R1, LOOP
100EH     F5  SUM               MOV SUM, A
1010H     80H             SJMP HERE
```

将各偏移量计算出来并代填入相应的地址单元，同时用实际数值或地址代替符号名，结果如下。

```
rel1=[1009H-1004H-3]补=02H
rel2=[1007H-1007H-2]补=[-2]补=0FEH
rel3=[100AH-100CH-2]补=[-4]补=0FCH
rel4=[1007H-1010H-2]补=[-11]补=0F5H
地址      机器码                汇编源程序
1000H     78, 20                MOV  R0, #20H
1002H     A9, 20                MOV  R1, LEN
1004H     B9  00  02           CJNE R1, #00H, NEXT
1007H     80  FE          HERE: SJMP HERE
1009H     E4              NEXT: CLR  A
100AH     08              LOOP:  INC R0
100BH     26                     ADD  A, @ R0
100CH     D9  FC                 DJNZ  R1, LOOP
100EH     F5  1F                 MOV SUM, A
1010H     80H  F5                SJMP HERE
```

本章复习思考题

1. 简述 MCS–51 单片机的汇编语言指令格式。

2. MCS–51 单片机有哪几种寻址方式，各种寻址方式对应寄存器或存储器寻址空间如何？

3. 若访问特殊功能寄存器，可使用哪些寻址方式；若访问外部 RAM 单元，可使用哪些寻址方式；若访问内部 RAM 单元，可使用哪些寻址方式；若访问内外程序储器，可使用哪些寻址方式？

4. 试叙述下列符号的意义，并指出它们之间的区别。

（1）R0 与@R0　　　　（2）A←（R1）与 A←（(R1)）

（3）30H 与#30H　　　　（4）DPTR 与@DPTR

5. 外部数据传送指令有几条？试比较下面每一组中两条指令的区别。

（1）MOV　A，@R1　　　，MOVX　A，@DPTR

（2）MOVX　A，@DPTR　　，MOVX　@DPTR，A

（3）MOV　A，@A+DPTR　，MOVX　A，@DPTR

（4）MOV　@R0，A　　，MOVX　@R0，A

6. 下列指令中哪些是合法的，哪些是非法的，为什么？

（1）MOV　R5，　R1　　　（2）MOVC　A，　@DPTR

（3）MOV　R2，@R1　　　（4）PUSH　R1

（5）MOVX　DPTR，　A　　（6）ADD　R1，#40H

（7）SUBB　B，　A　　　（8）CPL　R1

（9）JZ　R2，ABC　　　（10）MOV　C，　B

第3章　应急处理——智能电子产品的中断系统

学习情境导航

知识目标

1. 中断相关的基本概念
2. 中断源及相关中断标志
3. 中断控制寄存器
4. 中断处理过程
5. 中断优先级和中断嵌套

能力目标

1. TCON专用寄存器的IE1，IT1，IE0，IT0四位的功能和应用
2. 掌握专用寄存器EA和IP的功能和应用
3. 掌握中断入口地址的概念及中断入口地址的安排
4. 掌握中断服务程序的编写
5. 掌握单片机片外中断的具体应用
6. 掌握通过IP寄存器设置中断优先级的方法
7. 掌握多个中断应用程序的编写方法

重点与难点

1. 中断所涉及的专用寄存器各位的功能
2. 中断服务程序的编写
3. 中断标志的功能及应用

推荐教学方式

尽量在实训室中采用“一体化”教学，通过本章两个小节重点介绍单片机的两个外部中断的使用方法，注意本章中将中断的基本概念与现实生活中的一些事例进行类比，方便学生理解。

推荐学习方式

注意中断的基本概念，对于几个专用寄存器的学习一定要立足于做；在做实际项目任务的过程中加强专用寄存器各控制功能的使用技巧；编程时注意中断入口地址处指令的安排。

学习情境 3-1 单键程控彩灯

一、任务目标

本任务就是通过按键 K 改变 8 个发光二极管的亮灭状态，当没有按下按键时，8 个 LED 为亮点左流动方式（每次亮一个灯，从右到左轮流亮）；当按下一次 K 键后，8 个 LED 就一起闪烁 6 次，闪烁亮灭的间隔为 1 s。在单片机电路板上安装流水灯控制电路，以 P1 作为输出口，控制 8 个 LED 灯。通过按键 K1 的被触发来改变流水灯的亮灭模式。按键 K1 被触发的信号通过中断 0 来传输到 CPU 中，供 CPU 控制所用。

二、单片机中断的相关原理

完成本任务的方法很多，本节通过外部中断的知识实现，什么是外部中断？本节将详细介绍中断的相关知识。

1. 中断相关的基本概念

什么是中断，可从一个生活中的例子引入。周末，你正在家中看书，突然电话铃响了，你夹好书签，放下书本，拿起电话交谈，发现是一位好久没有联系的大学同学，不知不觉中聊了好久。正说得高兴的时候，忽然报警装置响起，原来是由于长时间没有关闭煤气导致煤气泄漏而报警，这时你告诉对方，等关好煤气后打电话，你迅速将煤气关闭后继续接听电话。打完电话后又继续看书。这就是生活中的“中断”的现象，就是正常的工作过程被外部的事件打断了。

中断源：仔细研究一下生活中的中断，对于学习单片机的中断也很有好处。什么可以引起中断，生活中很多事件可以引起中断：有人按了门铃了，电话铃响了，你的闹钟响了，你烧的水开了，煤气报警，诸如此类的事件，把可以引起中断的事件称之为中断源。单片机中也有一些可以引起中断的事件，80C51 中一共有 5 个：两个外部中断 INT0 和 INT1，两个计数/定时器中断 T1 和 T2，一个串行口中断 RXD/TXD。外部中断分别通过外部中断引脚 P3.2 和 P3.3 将中断信号传入处理器。当两个内部定时/计数器出现定时时间到或计数值满时，向 CPU 发出中断请求。串行口在工作过程中，每完成一次数据发送或接收时，就会向 CPU 请求中断，串行口的发送和接收中断是共用的，只占一个中断源。

中断请求：中断请求就像“紧急事件”。它向处理器提出申请（发一个电脉冲信号），要求“中断”，即要求处理器先停下“自己手头的工作”先去处理“我的急件”，这一“申请”过程，称为中断请求。

中断标志字：处理器内部有一个寄存器，寄存器存放的“二进制信息”是专门用来描述中断状态的（即记载是否已经发生了中断），这组“二进制信息”被称为中断标志字。中断标志位和中断信号建立一一对应关系。因此 80C51 中有 5 个中断标志位，这 5 个中断标志位分布在两个专用寄存器中。这样可以通过检测中断标志位的状态知道是否有中断产生，是哪个中断产生的。

中断服务程序：就像生活中紧急处理例子一样，如接听电话，关闭煤气等。处理器处理“急

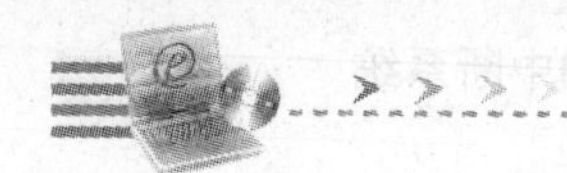

件”，可理解为是一种服务，通过执行预先设定好的程序来完成的，这个程序就叫做中断服务程序。

中断矢量：也称中断入口地址。中断服务程序的入口地址是固定的，不能由用户改变。5个中断的地址见表 3–1。

表 3–1　各中断源入口地址

中　断　源	入　口　地　址
外中断 0	0003H
定时计数器 0	000BH
外中断 1	0013H
定时计数器 1	001BH
串行口中断	0023H

值得一提的是：各中断入口地址之间只有 8 个存储单元的距离，一般情况下，8 各存储单元无法容纳一个完整的中端服务程序。因此，通常在中断入口地址处安排一条无条件转移指令，从而跳到真正的代码较长的中断服务程序处。

中断优先级和嵌套：就像生活中的例子一样，事件之间是有先后缓急区别的。关闭煤气比接听电话紧急，接听电话比看书紧急。在某一瞬间，CPU 因响应某一中断源的中断请求而正在执行它的中断服务程序时，若有中断优先级更高的中断源提出中断请求，那它可以把正在执行的中断服务程序停下来，转而响应和处理中断优先权更高的中断源的中断请求，等到处理完后再转回来继续执行原来的中断服务程序，这就是中断嵌套。单片机里的 5 个优先级别不同的中断，80C51 最多能嵌套两层。

2. 与外部中断控制相关的特殊功能寄存器

与外部中断控制相关的特殊功能寄存器主要有：TCON 寄存器、IE 寄存器、IP 寄存器、SCON。这些寄存器都可以位寻址。IP 寄存器与中断优先级别控制有关，其相关内容将在本章第二节进行论述；最后一个寄存器 SCON 与串行通信有关；本章将重点简述前 3 个寄存器。

TCON 控制寄存器（字节地址为 88H）：TCON 用来保存是否有中断请求信息和中断请求信号的方式，其中高 4 位与定时器/计数器有关，后续章节将进行详细的论述，低 4 位与外部中断有关，在此将先行讲述。TCON 寄存器的结构见表 3–2。

表 3–2　TCON 寄存器的结构

TCON	D7	D6	D5	D4	D3	D2	D1	D0
	TF1	TR1	TF0	TR0	IE1	IT1	IE0	IT0
位地址	8FH	8EH	8DH	8CH	8BH	8AH	89H	88H

IE0：外部中断 0 的中断标志。若 IE0=0，外部中断 0 没有中断请求，否则有请求。

IE1：外部中断 1 的中断标志。若 IE1=0，外部中断 1 没有中断请求，否则有请求。

IT0：外部中断 0 的请求信号类型。若 IT0=0，外部中断 0 的请求信号类型为低电平触发，否则为下降沿触发。

IT1：外部中断 1 的请求信号类型。若 IT1=0，外部中断 1 的请求信号类型为低电平触发，否则为下降沿触发。

当有中断请求电信号从 P3.2 或 P3.3 将电信号送到单片机时，相应的中断标志 IE0 或 IE1 就会自动置为 1，单片机就可以知道有外部的紧急情况发生了。那么对于这两个外部中断，究竟选择什么样的电信号来作为中断信号，只能有两种选择：一种是低电平信号，一种是下降沿信号。是选低电平还是选下降沿，是由 TCON 寄存器中的 IT1 和 IT0 这两位储存器来控制的。

两种外部中断请求信号类型在处理上有一些差异：如果选择下降沿请求信号类型，一旦有中断请求时，中断标志会自动置 1，响应中断后，中断标志会自动清零；而如果中断请求信号选择低电平时，一旦有中断请求时，中断标志也会自动置 1，但是响应中断后不能自动清零，必须保证低电平中断请求信号消失，才能通过位操作指令来进行软件清零。因此，为了简便起见，一般情况下，都选择下降沿作为中断请求信号。

中断允许控制寄存器 IE（字节地址为 0A8H）：80C51 单片机有 5 中断源，为了使每个中断源都能独立地被允许或禁止，以便用户能灵活使用，CPU 内在每个中断信号的通道中设置一个中断允许触发器，它控制 CPU 能否响应中断。只有对应的中断允许触发器被使能（置 1），相应的中断才能得到响应。

中断允许控制寄存器 IE 用于对构成中断的双方进行两级控制，即控制是否允许中断源中断及是否允许 CPU 响应中断，其格式见表 3–3。

表 3–3　IE 寄存器结构

IE	D7	D6	D5	D4	D3	D2	D1	D0
	EAH			ES	ET1	EX1	ET0	EX0
位地址	AFH			ACH	ABH	AAH	A9H	A8H

EA：CPU 中断开放标志位。当 EA=0 时，CPU 禁止响应所有中断源的中断请求；当 EA=1 时，CPU 允许开放中断，此时每个中断源是否开放由各中断控制位决定。所以只有当 EA=1 时，各中断控制位才有意义，因此 EA 又称为“中断总允许控制位”。

ES：串行口中断允许控制位。若 ES=0，禁止串行口中断，否则允许中断。

ET1：定时/计数器 T1 中断允许控制位。若 ET1=0，禁止定时/计数器 T1 中断，否则允许中断。

EX1：外部中断 1 中断允许控制位。若 EX1=0，禁止外部中断 1 中断，否则允许中断。

ET0：定时/计数器 T0 中断允许控制位。若 ET0=0，禁止定时/计数器 T0 中断，否则允许中断。

EX0：外部中断 0 中断允许控制位。若 EX0=0，禁止外部中断 0 中断，否则允许中断。

3. 中断处理过程

中断处理过程大致可以分为中断请求、中断响应、中断处理和中断返回 4 个阶段。首先由中断源发出中断请求信号，CPU 在运行主程序的同时，会在指令周期的 S5P2 阶段不断地检测是否有中断请求产生，当检测到有中断请求信号后，决定是否响应中断。当 CPU 满足条件响应中断后，先进行现场保护和断点保护，然后进入中断服务程序，为申请中断的对象服务。当服务对象的任务完成后，恢复中断现场和中断点，CPU 重新返回到原来的程序中继续工作。这就是中断处理的全过程。

中断请求：中断源发出中断请求信号，将使相应的中断标志置 1，如果中断控制寄存器 IE 中的总阀门和相应分阀门是开启（即 IE 寄存器中相应位被置 1）的，这个中断标志的变化就会传送到 CPU 中去，否则存在中断请求，此中断请求也会被屏蔽，CPU 将忽略中断的存在。

中断响应：CPU 检测到某中断标志为“1”，并且满足中断响应条件时将对中断做出响应。中断响应的主要内容包括：单片机中断正在执行的程序，并将旧的 PC，即被打断的程序中断点的内容压入堆栈以保护中断点，然后跳到该中断源对应的中断入口地址处，执行放在那里的程序。这一过程是在硬件的控制下自动形成长调用指令（LCALL）来实现的。

中断处理：当 CPU 响应中断请求后，就将进入相应的中断入口地址，转入执行中断服务程序。不同的中断源、不同的中断请求可能有不同的中断处理方法，但一般都包括：现场保护和现场恢复、中断打开和关闭、中断服务程序。

在开头中的例子中，电话打断了读书的过程，为了便于电话结束后能迅速找到书的已读部分就需要用书签标记已读的页码。单片机在中断处理过程中也是如此。中断开始前必须将这些在主程序的后续过程中还需要用到，但系统不会自动备份的数据的地址和在中断过程引用的数据压入堆栈。这个将内容和状态备份的过程叫做保护现场。

中断结束后，为了正确继续执行原来的程序，就需要将堆栈中数据恢复原有内容，这就是现场恢复。

中断处理过程中，可能有新的中断请求到来，这里规定，现场保护和现场恢复过程中不能被打断，所以在这两个过程中必须关闭所有的中断。一般通过关闭总中断允许位置 EA=0 来关闭中断，等现场保护或现场恢复结束后再打开中断。

中断服务程序就是中断具体实现的具体内容，具体情况千差万别，将在后面的具体任务中展开论述。

中断返回：执行完中断后，恢复原有断点执行程序并返回主程序，单片机通过一条指令 RETI 来实现。并且中断返回指令 RETI 是中断服务程序的最后一条指令。

三、任务要求

通过本节要求学会简单的电路设计、焊接、安装、编程、调试；重点掌握单片机中断的原理、中断程序的编写与调试。

了解 TCON 专用寄存器的 IE1，IT1，IE0，IT0 四位的功能和应用；掌握专用寄存器 EA 和 IP 的功能和应用；掌握中断入口地址的概念及中断入口地址的安排；掌握中断服务程序的编写；

掌握单片机片外中断的具体应用。

四、任务实施

1. 跟我做——Proteus 软件中的电路模拟

在 Proteus 软件中按图 3–1 连接单键改变 8 个流水灯状态电路图。电路的构成包括：一个最小单片机构成系统，流水灯电路，按键电路。

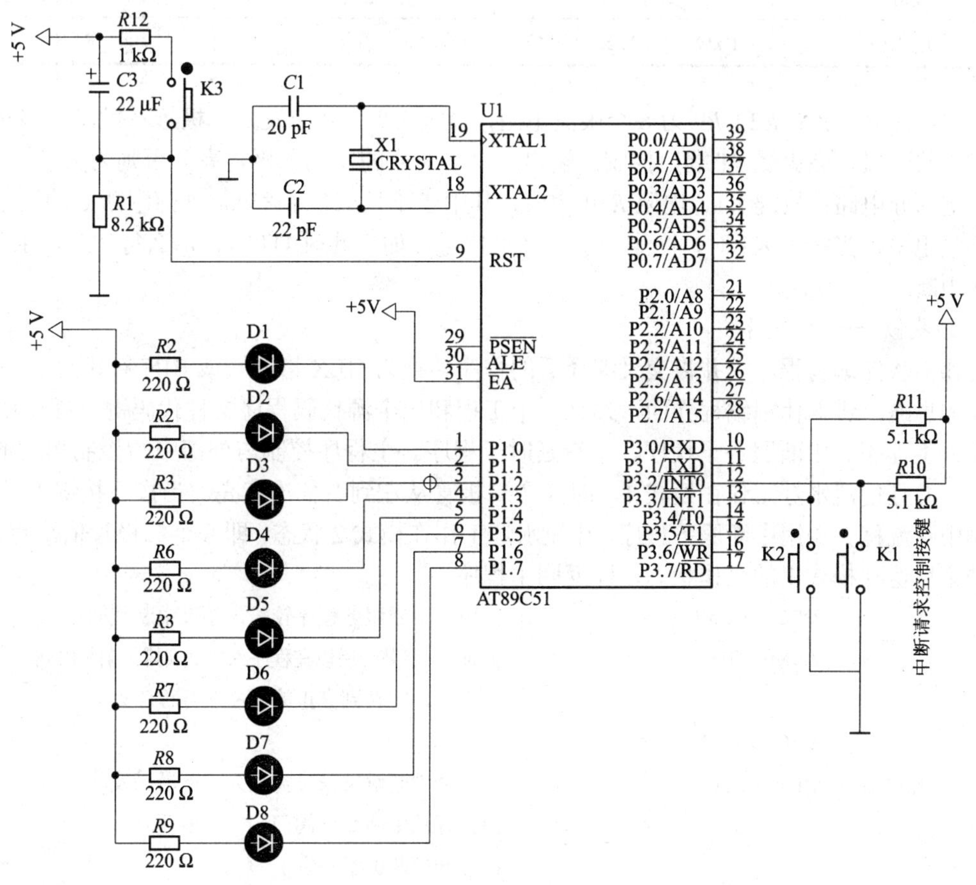

图 3–1　流水灯状态电路

本任务过程中所需的元件列表见表 3–4。

表 3–4　单键改变 8 个流水灯状态元件列表

元　件　名　称	型　　号	数　　量	Proteus 中的名称
单片机芯片	AT89C51	1 片	AT89C51
晶振	12 MHz	1 个	CRYSTAL
发光二极管	普通亮度，红色	8 个	LED–RED

续表

元 件 名 称	型 号	数 量	Proteus 中的名称
电容	22 pF	2 个	CAP
电解电容	22 μF/16 V	1 个	CAP-ELEC
按键	数字开关	3 个	SWITCH
电阻	1 kΩ，5.1 kΩ，220 Ω	若干	RES

流水灯部分电路：*R*2～*R*9 为 8 个限流电阻，D1～D8 为 8 个发光二极管，发光二极管的连接形式为共阴极，亮灭受 P1 端口控制，输出高电平对应的发光二极管亮，否则为灭。

按键部分电路：按键 K1、电阻 *R*10 构成，其中当不按 K1 键盘时，外部中断 0 的请求输入 P3.2 为高电平，当按下 K1 时，产生一个下降沿信号，如果此时 IT0=1，那么每按一次 K1 将产生一次中断。

2. 跟我做——程序编写

用伟福软件编写程序，并将交叉编译后的程序转换为.HEX 格式（或.BIN 格式）。

编程思路：进入伟福编程界面，建立一个工程和一个源代码程序文件代码键。程序由 3 部分组成：主程序、中断服务子程序、中断延时子程序。主程序控制与外部中断控制相关的功能寄存器，并且使流水灯工作在模式 1，即 8 个二极管从左到右依次点亮。当按下按键 K 时主程序控制中断流程并调用中断服务程序，让流水灯工作在模式 2 状态，即 8 个二极管依次点亮 1s；工作结束后返回模式 1 的工作状态，即返回主程序。

```
        ORG 0003H                ; 由于中断服务程序较长，超过中断空间地
        LJMP INT0                ; 址8个字节，所以在程序入口处安排一条长跳转
                                 ; 指令，跳转到真正的中断服务程序处
        ORG 0030H
MAIN:   SETB IT0                 ; 选择中断触发信号类型为下降沿触发
        SETB EA                  ; 打开总中断允许阀门
        SETB EX0                 ; 打开中断0允许阀门
        MOV R0, #8
        MOV  A, #0FEH
LOOP:   MOV  P1, A
        LCALL DELAY1
        RL A
        DJNZ R0, LOOP
        LJMP  MAIN
INT0:   CLR EA                   ; 现场保护前关闭总中断
```

```
            PUSH ACC                  ；相继将现场数据ACC和P1入栈
            PUSH P1
            SET EA                    ；现场保护后打开中断
            MOV R1，#06H              ；模式2的闪烁次数为6
FLASH:      MOV P1，#0FFH             ；让LED全亮
            LCALL DEALY2
            MOV P1，#00H              ；让LED全灭
            LCALL DEALY2
            DJNZ R1，FLASH            ；继续工作在模式2，实现发光二极管的闪烁
            CLR EA                    ；现场恢复前关闭总中断
            POP P1                    ；相继将现场数据ACC和P1出栈
            POP ACC
            SET EA                    ；现场恢复后打开中断
            RETI                      ；中断返回指令，退出中断
            DEALY1: MOV R2，#02       ；延时程序，实现发光二极管延时1s
            LOOP1: MOV R3，#250
            LOOP2: MOV R4，#250
            LOOP3: NOP
            NOP
            DJNZ R4，LOOP3
            DJNZ R3，LOOP2
            DJNZ R2，LOOP1
            RET                       ；返回调用程序，主程序或中断服务程序
DEALY2:     MOV R5，#02
LOOP4:      MOV R6，#250
LOOP5:      MOV R7，#250
LOOP6:      NOP
            NOP
            DJNZ R7，LOOP6
            DJNZ R6，LOOP5
            DJNZ R5，LOOP4
            RET
            END
```

3. 跟我做——文件下载

将编译后的 HEX 或 BIN 格式文件下载到仿真芯片中。

4. 跟我做——仿真调试

将仿真器连接到宿主 PC，按下连接按钮和调试键，仿真系统就可以单步调试或全速运行了。

5. 跟我做——硬件联调

在 Proteus 中运行，结果正常后，用实际电路搭载电路，通过编程器将.HEX 格式下载到 AT89C51 中，通电后实际效果，如果在实际搭载的电路中没有 AT89C51 单片机，则直接通过 ISP 下载。如果系统的晶振不是 12 MHz，那适当修改延时程序的初始寄存器的 R2。

在实际电路中，如果没有数字开关，也可以用机械开关代替。由于机械开关在连接瞬间有多次开关状态的转换，所以需要外接一个触发器或其他的消抖电路，从而在按下开关的过程中只有一个下降沿信号的产生。

五、课外任务

（1）总结中断服务程序的工作原理与流程。

（2）思考并实现：修改程序使系统记录按下按键的次数，并将结果以二进的方式通过发光二极管显示。

（3）思考：如何消除按键的抖动，如果采用施密特触发器将如何实现。

（4）思考：如果单片机出现两个以上的外部中断将如何编写中断程序。

学习情境 3–2　双键程控彩灯

一、任务目标

实现发光二极管彩灯的有 3 个工作模式，其中模式 1 为 8 个 LED 依次点亮向左流动（每次亮一个灯，从右到左轮流亮）。通过按键 K1、K2 改变 8 个发光二极管的工作模式。当按下按键 K1 后工作在模式 2（8 个发光二极管全灭全亮闪烁 6 次，每次 0.5 s，共 3 s），8 个 LED 就一起闪烁 6 次，闪烁亮灭的间隔为 1 s，工作结束后返回模式 1。当又按下按键 K2 后工作在模式 3（每次亮 7 个灯，一个灯灭，暗点每隔 0.5 s 从左到右轮流灭，闪烁 8 次，每次 0.5 s，共 4 s）。其中 K2 按键的优先级别比 K1 按键的优先级别要高。如果同时按下按键 K1、K2 将工作在模式 3 状态下。

通过本节的学习，重点掌握单片机中多中断嵌套程序的原理、多中断嵌套程序的编写与调试。

二、单片机中与多级外中断嵌套程序相关的原理

1. 多级中断嵌套的基本概念

关于中断的基本概念，在上一节中已经做了详细的介绍。利用 IP 寄存器和系统默认的中断优先级别可以安排 5 个中断源的优先级，级别高的中断服务程序可以打断中断级别比较低的中断服务程序，形成嵌套，反之则不行。

2. 与多级中断控制相关的特殊功能寄存器

IP 寄存器（中断控制优先级寄存器）的结构见表 3–5。

表 3–5　IP 中断控制优先级寄存器结构

IP	D7	D6	D5	D4	D3	D2	D1	D0
				PS	PT1	PX1	PT0	PX0
位地址				BCH	BBH	BCH	B9H	B8H

PS：串行口优先级控制位。PS=0 串行口中断声明为低优先级中断；PS=1，串行口定义为高优先级中断。

PT1：定时器 1 优先级控制位。PT1=0 声明定时器 1 为低优先级中断；PT1=0 定义定时器 1 为高优先级中断。

PX1：外中断 1 优先级控制位。PX1=0 声明外中断 1 为低优先级中断；PX1=0 定义外中断 1 为高优先级中断。

PT0：定时器 0 优先级控制器。PT0=0 声明定时器 0 为低优先级中断；PT0=0 定义定时器 0 为高优先级中断。

PX0：外中断 0 优先级控制位。PX0=0 定义外中断 0 为低优先级中断，PX0=1 声明外中断 0 为高优先级中断。

把相应的数据置为 0，该中断就被设为低级别中断；置为 1，该中断被设为高级别的中断。高级别中断的中断请求比低级别中断优先被单片机处理。当 5 个中断中，所有中断控制优先级寄存器的位地址的值相等时，中断的优先级从高到低为：PX0，PT0，PX1，PT1，PS。在 IP 寄存器中位地址的值等于 1 的中断其优先级高于所有 IP 寄存器中位地址的值等于 0 的中断。

可以通过 MOV 指令来制定中断的优先级，示例如下。

```
MOV  IP，#00010101B
```

这样，在 IP 寄存器中 PS=1，PT1=0，PX1=1，PT0=0，PX0=1。改编后的中断优先级从高到低按顺序排列：PX0，PX1，PS，PT0、PT1，即执行顺序为：外部中断 0，外部中断 1，串行中断，定时/计时器 0 溢出中断，定时/计时器 1 溢出中断。

3. 多级外部中断信号源

80C51 单片机共有 2 个外部中断源，使用并口的第二功能。

INT0：外部中断 0，由 P3.2 引脚输入。当有中断 0 由中断信号输入时，TCON 寄存器其对应的标志位为 IE0 置 1。

INT1：外部中断 1，由 P3.3 引脚输入。当有中断 1 由中断信号输入时，TCON 寄存器其对应的标志位为 IE1 置 1。

4. 中断允许控制（IE 寄存器）

置 EA=1，总中断控制阀门打开；置 EX0=1，外中断 0 控制阀门打开；置 EX1=1，外中断 1 控制阀门打开。

5. 外中断入口地址

外中断 0：0003H

外中断 1：0013H

三、任务要求

通过本节任务继续巩固简单的电路设计、焊接、安装、编程、调试流程与方法。

巩固片外中断的具体应用；掌握通过 IP 寄存器设置中断优先级的方法；重点掌握单片机片外多中断嵌套程序的原理、多中断嵌套程序中断程序的编写与调试。

四、任务实施

1. 跟我做——Proteus 软件中的电路模拟

在 Proteus 软件中按图 3–2 连接单键改变 8 个流水灯状态电路图。电路的构成包括：一个最小单片机构成系统，流水灯电路，按键电路。

本任务实施过程中所需的元件列表见表 3–6。

表 3–6　双键改变 8 个流水灯状态元件列表

元 件 名 称	型　号	数　量	Proteus 中的名称
单片机芯片	AT89C51	1 片	AT89C51
晶振	12 MHz	1 个	CRYSTAL
发光二极管	普通亮度，红色	8 个	LED-RED
电容	22 pF	2 个	CAP
电解电容	22 μF/16 V	1 个	CAP-ELEC
按键	数字开关	3 个	SWITCH
电阻	10 kΩ，5.1 kΩ，220 Ω	若干	RES

2. 跟我做——编写程序

用伟福软件编写程序，并将交叉编译后的程序转换为.HEX 格式（或.BIN 格式）。

编程思路：进入伟福编程界面，建立一个工程和一个源代码程序文件代码键。程序由 4 部分组成：主程序、中断服务子程序 1、中断服务子程序 2、中断延时子程序。主程序控制与外部中断控制相关的功能寄存器，并且让流水灯工作在模式 1，当按键 K1 按下后流水灯切换到工作模式 2，工作结束后返回模式 1。如果流水灯工作在模式 2 状态时又按下按键 K2，则流水灯将从模式 2 状态切换到模式 3，工作结束后从模式 3 返回到模式 2，模式 2 结束后再次返回到模式 1。

程序代码清单如下。

```
        ORG  0000H                  ；片机复位后，PC=0000H，故在此放一条长跳转指令
        LJMP MAIN                   ；LJMP，转初始化
        ORG 0003H                   ；在两个中断程序入口处安排一条长跳转指令，跳转
```

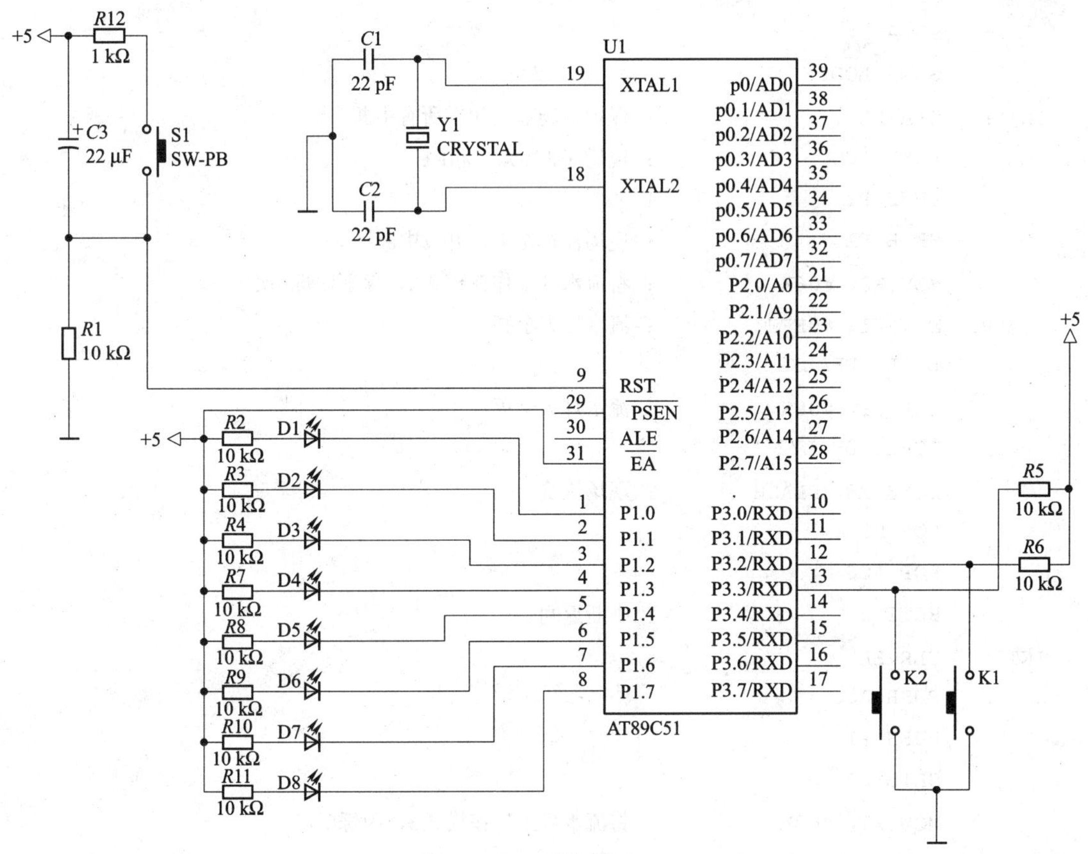

图 3–2　双键改变 8 个流水灯状态电路图

```
        LJMP INT0           ；到真正的中断服务程序
        ORG 0013H
        LJMP INT1
        ORG 0030H
MAIN:   SETB IT0
        SETB IT1            ；将中断请求信号的类型设置为下降沿触发
        SETB EA
        SETB EX0            ；打开中断允许
        SETB EX1            ；打开两个外部中断允许
        MOV IP，#04H        ；置IP中PX0=1，使得中断1的优先级别比中断0的优先级别高
        MOV A，#0FEH        ；将流水灯工作在模式1，初始化灯D1灭，D2至D8亮
LOOP:   MOV P1，A           ；流水灯灭点循环左移
        LCALL DEALY1
```

```
          RL A
          SJMP LOOP
INT0:     CLR EA                  ；保护现场前关闭在所有中断
          PUSH ACC                ；现场保护ACC，和P1
          PUSH P1                 ；
          SETB EA                 ；现场保护结束，开设中断
          MOV R0，#06H            ；将流水灯工作在模式2，保证闪烁6次
FLASH:    MOV P1，#0FFH           ；流水灯灭全亮
          LCALL DEALY2
          MOV P1，#00H            ；流水灯灭全灭
          LCALL DEALY2
          DJNZ R0，FLASH          ；现场恢复
          POP P1
          POP ACC
          RETI                    ；中断返回
INT1:     CLR EA
          PUSH ACC
          PUSH P1
          SETB EA
          MOV R1，#08H            ；将流水灯工作在模式3，闪烁8次
          MOV A，#01H             ；初始化灯D1亮，D2至D8灭
      L1: MOV P1，A
          LCALL DEALY3
          RR A
          DJNZ R1，L1
          RETI                    ；中断返回
DEALY1:   MOV R2，#250            ；软计实现延时0.5 s
LOOP1:    MOV R3，#250
LOOP2:    NOP
         NOP
         NOP
         NOP
         DJNZ R3，LOOP2
         DJNZ R2，LOOP1
         RET
DEALY2:  MOV R4，#250
```

```
LOOP3: MOV R5, #250
LOOP4: NOP
       NOP
       NOP
       NOP
       DJNZ R5, LOOP4
       DJNZ R4, LOOP3
       RET
DEALY3: MOV R6, #250
LOOP5: MOV R7, #250
LOOP6: NOP
       NOP
       NOP
       NOP
       DJNZ R7, LOOP6
       DJNZ R6, LOOP5
       RET
       END
```

3. 跟我做——文件下载

将编译后的 HEX 或 BIN 格式文件下载到仿真芯片中。

4. 跟我做——仿真调试

将仿真器连接到宿主 PC，按下连接按钮和调试键，仿真系统就可以进行单步调试或全速运行。

5. 跟我做——硬件联调

在 Proteus 中运行，结果正常后，用实际元件搭载电路，通过编程器将.HEX 格式下载到 AT89C51 中，通电后运行，观察实际效果。

五、课外任务

（1）如果按键 K1 的优先级比 K2 的优先级别要高，如何修改程序，试做修改并实现。

（2）思考一下：如果单片机出现 3 个外部中断源，将如何编写中断程序，又如何响应这些中断源，如何通过硬件扩展的方式解决。

六、知识梳理与总结

单片机中断程序的编写有着相对固定编程模式，现在将有关知识点总结如下。

（1）主程序的编写：主程序主要控制中断服务的流程，包括对中断服务程序的初始化、开中断（即设置 IE 寄存器）。

```
SETB EA                ; 开总中断
```

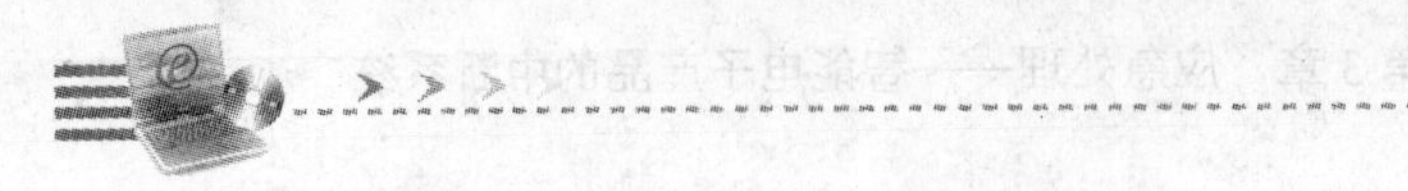

```
SETB EX0        ; 开外部中断0
SETB EX1        ; 开外部中断1
```

设置中断优先级别 IP 寄存器：通过设置 IP 寄存器来改变中断优先级的先后顺序。

设置外部中断触发信号形式，通过 IT0 和 IT1 位设置，等于 1 时为下降沿触发方式，否则为低电平触发方式。

（2）中断服务程序的编写：中断服务程序是对中断请求的响应过程。下面是在中断服务程序编写过程中需要注意的地方。

由于中断向量空间只提供了 8 个字节空间，所以往往在地址的入口处安排一条长跳转指令，将真正执行的中断服务程序主体安排在跳转后的地方。如果是两个外部中断，将安排多个这样的片段，代码片段如下。

```
ORG
LJMP INT0
ORG
LJMP INT1
```

由于主程序和中断服务程序共享相同的数据空间，所以在程序切换前后要注意现场的保护与恢复。往往通过堆栈的形式来保护和恢复现场，堆栈的操作一般采用“先进后出”原则。现场保护操作过程中不允许新的中断产生，所以需要关闭中断，代码片段如下。

```
CLR EA
PUSH ACC
PUSH P1
…
POP PL
POP ACC
…
SETB EA
```

中断服务结束后必须采用 RETI 结束，RETI 指令除了像通常的 RET 指令，具有返回原有的 PC 的功能外，还有一个功能就是开放同级中断源新的中断。当多个中断服务程序出现时，每一个地方都要安排一条 RETI 指令。

（1）中断源就像现实中的紧急情况一样，能够打断正在执行的主程序。

（2）80C51 单片机内部有 5 个中断源，每个中断源有自己的一个中断标志，若对应的中断源产生了中断，其对应标志位置 1。

（3）程序入口地址处往往在第一条指令处安排一条长跳转指令。

（4）通过 IP 寄存器和默认优先级别安排中断的优先级别。

（5）外部中断有两种信号触发方式，一般选择下降沿触发方式。

（6）外部中断的引脚分别为 P3.2 和 P3.3

本章复习思考题

1. MCS–51 系统有几个中断源并写出其名称。

2. CPU 响应中断时，各中断源的中断入口地址是多少？一般情况下，在各中断源的中断入口地址设置一条什么指令，为什么？

3. MCS–51 系统各中断标志是如何产生的，又是如何清零的？

4. 保护断点和保护现场有什么差别？

5. MCS–51 的中断系统有几个中断优先级又是如何控制的？

6. 与中断有关的寄存器有哪些，各寄存器中每位的作用是什么？

第4章　电子闹钟——智能电子产品的定时计数器件

学习情境导航

知识目标

1. 专用寄存器 TMOD、TCON、TH1、TL1、TH0、TL0 的功能
2. 定时计数器的4种工作方式
3. 定时时间的计算
4. 多次溢出的处理方法
5. 定时计数器的计数方式与定时方式
6. 音乐产生原理
7. 定时中断处理

能力目标

1. 根据需要选择定时计数器的工作方式
2. 根据需要设置 TMOD
3. 根据需要计算计数器初值
4. 掌握定时计数器产生不同频率脉冲的方法
5. 了解定时初值与音阶声调的关系
6. 完成查表装入计数器初值的程序设计
7. 双计数器综合处理使用的程序设计
8. 编写查询溢出处理方式程序
9. 编写中断溢出处理方式程序

重点、难点

1. TMOD 的设置
2. 计数初值的计算
3. 中断处理方式
4. 双计数器的处理
5. 声调与脉冲频率及初值的对应关系

推荐教学方式

在实训室中采用“一体化”教学，注意与第三章所讲的中断部分的知识结合起来进行讲解。

推荐学习方式

注意几个专用寄存器功能的掌握，在学习之前应注意温习一下第三章的内容。

学习情境 4–1　LED 闪烁控制

一、任务目标

（1）掌握定时器/计数器编程控制方法。

（2）掌握定时器/计数器的查询方式编程设计要点。

（3）掌握定时器/计数器的中断方式编程设计要点。

二、任务要求

通过 P1.1 口线控制外接 LED 发光二极管亮 1 s、灭 1 s，循环闪烁。

三、知识链接

在单片机控制应用中定时和计数的需求很多，为此在单片机中都有定时器/计数器。80C51 中有两个 16 位定时器/计数器，分别为定时器/计数器 0 和定时器/计数器 1。由于定时器使用的机会多一些，所以常把定时器/计数器简称为定时器（T）。为此，这两个定时器/计数器分别简称为定时器 0（T0）和定时器 1（T1）。

80C51 的两个定时器/计数器都是 16 位加法计数结构。由于在 80C51 中只能使用 8 位字节寄存器，所以把两个 16 位定时器分解为 4 个 8 位定时器，依次为 TL0，TL1，TH0 和 TH1，对应地址为 8AH，8BH，8CH 和 8DH。它们均属于专用寄存器。

（一）计数功能和定时功能介绍

计数器的计数功能是对外部事件进行的。外部事件以脉冲形式输入，作为计数器的计数脉冲。为此芯片上有 T0（P3.4）和 T1（P3.5）两个引脚，用于为这两个计数器输入计数脉冲。计数脉冲是负跳变有效，供计数器进行加法计数。

使用计数功能时，单片机在每个机器周期的 S5P2 拍节对计数脉冲输入引脚进行采样。如果前一机器周期采样为高电平，后一机器周期采样为低电平，即为一个计数脉冲，在下一机器周期的 S3P1 进行计数。由于采样计数脉冲需要占用 2 个机器周期，所以计数脉冲的频率不能高于振荡脉冲频率的 1/24。

定时功能也是通过计数器的计数来实现的，不过此时的计数脉冲来自单片机芯片内部，每个机器周期有一个计数脉冲，即每个机器周期计数器加 1。由于一个机器周期等于 12 个振荡脉冲周期。因此，计数频率为振荡频率的 1/12。如果单片机采用 12 MHz 晶振，则计数频率为 1 MHz，即每微秒计数器加 1。这样，在使用定时器时既可以根据计数值计算出定时间，也可以通过定时时间的要求算出计数器的预置值。

（二）用于定时器/计数器控制的寄存器

在 80C51 中，与定时器/计数器应用有关的控制寄存器共有 3 个，分别是定时器控制寄存器、工作方式控制寄存器和中断允许控制寄存器。

1. 定时器工作方式控制寄存器（TMOD）

TMOD 寄存器用于设定定时器/计数器的工作方式。寄存器地址为 89H，但它没有位地址，不能进行位寻址，只能用字节传送指令设置其内容。该寄存器位定义表示如下。

B7H	B6H	B5H	B4H	B3H	B2H	B1H	B0H
GATE	C/T	M1	M0	GATE	C/T	M1	M0
←——定时器/计数器 1——→				←——定时器/计数器 0——→			

它的低半字节对应 T0，高半字节对应 T1，前后半字节的位格式完全对应，位定义如下。

GATE——门控位。GATE=0，以运行控制位 TR 启动定时器；GATE=1，以外中断请求信号（INT1 或 INT0）启动定时器，这可以用于外部脉冲宽度测量。

C/T——定时方式或计数方式选择位。C/T=0，定时工作方式；C/T=1，计数工作方式。

M1M0——工作方式选择位。M1M0=00，工作方式 0；M1M0=01，工作方式 1；M1M0=10，工作方式 2；M1M0=11，工作方式 3。

定时器 T1 与 T0 的工作方式选择分别见表 4–1 和表 4–2。

表 4–1　定时器 T1 工作方式选择表

M1	M0	工　作　方　式	功　能　描　述
0	0	方式 0	13 位计数器
0	1	方式 1	16 位计数器
1	0	方式 2	自动再装入 8 位计数器
1	1		T1 停止计数

表 4–2　定时器 T0 工作方式选择表

M1	M0	工　作　方　式	功　能　描　述
0	0	方式 0	13 位计数器
0	1	方式 1	16 位计数器
1	0	方式 2	自动重装初值 8 位计数器
1	1	方式 3	T0 分成 2 个 8 位计数器

2. 定时器控制寄存器（TCON）

TCON 寄存器地址为 88H，位地址为 8FH～88H，该寄存器位定义及位符号如下。

位地址	8FH	8EH	8DH	8CH	8BH	8AH	89H	88H
位符号	TF1	TR1	TF0	TR0	IE1	IT1	IE0	IT0

定时器控制寄存器中，与定时器/计数器有关的控制位共有 4 位，即 TF1、TR1、TF0 和 TR0。

TR0 和 TR1——运行控制位。TR0（TRI）=0，停止定时器/计数器工作；TR0（TR1）=1，启动定时器/计数器工作。控制计数启停只需用软件方法使其置 1 或清 0 即可。

TF0 和 TF1 ——计数溢出标志位。当计数器产生计数溢出时，相应溢出标志位由硬件置 1。计数溢出标志用于表示定时/计数是否完成，因此，它是供查询的状态位。当采用查询方法时，溢出标志位被查询，并在后续处理程序中应以软件方法及时将其清 0。而当采用中断方法时，溢出标志位不但能自动产生中断请求，而且连清 0 操作也能在转向中断服务程序时由硬件自动进行。

为了说明方式字的应用，举例如下：设定时器 T0 为定时工作方式，要求软件启动按照方式 1 工作，定时器 T1 为计数方式，要求软件启动按照方式 0 工作。根据 TMOD 寄存器各位的作用，可知方式字如下。

TMOD（89H）	GATE	C/T	M1	M0	GATE	C/T	M1	M0
	0	1	0	0	0	0	0	1

由于 TMOD 不能位寻址，因此指令格式为“MOV TMOD，# 41H”。

对于 TCON，由于 TCON 可以位寻址，因此如果只清溢出或启动定时器工作可以利用位操作指令。

例如执行以下 3 条指令中任何一条，都可以清定时器 T0 的溢出。

```
CLR   TF0
CLR   8DH
CLR   TCON.5
```

执行以下 3 条指令中任何一条，都可以启动定时器 T1 的计数。

```
SETB  TR1
SETB  8EH
SETB  TCON.6
```

（三）定时器工作方式 0

80C51 的两个定时器/计数器都有 4 种工作方式，即工作方式 0～3。

电路逻辑结构不同，工作方式下定时器/计数器的逻辑结构有所不同。工作方式 0 是 13 位计数结构，计数器由 TH0 的全部 8 位和 TL0 的低 5 位构成，TL0 的高 3 位不用。图 4–1 是定时器/计数器 0 的工作方式 0 的逻辑结构。

在工作方式 0 下，计数脉冲既可以来自芯片内部，也可以来自外部。来自内部的是机器周

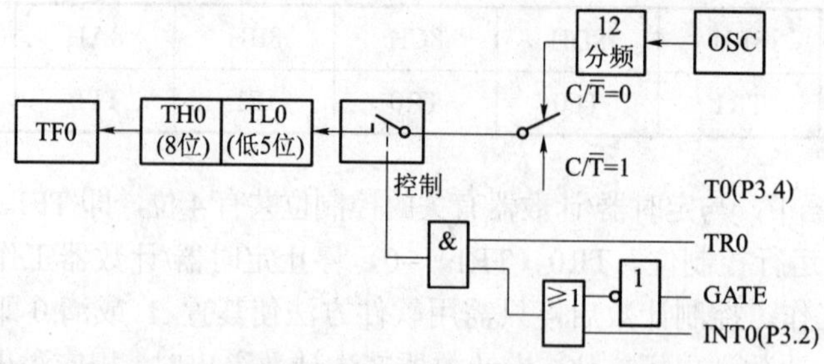

图 4–1　定时器/计数器 0 的工作方式 0 逻辑结构

期脉冲，图 4–1 中 OSC 是英文 Oscillator（振荡器）的缩写，表示芯片的晶振脉冲，经 12 分频后，即为单片机的机器周期脉冲。来自外部的计数脉冲由 T0（P3.4）引脚输入，计数脉冲由控制寄存器 TMOD 的 C/T 位进行控制。当 C/T=0 时，接通机器周期脉冲，计数器每个机器周期进行一次加 1，这就是定时器工作方式；当 C/T=1 时，接通外部计数引脚 T0（P3. 4），从 T0 引入计数脉冲输入，这就是计数工作方式。

不管是哪种工作方式，当 TL0 的低 5 位计数溢出时，向 TH0 进位；而全部 13 位计数溢出时，向计数溢出标志位 TF0 进位，将其置 1。

控制定时器/计数器的启停控制有两种方法：一种是纯软件方法，另一种是软件和硬件相结合的方法。两种方法由门控位（GATE）的状态进行选择。

当 GATE=0 时，为纯软件启停控制。GATE 信号反相为高电平，经“或”门后，打开了“与”门，这样 TR0 的状态就可以控制计数脉冲的通断，而 TR0 位的状态又是通过指令设置的，所以称为软件方式。当把 TR0 设置为 1，控制开关接通，计数器开始计数，即定时器/计数器工作；当把 TR0 清 0 时，开关断开，计数器停止计数。

当 GATE=1 时，为软件和硬件相结合的启停控制方式。这时计数脉冲的接通与断开决定于 TR0 和 INT0 的“与”关系，而 INT0（P3.2）是引脚 P3.2 引入的控制信号。由于 P3.2 引脚信号可控制计数器的启停，所以可利用 80C51 的定时器/计数器进行外部脉冲信号宽度的测量。

定时和计数范围使用工作方式 0 的计数功能时，计数值的范围是 1～8192（2^{13}）。使用工作方式 0 的定时功能时，定时时间的计算公式如下。

$$(2^{13}-\text{计数初值})\times\text{晶振周期}\times 12$$

或

$$(2^{13}-\text{计数初值})\times\text{机器周期}$$

其时间单位与晶振周期或机器周期的时间单位相同，为 μs。若晶振频率为 6 MHz，则最小定时时间计算如下。

$$[2^{13}-(2^{13}-1)]\times 1/6\ \text{MHz}\times 10^{-6}\times 12=2\times 10^{-6}=2\ \mu\text{s}$$

最大定时时间如下。

$$(2^{13}-0)\times 1/6\ \text{MHz}\times 10^{6}\times 12=16\,384\times 10^{-6}=16\,384\ \mu\text{s}$$

经验提示：采用方式 0 时计算和装入计数器初值时比较麻烦，而且容易出错，因此一般情

况下尽量避免采用此工作方式。

定时器工作方式 1 是 16 位计数结构的工作方式，计数器由 TH0 的全部 8 位和 TL0 的全部 8 位构成。它的逻辑电路和工作情况与方式 0 完全相同，所不同的是计数器的位数。

使用工作方式 1 的计数功能时，计数值的范围是 1～65536。使用工作方式 1 的定时功能时，定时时间计算公式如下。

$$(2^{16}-\text{计数初值})\times\text{晶振周期}\times 12$$

或

$$(2^{16}-\text{计数初值})\times\text{机器周期}$$

定时时间单位与晶振周期或机器周期的时间单位相同，为 μs。若晶振频率为 6 MHz，则最小定时时间计算如下。

$$[2^{16}-(2^{16}-1)]\times 1/6\ \text{MHz}\times 10^{-6}\times 12=2\times 10^{-6}=2\ \mu\text{s}$$

最大定时时间计算如下。

$$(2^{16}-0)\times 1/6\ \text{MHz}\times 10^{6}\times 12=131\,072\times 10^{-6}=131\ 072\ \mu\text{s}\approx 131\ \text{ms}$$

四、任务实施

1. 跟我做——硬件电路

根据任务要求，设计电路如图 4–2 所示。只需要轮流把 P1.1 置 1 和清 0，就能使外接的 LED 发光二极管亮和灭，完成任务的关键是交替时间保证为 1 s。

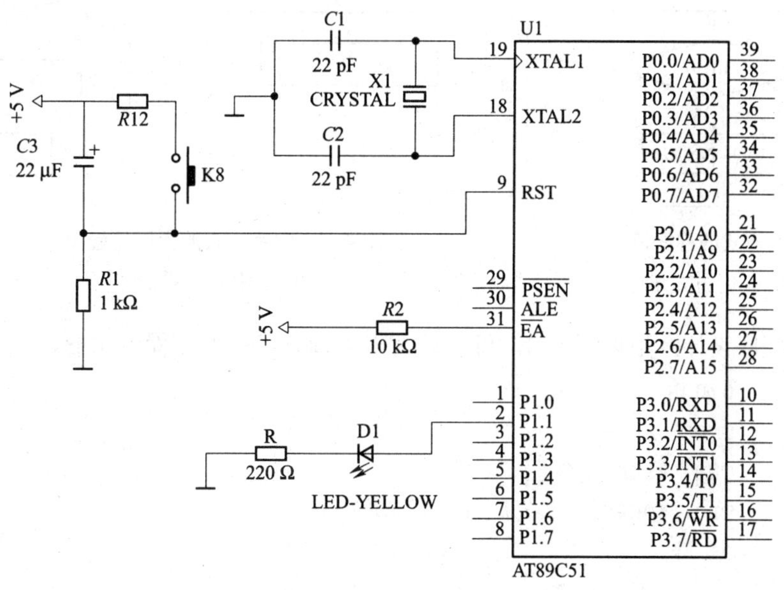

图 4–2　控制 LED 发光二极管隔 1 s 闪烁电路图

2. 跟我做——软件分析

下面以 Fosc=6 MHz、机器周期 T=2 μs、T0、定时方式 1 为例进行分析。

（1）计算计数器初值：当 T=2 μs，定时方式 1 时，定时的范围是 1～65 536T（13 107 μs）。

显然，计数溢出一次的最大定时时间小于 1 s，因此需要计数溢出多次才能得到 1 s 的定时时间。为方便计算计数器初值，可以设定溢出一次的定时时间为 100 000 μs（即 t=0.1 s），连续溢出 10 次，总的定时时间就是 1 s。此时的计数器初值由：$2^{16}-x=t/T$，得 $x=2^{16}-t/T$=65 536–100 000/2=15536=3CB0H

（2）定时器初始化：初始化涉及两个方面：一是设置 TMOD，本例中 TMOD=00000001B=01H；二是装入计数初值，本例中 TH0=3CH，TL0=B0H。

（3）编写程序流程图：根据以上分析，可以编写出查询方式的程序流程图如图 4–3 所示，中断方式的程序流程图如图 4–4 所示。

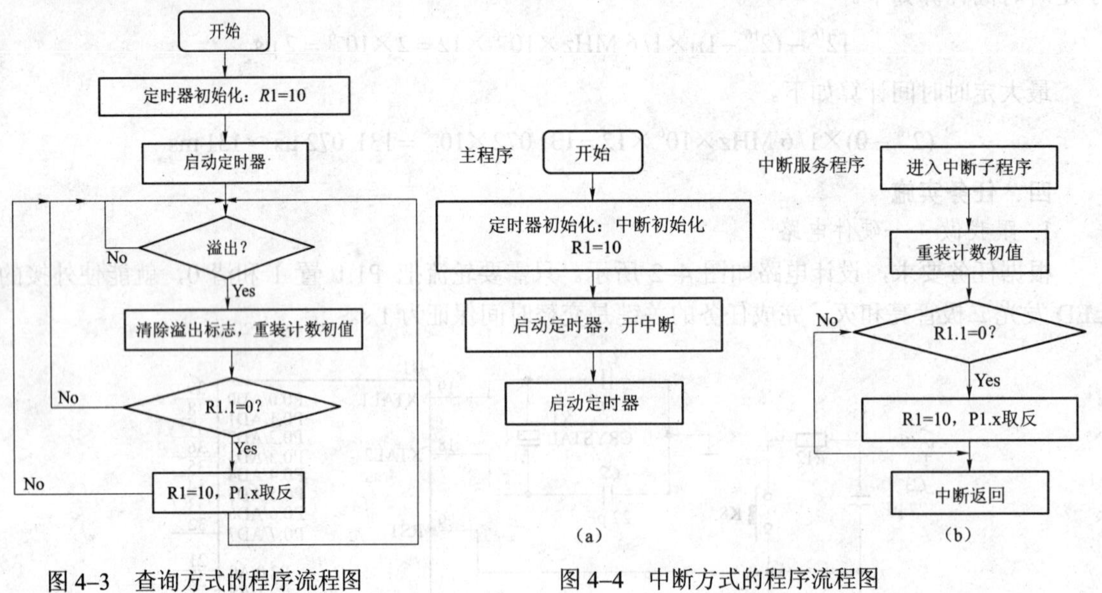

图 4–3　查询方式的程序流程图（T0、定时方式 1）

图 4–4　中断方式的程序流程图（T0、定时方式 1）

（4）完整程序设计：根据图 4–3，可以编写出查询方式的汇编程序如下。

```
        ORG     0100H
        MOV     TMOD，#01H
        MOV     TH0，#3CH
        MOV     TL0，#0B0H
        MOV     R1，#10
        SETB        TR0
LOOP:   JB      TF0，LP1
        SJMP        LOOP
LP1:    CLR     TF0
```

```
MOV TH0，#3CH
MOV TL0，#0B0H
DJNZR1，LOOP
MOV R1，#10
CPL     P1.X
AJMP    LOOP
END
```

根据图 4–4，可以编写出中断方式的汇编程序如下。

```
        ORG 0000H
        SJMP    MAIN
        ORG 000BH
        SJMP    INTER
MAIN:   MOV TMOD，#01H
        MOV TH0，#3CH
        MOV TL0，#0B0H
        SETB    EA
        SETB    ET0
        MOV R1，#10
        SETB    TR0
        SJMP    $
INTER:  MOV TH0，#3CH
        MOV TL0，#0B0H
        DJNZ    R1，RETURN
        MOV R1，#10
        CPL     P1.1
RETURN: RETI
        END
```

3. 跟我做——搭接电路

在 Proteus 软件中按照图 4–2 搭接好电路，元件列表见表 4–3。

表 4–3　元件列表

元 件 名 称	型 号	数 量	Proteus 中的名称
单片机芯片	AT89C51	1 片	AT89C51
晶振	6 MHz	1 个	CRYSTAL
电容	22 pF	2 个	CAP
电容	22 μF	1 个	CAP-ELEC
按钮		1 个	BUTTON
LED 发光二极管		1 个	LED-RED
电阻	阻值见电路	若干	RES

4. 跟我做——编写程序

在伟福软件中编辑程序，进行编译，得到.HEX 格式文件。

5. 跟我做——文件下载

将所得的.HEX 格式文件在 Proteus 中加载到单片机芯片中。

6. 跟我做——仿真、硬件联调

在 Proteus 中仿真，观察仿真结果；Proteus 中结果正常后，用实际硬件搭接并调试电路，通过编程器将.HEX 格式文件下载到 AT89C51 中，通电验证实训结果。

学习情境 4–2　BCD 码显示 60 s 计数器

一、任务目标

（1）理解工作方式 2 初值自动重装对准确定时的影响。

（2）掌握多次定时计数溢出的编程要点。

（3）掌握 BCD 加法计数器编程要点。

（4）掌握 BCD 码送显程序设计。

二、任务要求

用定时器 T0 工作方式 2 产生标准秒信号，并实现“00，01，…，59，00，…”计数，将计数结果通过 P1、P2 口外接的 BCD 数码管显示。

三、知识链接

工作方式 0 和工作方式 1 有一个共同特点，就是计数溢出后计数器全为 0，因此，循环定时应用时就需要反复设置计数初值。这不但影响定时精度，而且也给程序设计带来麻烦。工作方式 2 就是针对此问题而设置的，它具有自动重新加载计数初值的功能，免去了反复设置计数初值的麻烦。所以工作方式 2 也称为自动重新加载工作方式。

在工作方式 2 下，16 位计数器被分为两部分，TL 作为计数器使用，TH 作为预置寄存器使用，初始化时把计数初值分别装入 TL 和 TH 中。当计数溢出后，由预置寄存器 TH 以硬件方法自动给计数器 TL 重新加载。变软件加载为硬件加载。图 4–5 是 T0 在工作方式 2 下的逻辑结构。

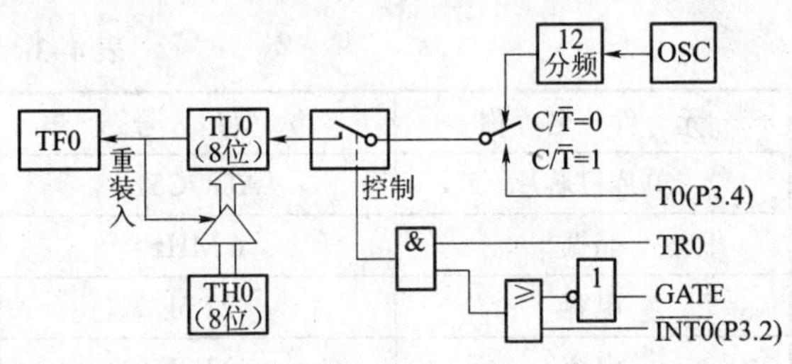

图 4–5　定时器/计数器 0 工作方式 2 的逻辑结构

初始化时，8 位计数初值同时装入 TL0 和 TH0 中。当 TL0 计数溢出时，置位 TF0，并用保存在预置寄存器 TH0 中的计数初值自动加载 TL0，然后开始重新计数。如此重复不但省去了用户程序中的重装指令，而且也有利于提高定时精度。但这种工作方式是 8 位计数结构，计数值有限，最大只能到 255。

这种自动重新加载工作方式适用于循环定时或循环计数应用。例如，用于产生固定脉宽的脉冲，此外还可以作为串行数据通信的波特率发送器使用。

采用工作方式 2 时，计数器的计数值为。

$$N = 256 - x$$

计数范围为 1～256，定时器的定时值为

$$t = N \times T = (256 - x)T$$

式中，T 为机器周期；x 为初值。

如果晶体振荡器频率 F_{osc} =12 MHz，则 T=1 μs，定时范围为 1～256 μs；若晶体振荡器频率 F_{osc} =6 MHz，则 T=2 μs，定时范围为 1～512 μs。

四、任务实施

1. 跟我做——硬件电路

硬件电路图如图 4–6 所示，与 P3.0 连接的发光二极管用于模拟秒闪信号，与 P2 口连接的 BCD 数码管显示个位，与 P1 口连接的 BCD 数码管显示十位，BCD 数码管为共阴极。

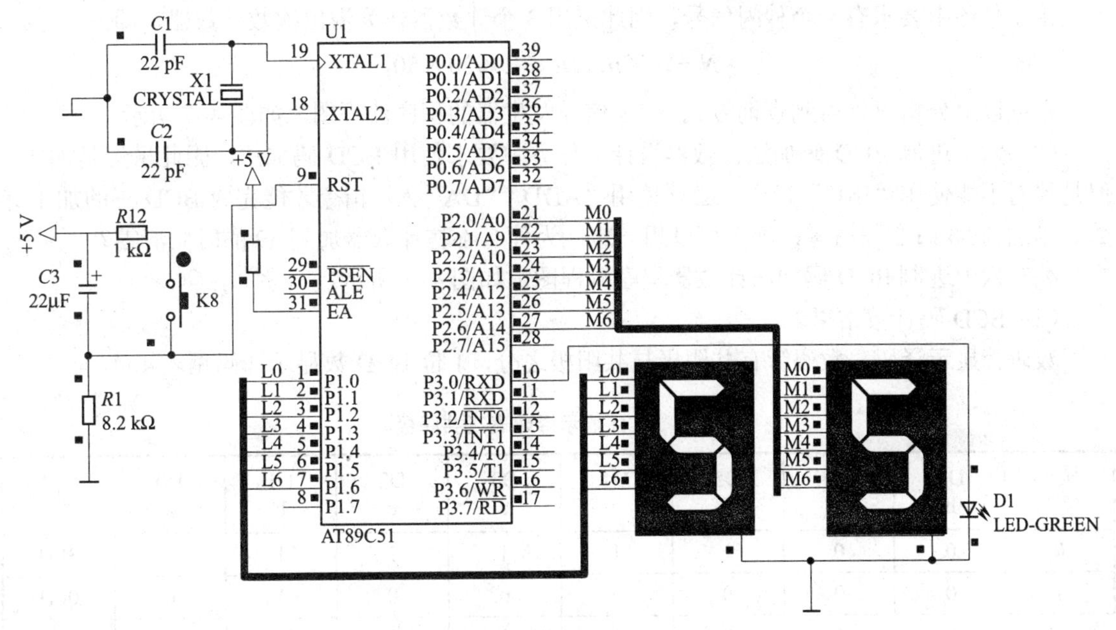

图 4–6　BCD 码显示 60 秒计数器电路图

2. 跟我做——程序分析

（1）秒信号发生器设计：本任务中要求精确定时，因此必须采用定时方式 2 实现。假设系统振荡频率为 6 MHz，以 T0 为例。

首先设置方式字：TMOD=00000010B

计算计数初值：由于工作方式 2 的最大定时为 512 μs，要产生 1 s 的定时用 1 次溢出肯定是不够的，因此需要多次溢出才能实现 1 s 的定时。

80C51 单片机的数据是没有小数的，因此必须使用整数来表示计数次数和溢出次数。若 N 代表溢出次数，X 代表计数初值，T 代表系统的机器周期，则有

$$(256-X)\times T\times N=t$$

式中，$T=2\ \mu s$，t=1s。

取 X=6，则 N=2 000，溢出次数为 2 000 超过了 255，因此要用至少两个计数器作为溢出次数计数器。则有

$$N=n_1\times n_2$$

式中，n_1 和 n_2 必须为小于 255 的整数，可以取下列各组值。

n_1=50，n_2=40

n_1=100，n_2=20

n_1=200，n_2=10

n_1=250，n_2=8

由于任务中要求有一个秒闪信号，因此采用 3 个计数器作为溢出次数计数器，即

$$N=n_1\times n_2\times n_3=2\times 20\times 50$$

根据以上分析可以得到查询方式下 1 s 信号发生器的程序流程图，如图 4–7 所示。

（2）六十进制 BCD 码加法计数器设计：任务中要求使用 BCD 码加法，因此虽然是加 1，但是绝对不能使用“INC”指令，必须使用“ADD”“DA　A”指令才能完成 BCD 码的加 1 计数。当加到 60 时必须清零，读者可以想一想：为什么不在计数器加到 59 的时候清零？

编写六十进制 BCD 码加法计数器程序流程图，如图 4–8 所示。

（3）BCD 码计数结果。

数码管显示译码：数码管有共阴极与共阳极之分，1 位 BCD 数显示译码见表 4–4。

表 4–4　BCD 显示译码表（共阴极）

显示字形	D7 h	D6 g	D5 f	D4 e	D3 d	D2 c	D1 b	D0 a	字形码
0	0	0	1	1	1	1	1	1	3FH
1	0	0	0	0	0	0	1	0	06H
2	0	1	0	1	1	1	1	1	5BH
3	0	1	0	0	1	1	1	1	4FH
4	0	1	1	0	1	1	1	0	66H
5	0	1	1	0	1	1	0	1	6DH
6	0	1	1	1	1	1	0	1	7DH
7	0	0	0	0	0	1	1	1	07H
8	0	1	1	1	1	1	1	1	7FH
9	0	1	1	0	1	1	1	1	6FH

根据共阴极显示译码表，可以试着推导出共阳极译码显示表。

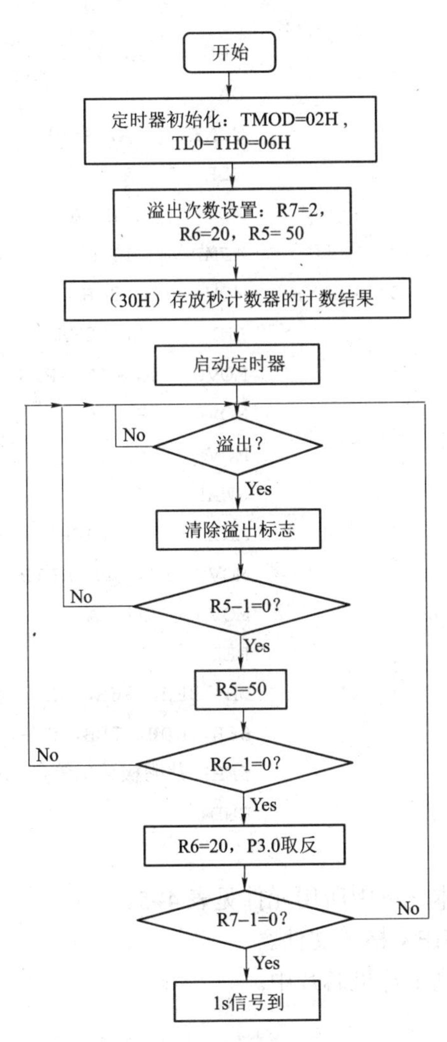

图 4–7　1 s 信号发生器程序流程图（查询方式）

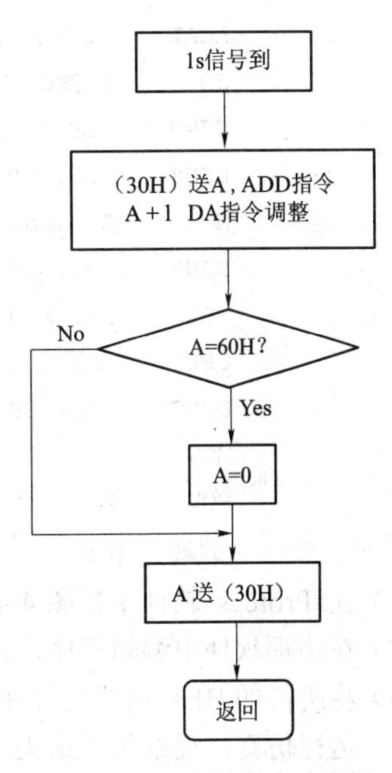

图 4–8　六十进制计数器流程图

在编写指令实现数码管显示时可以采用查表的方法。

计数结果以压缩 BCD 码的形式存放在 30H 单元中，显示的时候必须将压缩的 BCD 码拆开，并且转换成 BCD 显示段码，才能按照低位在前高位在后的顺序依次通过 P2 口和 P1 口。BCD 码转换为显示段码可以采用查表的方法实现。因此可以得到显示程序流程图，如图 4–9 所示。

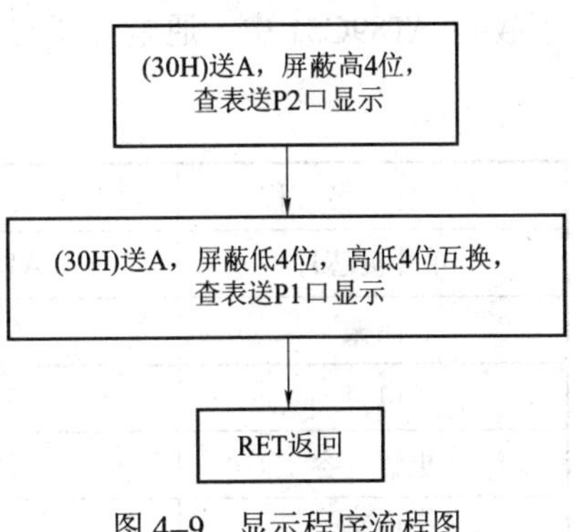

图 4–9　显示程序流程图

3. 跟我做——程序编写

根据上述的流程图，可以编写出查询方式的完整程序如下。

```
        MOV    TMOD, #02H
        MOV    DPTR, #TAB
        MOV    TL0, #06H
        MOV    TH0, #06H
        MOV    R7, #2
        MOV    R6, #20
        MOV    R5, #50
        MOV    30H, #0
        SETB   TR0
LP0:    ACALL  DISPLAY
LP:     JBC    TF0, LP1
        SJMP   LP
LP1:    DJNZ   R5, LP
        MOV    R5, #50
        DJNZ   R6, LP
        MOV    R6, #20
        CPL    P3.0
        DJNZ   R7, LP
        MOV    R7, #2
        MOV    A, 30H
        ADD    A, #1
        DA     A
        CJNE   A, #60H, LP5
        CLR    A
LP5:    MOV    30H, A
        AJMP   LP0
DISPLAY: MOV   A, 30H
        ANL    A, #0FH
        MOVC   A, @A+DPTR
        MOV    P2, A
        MOV    A, 30H
        SWAP   A
        ANL    A, #0FH
        MOVC   A, @A+DPTR
        MOV    P1, A
        RET
TAB:    DB  3FH, 06H, 5BH, 4FH,
        66H, 6DH, 7DH, 07H, 7FH,
        6FH; 共阴极数码管显示段码
        END
```

4. 跟我做——软硬件联调

（1）在 Proteus 软件中按图 4–6 搭接好电路，本任务中所用元件见表 4–5。

（2）在伟福软件中编辑程序，进行编译，得到.HEX 格式文件。

（3）将所得的.HEX 格式文件在 Proteus 中加载到单片机芯片中。

（4）运行仿真，观察仿真结果。

（5）在 Proteus 中运行正常后，用实际硬件搭接并调试电路，通过编程器将.HEX 格式文件下载到 AT89C51 中，通电验证实训结果。

表 4–5　元件清单

元件名称	型号	数量	Proteus 中的名称
单片机芯片	AT89C51	1 片	AT89C51
晶振	6 MHz	1 个	CRYSTAL
电容	22 pF	2 个	CAP
电解电容	22 μF	1 个	CAP-ELEC
按钮		1 个	BUTTON

续表

元　件　名　称	型　　号	数　　量	Proteus 中的名称
LED 发光二极管	颜色自选	1 个	LED-RED
七段数码管	共阴极	2 个	7SEG-COM-CAT-BLUE
电阻	阻值见电路	若干	RES

学习情境 4–3　外部脉冲计数器

一、任务目标

（1）掌握定时计数器对外加计数脉冲计数的硬件设计方法。

（2）掌握定时计数器计数状态的指令设计方法。

（3）掌握流水灯闪烁程序设计方法。

二、任务要求

编写程序，实现按键闭合 4 次，与 P1 口连接的 LED 发光二极管闪烁 10 次。

三、知识链接

当 C/T=0 时，定时计数器工作在定时方式。此时，定时计数器的计数脉冲来自于系统振荡频率的 12 分频。只要系统的振荡频率确定，定时计数器的计数脉冲频率也就确定了，因此计数一次的时间也就保持不变。这正是定时的由来。

实际上，定时计数器的计数脉冲可以来自于系统的外部，此时由于计数脉冲是不确定的，因此把这种工作方式称为计数工作方式。

将 TMOD 寄存器的 C/T 位设置为 1，定时计数器即工作在计数工作方式。此时，T0 通过引脚 T0（P3.4）对外部信号计数，T1 通过引脚 T1（P3.5）对外部信号计数，外部脉冲的下降沿将触发计数。值得注意的是，由于检测到一个由 1 到 0 的跳变需要 2 个机器周期，因此外部信号的最高计数频率为系统振荡频率的 1/24。例如，如果系统采用 6 MHz 的振荡频率，则最高的外部计数频率为 0.25 MHz。

四、任务实施

1. 跟我做——硬件电路分析

硬件电路如图 4–10 所示。

2. 跟我做——程序分析

根据硬件电路，采用 T0 计数方式，按键闭合 4 次将会有 4 个下降沿输入到系统中，计数 4 次溢出后，P1 口所接 LED 闪烁 10 次即可完成任务。

定时计数器初始化；采用 T0 方式 2 计数方式：TMOD=00000110B；计数次数为 4，计数初值：X=256–4=252。

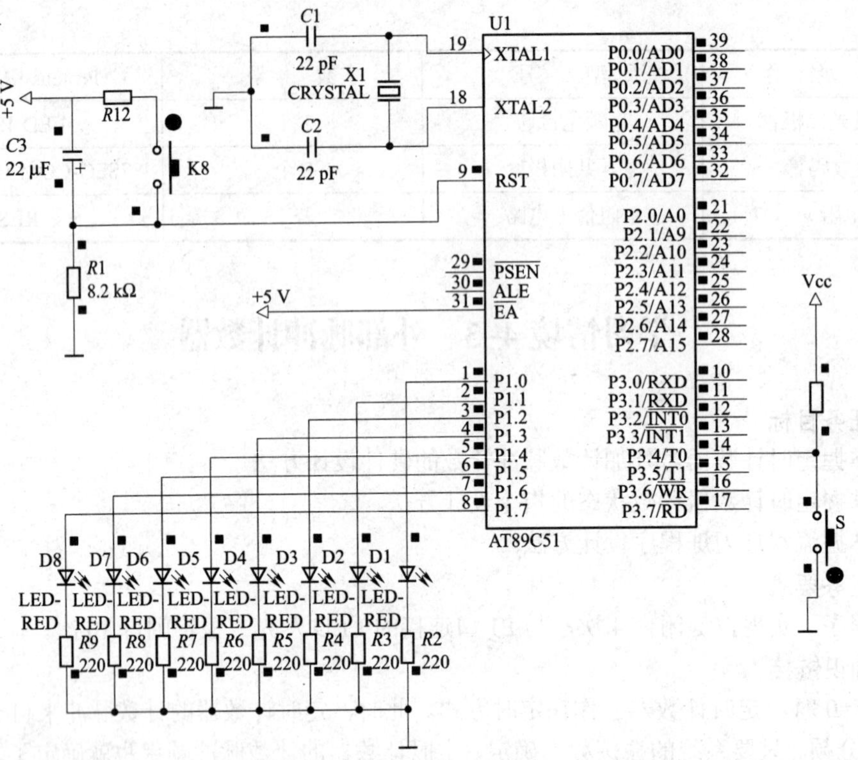

图 4–10 外部脉冲计数电路图

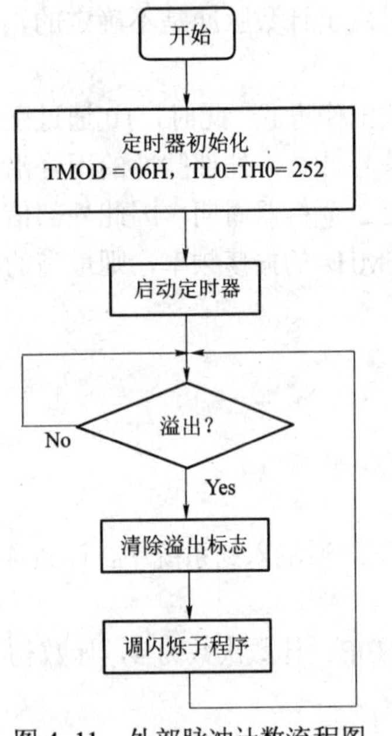

图 4–11 外部脉冲计数流程图

根据分析，可以得到以下查询方式程序流程图，如图 4–11 所示。

3. 跟我做——程序编写

根据图 4–10 的流程图可以编写如下程序。

```
        MOV     TMOD, #06H
        MOV     TL0, #252
        MOV     TH0, #252
        MOV     P1, #0
        SETB    TR0
LP:     JBC     TF0, LP1
        SJMP    LP
LP1:    ACALL   FLASH
        SJMP    LP
FLASH:  MOV     R7, #10
FLASH1: MOV     P1, #0FFH
        ACALL   DELAY
```

```
            MOV         P1，#0
            ACALL       DELAY
            DJNZ        R7，FLASH1
            RET
DELAY:      MOV         R6，#0FFH
DL:         MOV         R5，#10H
            DJNZ        R5，$
            DJNZ        R6，DL
            RET
            END
```

4. 跟我做——软硬件联调

（1）在 Proteus 软件中按图 4–10 搭接好电路，本任务中所用元件见表 4–6。

（2）在伟福软件中编辑程序，进行编译，得到.HEX 格式文件。

（3）将所得的.HEX 格式文件在 Proteus 中加载到单片机芯片中。

（4）运行仿真，观察仿真结果。

（5）在 Proteus 中运行正常后，用实际硬件搭接并调试电路，通过编程器将.HEX 格式文件下载到 AT89C51 中，通电验证实训结果。

表 4–6　元件清单

元件名称	型号	数量	Proteus 中的名称
单片机芯片	AT89C51	1 片	AT89C51
晶振	6 MHz	1 个	CRYSTAL
电容	22 pF	2 个	CAP
电解电容	22 μF	1 个	CAP-ELEC
按钮		2 个	BUTTON
LED 发光二极管		8 个	LED-RED
电阻	阻值见电路	若干	RES

学习情境 4–4　单音阶发生器

一、任务目标

（1）掌握单音阶音符的频率与定时初值的对应关系。

（2）理解定时计数器的广泛应用。

（3）掌握 Proteus 软件仿真音频信号产生方法。

二、任务要求

应用定时计数器编程实现扬声器轮流鸣放单音符“1—2—3—4—5—6—7—1—…”，每个音符鸣放 1 s。

三、知识链接

音阶产生方法：一首音乐是由许多不同的音阶组成的，而每个音阶对应着不同的频率，这样就可以利用不同的频率的组合构成想要的音乐。可以利用单片机的定时计数器 T0 来产生不同的频率。因此，只要把一首歌曲的音阶对应频率关系弄清楚即可。现在以单片机 12 MHz 晶振为例，列出高中低音符与 16 位定时计数器的初值关系，如表 4–7。

表 4–7　12 MHz 晶振音符与 16 位定时计数器的初值关系表

音符	频率/Hz	简谱码（初值）	音符	频率/Hz	简谱码（初值）
低 1 DO	262	63 628	#4 FA#	740	64 860
#1 DO#	277	63 731	中 5 SO	784	64 898
低 2 RE	294	63 835	#5 SO#	831	64 934
#2 RE#	311	63 928	中 6 LA	880	64 968
低 3 MI	330	64 021	#6 LA#	932	64 994
低 4 FA	349	64 103	中 7 SI	988	65 030
#4 FA#	370	64 185	高 1 DO	1 046	65 058
低 5 SO	392	64 260	#1 DO#	1 109	65 085
#5 SO#	415	64 331	高 2 RE	1 175	65 110
低 6 LA	440	64 400	#2 RE#	1 245	65 134
#6 LA#	466	64 463	高 3 MI	1 318	65 157
低 7 SI	494	64 524	高 4 FA	1 397	65 178
中 1 DO	523	64 580	#4 FA#	1 480	65 198
#1 DO#	554	64 633	高 5 SO	1 568	65 217
中 2 RE	587	64 684	#5 SO#	1 661	65 235
#2 RE#	622	64 732	高 6 LA	1 760	65 252
中 3 MI	659	64 777	#6 LA#	1 865	65 268
中 4 FA	698	64 820	高 7 SI	1 967	65 283

四、任务实施

1. 跟我做——硬件电路

电路如图 4–12 所示。

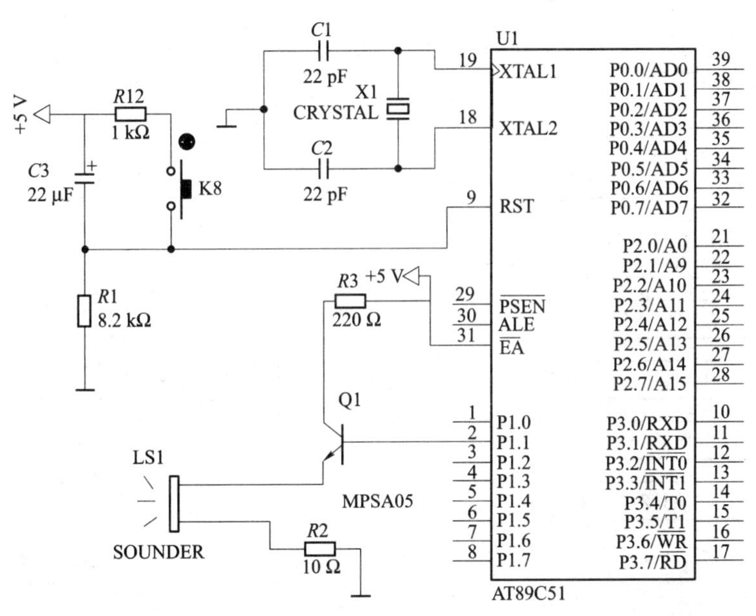

图 4–12　单音阶发生器电路图

2. 跟我做——程序分析

（1）T0/T1 功能划分：根据任务要求，可以将 T0 设置为定时方式 2，作秒信号定时器；T1 设置为定时方式 1，作音阶发生器，因此 TMOD=00010010B。

（2）计数器初值：T0 作秒信号定时器，每次溢出的定时时间是恒定的，因此其计数初值不变，系统振荡频率为 12 MHz，因此设置初值 TH0=TL0=06H，溢出次数 N=20×200，采用中断方式。

T1 作为音符发生器，其计数初值与产生音符有关。根据任务要求，为“中 1—中 2—…—中 7—高 1”共 8 个音符，其对应的计数初值见表 4–8。

表 4–8　8 个音符对应计数初值表

音符	频率/Hz	简谱码（初值）	音符	频率/Hz	简谱码（初值）
中 1 DO	523	64 580	中 5 SO	784	64 898
中 2 RE	587	64 684	中 6 LA	880	64 968
中 3 MI	659	64 777	中 7 SI	988	65 030
中 4 FA	698	64 820	高 1 DO	1046	65 058

根据表 4–8，可以定义如下定时计数器初值，方便单片机通过查表的方式来获得相应的定时计数器初值。T1 溢出采用查询方式。

TABLE：DW　64 580，64 684，64 777，64 820，64 898，64 968，65 030，65 058

程序流程图如 4–13 所示，定时器 T0 中断子程序流程如图 4–14，查表子程序流程如图 4–15

所示。

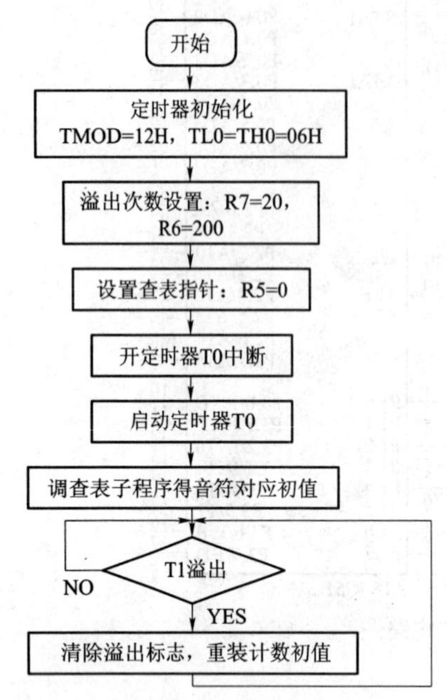

图 4–13　单音阶发生器主程序流程图

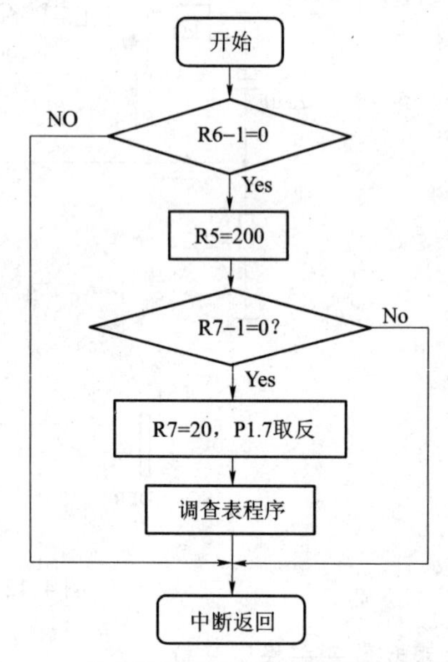

图 4–14　单音阶发生器 T0 中断子程序流程

3. 跟我做——程序编写

根据上述程序流程图，编写完整的汇编程序如下。

```
        AJMP   MAIN
        ORG    000BH
        AJMP   TIMER0
        ORG    0100H
MAIN:   MOV    TMOD，#12H
        MOV    TL0，#06H
        MOV    TH0，#06H
        MOV    R7，#20
        MOV    R6，#200
        MOV    DPTR，#TAB
        MOV    R5，#0
        SETB   EA
        SETB   ET0
        SETB   TR0
        ACALL  CHAT
        SETB   TR1
LP2:    BC     TF1，LP3
        SJMP   LP2
LP3:    MOV    TH1，40H
```

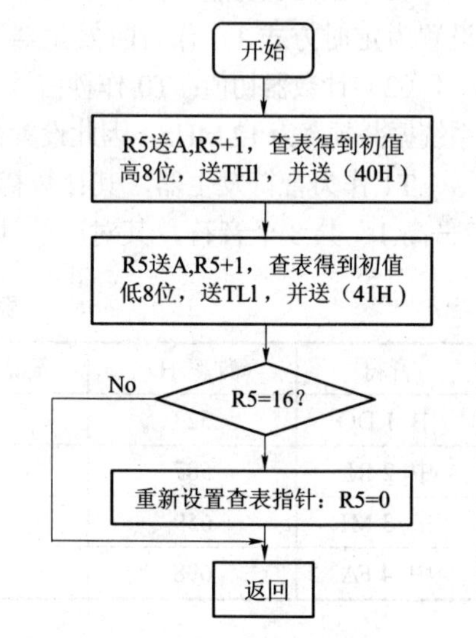

图 4–15　单音阶发生器查表子程序流程

```
        MOV    TL1, 41H
        CPL    P1.1
        SJMP   LP2
TIMER0: DJNZ   R6, LP
        MOV    R6, #200
        DJNZ   R7, LP
        MOV    R7, #20
        CPL    P1.7
        ACALL  CHAT
LP:     RETI
CHAT:   MOV    A, R5
        INC    R5
        MOVC   A, @A+DPTR
        MOV    TH1, A
        MOV    40H, A
        MOV    A, R5
        INC    R5
        MOVC   A, @A+DPTR
        MOV    TL1, A
        MOV    41H, A
        CJNE   R5, #16, LP
        MOV    R5, #0
        RET
TAB:    DW 64580, 64684, 64777, 64820, 64898, 64968, 65030, 65058
        END
```

4. 跟我做——软硬件联调

（1）在 Proteus 软件中按图 4–12 搭接好电路，本任务所用元件见表 4–9。

（2）在伟福软件中编辑程序，进行编译，得到.HEX 格式文件。

（3）将所得的.HEX 格式文件在 Proteus 中加载到单片机芯片中。

（4）运行仿真，观察仿真结果。

（5）在 Proteus 中运行正常后，用实际硬件搭接并调试电路，通过编程器将.HEX 格式文件下载到 AT89C51 中，通电验证实训结果。

表 4–9　元件清单

元件名称	型号	数量	Proteus 中的名称
单片机芯片	AT89C51	1 片	AT89C51
晶振	6 MHz	1 个	CRYSTAL
电容	22 pF	2 个	CAP
电解电容	22 μF	1 个	CAP-ELEC

续表

元 件 名 称	型 号	数 量	Proteus 中的名称
按钮		1个	BUTTON
蜂鸣器	微型	1个	SOUNDER
三极管	NPN 型	1个	NPN（或 MPSA05）
电阻	阻值见电路	若干	RES

本章复习思考题

1. MCS–51 系列单片机的内部设有几个定时器/计数器，它们是由哪些特殊功能寄存器组成的？

2. MCS–51 系列单片机的定时器/计数器在什么情况下是定时器，在什么情况下是计数器，两者脉冲来源是否一样？

3. 简述定时/计数器 4 工作方式的特点，如何选择和设定？

4. 定时器/计数器的 4 种工作模式中，哪种模式不需要重装计数初值，其最大的计数初值是多少？

5. 当定时/计数器用作定时器时，其定时时间与哪些因素有关；作计数器时，对外界计数频率有何限制？

6. 如何判断 T0，T1 定时/计数溢出？

模块 2

接口技术

第5章　输入与输出——智能电子产品的I/O接口电路

学习情境导航

知识目标

1. 扩展I/O口接口电路
2. 扩展I/O口访问
3. 多个数码管动态显示的接口电路及程序设计
4. LED点阵结构与工作原理
5. 按键开关抖动的影响及软件消抖的方法
6. 独立式键盘电路及编程
7. 矩阵键盘电路及编程

能力目标

1. 掌握常用简单I/O口扩展接口电路
2. 掌握常用可编程I/O口扩展接口电路
3. 能够根据电路编写扩展I/O口地址
4. 能够使用指令产生访问扩展I/O口的读写信号
5. 掌握动态显示的接口电路
6. 能够根据要求设计动态显示固定数字的程序
7. 根据行扫描、列扫描设计亮条显示程序
8. 独立式键盘电路连接
9. 独立式键盘电路程序编写
10. 矩阵式键盘电路连接
11. 行列扫描在矩阵式键盘程序编写中的应用

重点、难点

1. I/O口的扩展方法
2. 数码管的动态显示

3. 矩阵键盘电路的应用

推荐教学方式

在实训室中采用“一体化”教学，因本章中的项目综合性较强，所以应注意复习前几章讲解的相关知识点，最好采用多堂课连上的方式，让学生一次性完整地完成一个项目任务，会取得不错的效果。

推荐学习方式

本章综合性强，可采用分组的方式，2、3 个人一组，共同协作完成，学习之前要注意对前几章相关知识点的复习。

学习情境 5–1　键盘控制数码广告牌

一、任务目标

（1）独立式键盘电路连接。

（2）独立式键盘消抖程序编写。

（3）独立式键盘按键按下个数判断程序编写。

（4）独立式键盘的键盘码产生程序编写。

（5）实现根据键盘码采用不同的处理程序。

（6）巩固单片机数码管显示的应用。

二、任务要求

有 8 个按键（K0～K7），当按下 K0 时，数码管显示 0；按下 Kl 时，数码管显示 1……按下 K7 键时，数码显示 7；如果同时有 2 个或 2 个以上的按键按下，则数码管不理会，保持原显示状态。

三、知识链接

（一）键盘电路

键盘是由若干按键组成的开关矩阵，一个按键实际上是一个开关元件，也就是说键盘是一组规则排列的开关。它是微型计算机最常用的输入设备，用户可以通过键盘向计算机输入指令、地址和数据。

键盘上的每个键都担负一项处理功能，而处理功能是通过软件实现的，所以键盘接口必须与软件配合。为此，键盘上每个键都对应有一个处理程序段，键的功能是通过运行这个程序段实现的。为了在程序中能顺利地分支到键处理程序段，就需要对键进行编码，称为键码，以便能按键码进行程序分支。

键盘按照接口原理可分为编码键盘与非编码键盘两类，这两类键盘的主要区别是识别键符及给出相应键盘码的方法。编码键盘主要是用硬件来实现对键的识别并产生这个按键对应的键盘码，不用单片机去操心。而非编码键盘主要是由单片机的软件来实现按键的识别和键盘码的

产生，什么工作都要由单片机来完成。

全编码键盘能够由硬件逻辑自动提供与键对应的键盘码，此外，一般还具有去抖动、多键和窜键保护电路。这种键盘使用方便，但需要较多的硬件，价格较贵，一般的单片机应用系统较少采用。非编码键盘只简单地提供行和列的矩阵，其他工作均由软件完成。由于其经济实用，较多地应用于单片机系统中。下面将重点介绍非编码键盘接口。

1. 按键开关的去抖动问题

单片机中组成键盘的按键一般是由机械触点构成的。一个按键构成的键盘电路如图 5–1 所示。

当按键 S 未被按下时，P1.0 输入为高电平，S 闭合后，P1.0 输入为低电平。单片机通过对 P1.0 上的电平高低的判断就可以知道按键 S 是否被按下。由于按键是机械触点，当机械触点闭合、断开时，会有抖动，经过一段时间才会稳定下来。在抖动时，机械触点一会儿接触，一会儿断开，接触时，P1.0 为低，断开时，P1.0 为高，所以按 1 次 S 键，使得 P1.0 输入端的波形如图 5–2 所示。

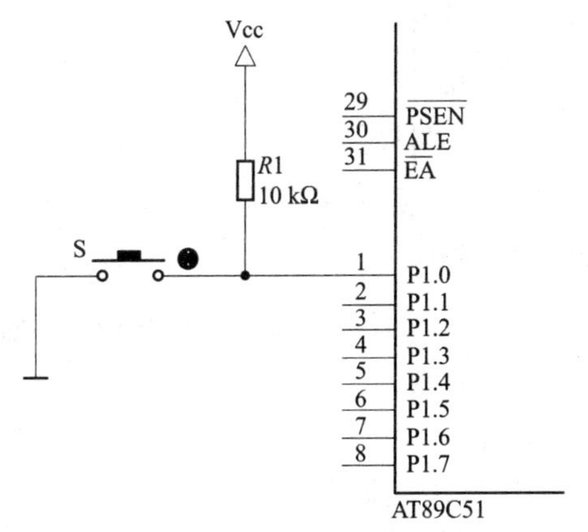

图 5–1　单个按键构成的键盘电路图

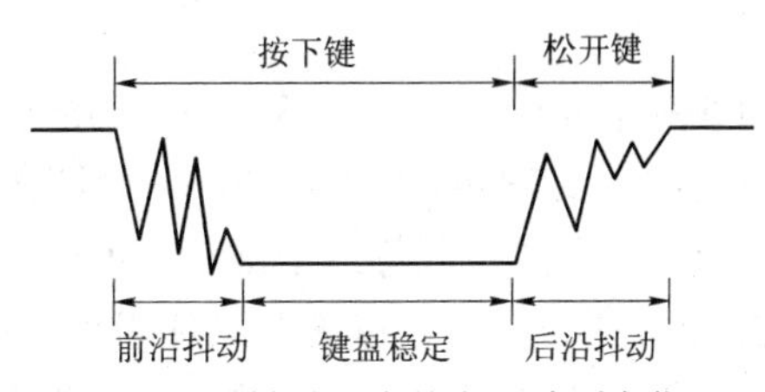

图 5–2　按键过程中的电压波型变化

这种抖动对于人来说是感觉不到的，但对计算机来说，则是完全可以感应到的，因为计算机处理的速度是微秒级的，而机械抖动的时间至少是毫秒级，对计算机而言，这已是一段“漫长”的时间了。只按一次按键，本来只应该在 P1.0 上产生一次低电平，但由于抖动，在 P1.0 上产生了很多次低电平，而单片机是通过对 P1.0 上的电平高低来判断 S 键是否被按下的，这就会使得单片机的判断出现错误，引起 CPU 对一次按键操作进行多次处理。

为使 CPU 能正确地读出 P1.0 口的状态，对每一次按键只响应一次，就必须考虑如何去除抖动，常用的去抖动的方法有两种：硬件方法和软件方法。单片机中常用软件法，因此，对于硬件方法本书不介绍。软件法就是在单片机获得 P1.0 口为低电平的信息后，不是立即认定 S1 已被按下，而是延时 10 ms 后再次检测 P1.0 口，如果仍为低电平，说明 S1 的确被按下了，这实际上是避开了按键按下时的抖动时间。而在检测到按键释放后（P1.0 为高电平）再延时 10 ms，消除后沿的抖动，然后再对键值处理。不过一般情况下，通常不对按键释放的后沿进行处理，

实践证明，也能满足一定的要求。当然，实际应用中，对按键的要求也是千差万别的，要根据不同的需要来编制处理程序，但以上是消除键抖动的基本原则。

2. 独立式键盘

（1）电路结构。

所谓独立式键盘就是指构成键盘的每个按键占用一根 I/O 端线，如图 5–3 所示。

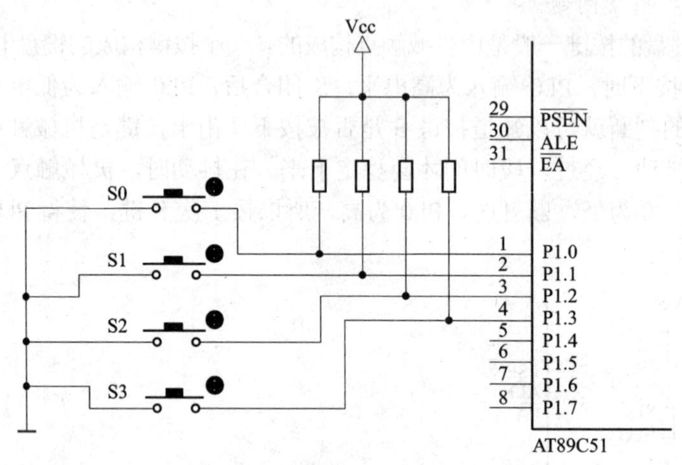

图 5–3　独立式按键构成的键盘电路图

图 5–3 中 4 个按键 S0，S1，S2，S3 分别接到 P1.0，P1.1，P1.2 和 P1.3 这 4 根 I/O 管脚上，每个按键占用 1 条 I/O 管脚，构成一个四按键的独立式键盘电路。

特点：独立式按键每一个键都要占用 1 根 I/O 线，而 80C51 单片机的 I/O 线资源是有限的，只有 32 条，所以这种按键方式只适用于按键数量较少的场合，如果按键较多，可以采用管脚利用效率更高的矩阵式键盘，矩阵式键盘将在下一节的任务中详细地进行讲解。

（2）按键按下的判断。

单片机通过判断按键所接的 I/O 管脚上是否为低电平来确定该按键是否被按下了，可以通过指令“JB　P1.X 标号”或者“JNB　P1.X 标号”对管脚电平一个一个地进行判断，就可以知道是否有按键被按下，但是并不要求判断出是哪一个按键被按下了，所以一般采用的方法为：把 P1 管脚的值送到累加器中，然后用 CPL 指令对累加器取反，如果没有按键被按下，此时取反的结果一定为 0；只要有一个按键被按下，不管是哪个按键，都会使 P1 的某位二进制数变为 0，取反后的结果一定会有一位二进制数变为 1，不管是哪一位二进制数变为 1，整个结果肯定都大于 0，所以只要判断取反后的结果是不是为 0，就可以知道有没有按键被按下了，具体实现程序如下。

```
MOV     P1, #0FFH
MOV     A, P1
CPL     A
```

```
    JNZ      标号
```

其中“JNZ　标号”指令是对累加器中的内容进行判断，为 1（表示有按键被按下）时，跳到标号去；为 0（表示没有按键被按下）时，顺序执行下面的指令。

例如，图 5–3 中的 S0 和 S1 两键被按下，此时 P1 的 8 个管脚只有 P1.0 和 P1.1 为低，P1 的输入值 11111100，单片机将这个值送入累加器中，取反后的结果为 00000011，显然是大于 0 的，单片机就知道有按键被按下了。

（3）判断有几个按键被按下。

假如 A 的 D0 位为 1 表示接在 P1.0 上按键闭合，为 0 则表示断开，单片机只要判断一下累加器中为 1 的位数有几位，就可以知道有几个按键被按下。那么单片机怎样来统计累加器中 1 的个数呢？可以采用的方法为：判断累加器的最低位 D0 位是不是为 1，为 1 的话就将存储器 R3 中的内容增加 1，为 0 则 R3 中的内容不变，然后运用“RL　A”指令将累加器移位一次，再对 D0 进行判断，这样判断 8 次，将累加器中的各位判断完后，R3 中所装的值就是累加器中 1 的个数。这个值也反映了被按下的按键个数，具体程序如下。

```
          MOV      R3，#00H
          MOV      R1，#08
LOOP:     JNB      ACC.0 ，L1
          INC      R3
L1:       RR       A
          DJNZ     R1，LOOP
```

（4）判断哪个按键被按下。

以图 5–3 为例来介绍，如果现在只有一个按键被按下，此时将 Pl 口管脚的值取到 A 中，再经过取反后，累加器中的 8 位二进制数中只有 1 位为 1，其他都为 0，哪一位为 1，就是对应的那个按键被按下，然后单片机就产生出该按键的键盘码（键盘的数字名字），每个按键都应该有不同的键盘码，这里规定图 5–3 中 4 个按键 S0，S1，S2，S3 四个按键的键盘码分别 0，1，2，3，下面看看单片机是怎样实现当有一个按键被按下后，判断出是哪个按键按下并产生出相应的键盘码的。

基本方法是：首先判断累加器中的最低位 ACC.0 位是不是为 1，如果最低位为 1，说明按键位就找到了，就是最低位对应的按键 S0；如果最低位不为 1，说明被按下的按键不是 S0 按键，就要继续找，怎样继续呢？用一次“RR　A”指令将数据移动一下，然后再判断 ACC.0 位是不是为 1，如果还不是为 l，说明对应的 Sl 键也没有被按下，就再向右移动 1 次，继续判断 ACC.0 位，此时实际上是判断 S2 按键是否被按下，这样一直做下去，并且用一个存储器记录下移动的次数（每移动一次，就将这个存储器的内容增加 1），看这样向右移动几次，能够使累加器 ACC.0 位变为 1，此时这个存储器中所记录的次数就是被按下按键的编号。

通过实例来说明，例如电路图 5–3 中，假设是 S2 按键被按下，那么此时 Pl 的值送到 A 中，再取反后结果如下。

0	0	0	0	0	1	0	0
ACC.7	ACC.6	ACC.5	ACC.4	ACC.3	ACC.2	ACC.1	ACC.0

很明显需要用2次“RR A”指令才可以让D0位变为1，而移动次数“2”就是S2键的键盘码。同理，如果是S3按键被按下，A中得到的值将如下。

0	0	0	0	1	0	0	0
ACC.7	ACC.6	ACC.5	ACC.4	ACC.3	ACC.2	ACC.1	ACC.0

这个数据需要向右移动3次，ACC.0位才会为1，而这个右移次数3，就是S3键的键盘码。

可见，要判断究竟是哪个按键被按下，要得到这个被按下按键的键盘码，这需要看累加器中的这个8位二进制数经过多少次右移指令使得A中的最低位ACC.0为1，这个次数就是被按下的这个按键的键盘码。

如果是S0键被按下，得到键盘码的过程是怎样的呢？具体实现程序如下。

```
        MOV   P1，#0FFH
        MOV   A，P1
        CPL   A
        MOV   R5，#08      ；最多判断8次
        MOV   R4，#0       ；R4用来装移位指令的使用次数
LOOP:   JB    A.0，L1      ；若A.0为1，就跳到L1去，结束循环
        RR    A
        INC   R4
        DJNZ  R5，LOOP
L1:     …
```

（5）单片机怎样实现按下不同的按键完成不同的处理过程。

通过刚才的讲解已经知道，当按下不同的按键时，单片机就会产生不同的键盘码，每个按键都有自己特有的键盘码。前面的内容中讲过“JMP @A+DPTR”指令和跳转表格的概念，即将一个跳转表格的首地址装入DPTR中，然后如果要想跳到不同的程序段去，只需要向A中放入不同的行号就可以了，只要将按键的键盘码作为行号装入A中，运用“JMP @A+DPTR”指令，就可以选择跳转表格中的某行跳转指令来执行，跳到某个程序段去，键盘码不同，所选的跳转表格中的跳转指令就不一样，所执行的程序段就不一样。具体程序如下（假设按键的键盘码是装在R4中的），其结构参考见表5–1。

```
        MOV     A，R4
        RL      A            ；将A中的行号乘以2
```

```
         MOV      DPTR, #TABLE
         JMP      @A+DPTR
TABLE:   AJMP     L0
         AJMP     L1
         AJMP     L2
         AJMP     L3
```

表 5–1　跳转表格

第 0 行	AJMP　L0
第 1 行	AJMP　L1
第 2 行	AJMP　L2
第 3 行	AJMP　L3

例如，电路图 5–3 中的 S1 键被按下，在 R4 中键盘码就为 1，通过上面这段程序，就会把跳转表格中的第 1 行指令（注意整个跳转表格是从第 0 行开始的）“AJMP　L1”拿来执行，单片机就会跳到标号 L1 标出的程序段去。

（二）独立键盘电路的编程方法

所谓键盘的编程就是实现当按下某个按键后，单片机能够准确地判断出是哪个按键，并能根据需要执行相应的处理程序。编程方法根据实际应用情况的不同会有很多变化，但还是有一些规律可循，下面总结一下独立式键盘编程的一些规律，键盘编程分为以下几步。

（1）首先单片机要知道是不是有按键被按下。注意，为消除抖动的影响要判断两次，第一次判断按下键后，要延时 10 ms 再次判断，如果还是有按键被按下，此时才能真正确定按键被按下。

（2）判断出确定有按键被按下后，再判断是不是只有 1 个按键被按下。当然，如果确信在实际应用时不会出现多个按键同时被按下的情况，这个步骤也可以不要。

（3）判断究竟是哪一个按键被按下，并得到这个按键的键盘码。

（4）在根据不同的键盘码值，运用“JMP@A＋DPTR”指令和跳转表格，跳到相应的处理程序去。

将这几个步骤画成流程图的方式，如图 5–4 所示。

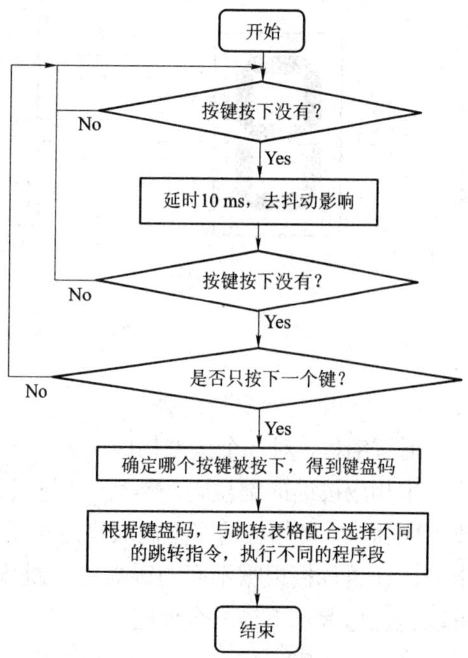

图 5–4　独立式键盘程序编写流程图

四、任务实施

1. 跟我做——硬件电路分析

电路如图 5-5 所示，七段数码管 U2 为共阴极数码管，受 P1 口的低 7 位管脚控制。S0～S7 共 8 个按键和 8 个电阻构成独立键盘电路，可以控制 P2 口的 8 个管脚输入的电平高低，按下键，相应管脚输入低电平，不按键，输入高电平。

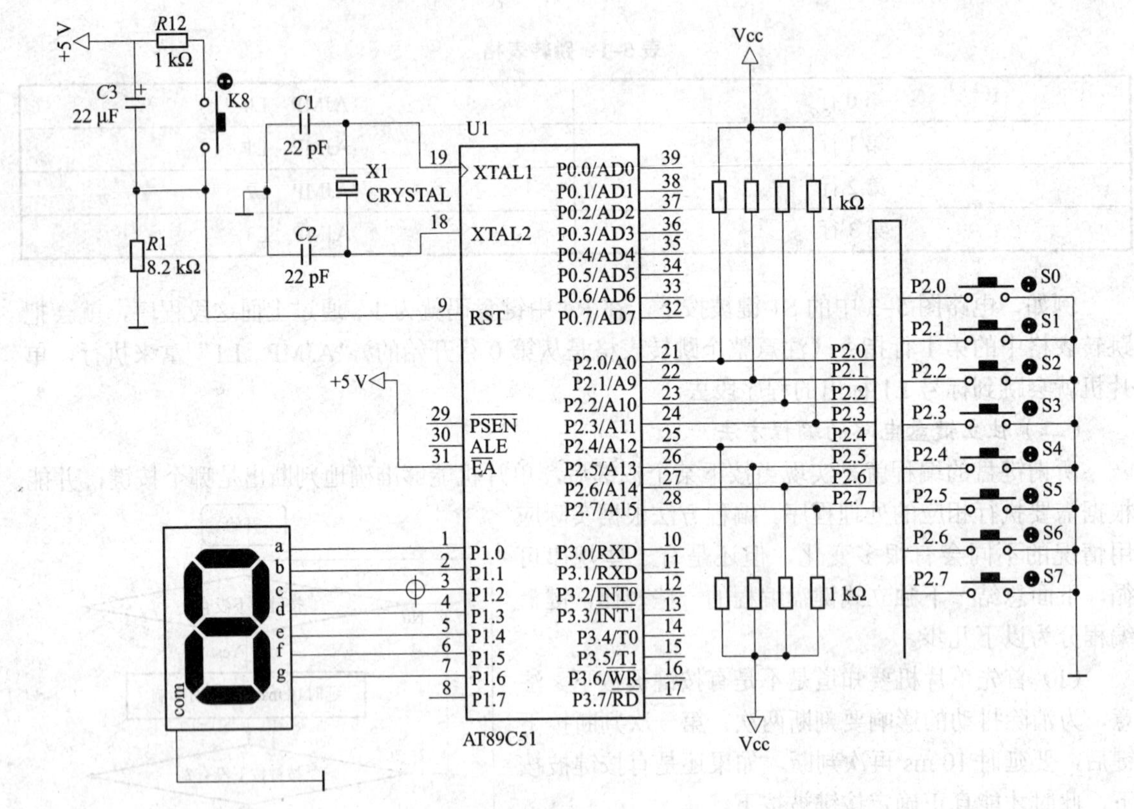

图 5-5 8 按键控制单数码管硬件电路图

2. 跟我做——软件分析

通过编程，对 8 个按键构成的独立键盘电路进行监控，如果发现有且只有一个按键被按下，就产生相应按键的键盘码，然后运用查表指令“MOVC A，@A＋DPTR”将键盘码作为行号放入到 A 中，将相应的字型码取出送给数码管显示。注意，这里也可以采用“JMP @A＋DPTR”指令，让单片机根据不同的键盘码，跳到不同的处理程序段去，显示出不同的数码出来，大家可以自己思考一下该怎么编程。

这里定义 S0，S1，…，S7 的键盘码分别为 0，1，…，7。

具体程序如下，程序流程图如图 5–6 所示。

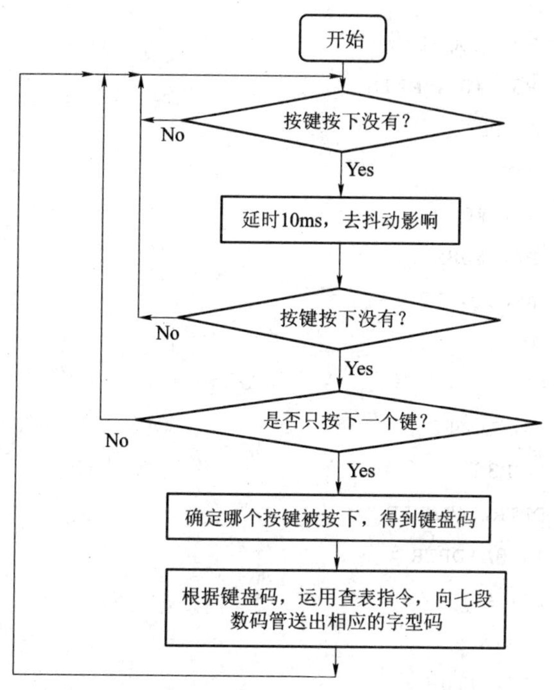

图 5–6　8 按键控制单数码管程序流程图

```
        ORG     0000H
        LJMP    MAIN
        ORG     0030H
MAIN:   MOV     P2，#0FFH
        MOV     A，P2
        CPL     A
        JZ      MAIN
        LCALL   DELAY
        MOV     A，P2
        CPL     A
        JZ      MAIN
        MOV     R3，#00H
        MOV     R4，#08H
LOOP1:  JNB     ACC.0，L1
```

```
        INC     R3
L1:     RR      A
        DJNZ    R4, LOOP1
        CJNZ    R3, #01, MAIN
        MOV     A, P2
        CPL     A
        MOV     R3, #00H
        MOV     R4, #08H
LOOP2:  JB      ACC.0, L2
        RR      A
        INC     R3
        DJNZ    R4, LOOP2
L2:     MOV     A, R3
        MOV     DPTR, #TABLE
        MOVC    A, @A+DPTR
        MOV     P1, A
        LJMP    MAIN
DELAY:  MOV     R2, #10H
LOOP3:  MOV     R1, #250
LOOP4:  NOP
        NOP
        DJNZ    R1, LOOP4
        DJNZ    R2, LOOP3
        RET
 TABLE: DB 3FH, 06H, 5BH, 4FH, 66H, 6DH, 7DH, 07H, 7FH, 6FH
        END
```

3. 跟我做——软硬件联调

（1）在 Proteus 中按图 5–5 搭接好电路，本任务中所用元件见表 5–2。

（2）在伟福软件中编辑程序，进行编译，得到.HEX 格式文件。

（3）将所得的.HEX 格式文件在 Proteus 中加载到单片机芯片中。

（4）开始仿真，随意按下 8 个键盘中的任意一个，看数码管显示有怎样的变化。

（5）在 Proteus 中运行正常后，用实际硬件搭接电路，通过编程器将.HEX 格式文件下载到 AT89C51 中，通电观看实际效果。

表 5–2　元件列表

元件名称	型　号	数　量	Proteus 中的名称
单片机芯片	AT89C51	1 片	AT89C51
晶振	12 MHz	1 个	CRYSTAL
电容	22 pF	2 个	CAP
电解电容	22 μF	1 个	CAP–ELEC
按键		9 个	BUTTON
电阻	阻值见电路	10 个	RES

学习情境 5–2　4×4 矩阵键盘控制双数码管显示

一、任务目标

（1）矩阵式键盘硬件电路正确连接。

（2）矩阵式键盘电路的软件编程。

（3）巩固子程序的编写方法及调用方法。

（4）巩固单片机数码管动态显示的相关知识。

二、任务要求

用 S0～S15 共 16 个键盘（排列成 4 行和 4 列的形式）去控制 2 个数码管的显示，要求当有一个按键被按下时，就将该按键对应的键盘码在两个数码管上显示出来，规定 S0 的键盘码为 0，S1 的键盘码为 1，…，S15 的键盘码为 15。

三、知识链接

1. 矩阵键盘电路

在上一节的任务中介绍了独立式键盘，知道了独立式键盘每个按键都要占用 1 条 I/O 线，而单片机的管脚是很宝贵的资源（只有 32 条），如果所使用的键盘电路按键很多，此时再采用独立式键盘电路就显得不太合适，这个时候一般都采用矩阵式键盘。

图 5–7 是一个由 16 个按键构成的矩阵式键盘电路的结构图。这 16 个按键排列成 4 行×4 列的键盘矩阵，每一行或每一列用一根 I/O 线来控制和监控，这就构成矩阵式键盘电路。16 个按键只要 8 条 I/O 线就可以，而如果采用独立式键盘电路，要 16 条 I/O 线才可以。可见，采用矩阵式键盘可以大大节约 I/O 线资源，按键越多，效果越明显。

一般把矩阵式键盘的行线和列线接到单片机的 I/O 管脚上，图 5–8 中行线接到 P1.0～P1.3，列线接到 P3.0～P3.3 上。在实际应用中从 P1.0～P1.3 管脚输出数据到行线，然后将列线对应的数据输入到 P3.0～P3.3 上。也就是说在使用矩阵式键盘时，连接行线和列线的 I/O 管脚不能全部用来输出或全部用来输入，必须一个输出，另一个是输入，比如在这个电路中，就是行为输出，列为输入，为什么要这样呢？下面就慢慢给大家介绍。

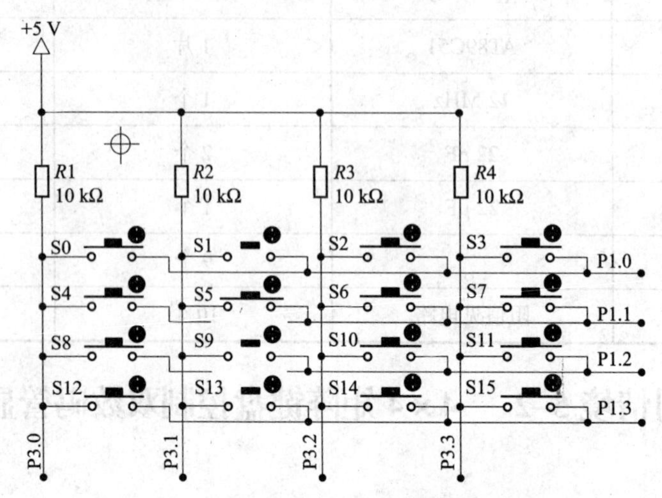

图 5–7　16 个按键构成的矩阵式键盘电路的结构

1）怎样判断矩阵式键盘是否有按键被按下（行列扫描法）

分析一下图 5–7 中的这个矩阵式键盘电路图，现在让单片机从 P1.0～P1.3 四条 I/O 脚上输出全 0，让这 4 条行线全部为低电平，此时观察按下和没按下键对列线电平高低有什么影响？

（1）如果此时没有任何一个按键被按下，这 4 根接地（为 0 V）的行线是不会将任何一根列线短路接地的，也就是说 4 条列线不会与 4 根为 0（接地）的行线发生任何的关系，此时 4 根列线都为高电平，输入到 P3.0～P3.3 四根管脚的数据就是为 1111 的 4 位二进制数。

（2）如果此时有一个按键被按下（假设是 S12 键），当 S12 键被按下后，由于此时 4 根行线输出的全是低电平（接地），其中的第 3 行行线 P1.3（注意是从第 0 行开始数）经过被按下连通的 S12 按键，直接与第 0 列列线 P3.0 相连，使得这根列线与地（低电平）短路，从而使得 P3.0 为 0，而其他 3 根列线不会受到影响，此时输入到 P3.0～P3.3 中的数据为 0111。

类似地，还可以分析出，如果是按下 S10 键，则行线 P1.2 输出的接地电平就要经过按下连通的 S10 键短路第 2 根列线 P3.2，使得输入到 P3.0～P3.3 中的数据为 1101，大家可以自己分析一下，如果是 S3 按键按下了，输入到 P3.0～P3.3 中的数据应该为多少？

通过上面的分析，可以发现矩阵式键盘有这样一个规律：当行线输出全 0 时，此时如果没有按键被按下，则列线输入的数据就全为 1；如果有一个按键被按下了，则这个按键对应的列线输入就会变成 0。单片机通过对连接到列线的 I/O 管脚上的输入数据的判断，就可以知道是否有按键被按下，判断的程序段如下。

```
L1:  MOV     P1, #00H      ; 行线输出 0
     MOV     P3, #0FFH
```

```
MOV     A, P3          ; 将列线所连 I/O 管脚的值输入到 A 中
CPL     A              ; 将 A 中的输入值取反
                       ; 如果 A 中的值全为 0，表示刚才的列线输入全为 1，
JZ      L1             ; 没有按键按下，跳到 L1；有按键按下，执行下面的程序
LCALL   DELAY          ; 延时程序，软件消抖
MOV     P3, #0FFH
MOV     A, P3
CPL     A
JZ      L1
...
```

在上面这段程序中，经过延时 10 ms 程序后又判断了一次是否有按键按下，这样做的目的是为了消除抖动，这个内容在前一节的任务中介绍过。

经过以上的介绍，大家应该明白行线和列线所接的 I/O 管脚必须一个为输出，另一个为输入。如果行和列都是输出或输入，单片机是不能够知道有没有按键被按下的。

2）怎样判断是哪一个按键被按下

现在，已经知道单片机是怎样判断有没有按键被按下的，那它又是怎样来判断按键所在的行和列的呢？可采用一种名为行列扫描法的方法，下面就来对其进行介绍。

假设现在被按下的按键是 S14，可以看出来 S14 所在的行是第 3 行，列是第 2 列，但是单片机是没有眼睛的，下面就来模拟一下单片机是怎样通过行列扫描法将 S14 按键的行号和列号找出来的。

当按下 S14 键后，通过上一个知识点的相关程序段，单片机就可以判断出有按键被按下了，然后它应该怎么做呢？

（1）单片机先将第 0 行输出低电平，其他行输出 1，即在 P1 上输出 11111110B 的数据，开始第 0 行的检测。很明显，由于被按下的键是 S14，第 1 行的 4 个按键都没有连通，所以输出的这个第 0 行的接地低电平不会影响到任何一根列线，而其他 3 根行线都为高电平 1，所以，4 根列线的高电平不会受到任何影响，此时，列线输入到 P3 的数据全为 1，单片机发现此时输入进来的列线数据为全 1，就知道按键不在第 0 行。

（2）第 0 行没找到，单片机又开始检测第 1 行，单片机让 P1.1 输出为 0，P1 口的其他管脚输出 1（P1 输出的数据为 11111101B），也就是让第 1 行输出为 0，其他行都为 1。同样的道理，由于第 1 行也没有按键按下，该行输出的低电平 0 不会对列线造成任何影响，此时，列线输入到 P3 的还是全 1，单片机一见到列线输入还是全 1，就知道此时第 1 行没有按键被按下。

（3）第 1 行还是没找到，单片机又开始检测第 2 行，方式与检测第 1 行相同，只不过输出数据变为 11111011B。

（4）第 2 行还是没找到，单片机又开始检测第 3 行，单片机让 P1.3 输出为 0，P1 口的其他管脚输出 1（Pl 输出的数据为 11110111B），也就是让第 3 行输出为 0，其他行都为 1，由于按下了 S14 键，该键正好处于第 3 行，所以此时第 3 行所输出的低电平 0（理解为接地）就要通过接通的 S14 按键，使得 S14 按键对应的第 2 根列线 P3.2 被低电平短路，由原来的高电平变为低电平，使得列线输入到 P3 口的数据就不是全 1，而是 P3＝11111011B，单片机只要发现接收进来的列线不是全为 1，它就知道被按下的按键就在现在检测的行。可以用一个存储器（比如说 R0），让它初值为 0，每检测一行，就把它的值加 1，这样当检测结束时，这个存储器中的内容就是行号了。

在本例中，当单片机检测到第 3 行时，就把行号确定下来了，此时把行线所接端口 Pl 输出的数据称为行扫描码，把此时列线输入到 P3 口的数据称为列扫描码，通过刚才的分析知道，对于 S14 按键被按下时的行扫描码为 Pl＝11110111B，列扫描码为 P3＝11111011B，单片机现在已经知道按键所在的行，还需要确定按键在哪一列，它是怎么做的呢？下面接着分析。

（5）确定按键在哪一列。单片机怎样确定按键在哪一列呢？大家仔细观察一下刚才说的 S14 按键对应的列扫描码 P3＝11111011B，列扫描码中包含了按键所在的列的信息，可以发现列扫描码中 0 所在的位置就是按键所在的列号，比如现在的列扫描码是 D2 位为 0，则按键所在列就是第 2 列，所以单片机是怎样判断出按键列所在的位置的？实际上就是去判断列扫描码中的那个 0 数据在哪一位，可以用上一个任务中介绍的方法来让单片机求出列号，就是将列扫描码取反后，看需要向右移动几次可以将数据 1 移动到最低位，这就是要求的列号，比如在这个例子中，S14 键按下时，列扫描码为 P3＝11111011B，取反后变为 00000100B，很显然要运用 2 次 RR 指令，也就是要向右移动 2 次，为 1 的那位数据才会移动到最低位去，所以 S14 按键的列号为 2，它在第 2 列上（注意列号是从 0 开始的），具体实现程序如下。

```
        MOV     R1，#00H          ；R1 装列号，从 0 开始
        MOV     R2，#04H          ；移动总次数控制，因为只有 4 列，所以设为 4
        MOV     A，P3             ；将列扫描码装入 A 中
        CPL     A                 ；将列扫描码取反
LOOP1： JB      ACC.0   L1        ；判断 A 的最低位是否为 1，为 1 说明找到列号，跳出循环
        RR      A
        INC     R1
        DJNZ    R2，LOOP1
L1    ：…
```

可见，当有一个按键被按下后，单片机是这样找到这个按键的：它一行一行地扫描，也就一行一行地输出 0 电平，然后检测列线输入是不是全为 1，如果全为 1，说明按键不在这一行，继续检测下一行，直到输出某行为 0 时；列的输入不是全为 1，而是某一位为 0，说明按键就在正在检测的行，确定出行号，然后再根据列扫描码，求出列号，这样就把按键对应的行列号确定下来了。

如果是按键 S7 被按下，大家自己试试用语言来描述一下单片机通过行列扫描来确定行号和列号的过程。

3）怎样产生键盘码

和独立式按键一样，矩阵式键盘的每一个按键都有自己的键盘码，它是怎样产生的呢？对于矩阵式键盘，它的键盘码通常都与它对应的行列号有固定的运算关系，只要知道行列号，就可以求出按键的键盘码。

以图 5–7 为例，设定 S0 的键盘码为 0，Sl 的键盘码为 1，…，S15 的键盘码为 15。则键盘码与按键行列号的关系为：键盘码＝行号×每行按键数＋列号。比如 S14 键，行号为 3，列号为 2，每行键盘数为 4，所以键盘码＝3×4＋2＝14；再例如 S10 键，行号为 2，列号为 2，则 S10 的键盘码＝2×4＋2＝10。

2. 矩阵式键盘电路的编程

矩阵式键盘电路的编程基本过程如下。

（1）判断是否有按键被按下（注意要经过延时程序延时 10 ms 并判断两次，以消除抖动的影响）。

（2）通过行列扫描法得到行列扫描码，并确定出行号和列号。

（3）通过行号和列号与键盘码的关系求被按下按键的键盘码。

（4）根据得到的不同的键盘码采用不同的处理程序（可利用“JMP　@A＋DPTR”指令和跳转表格的相关知识）。

3. 子程序的编写

在实际的单片机应用系统软件设计中，为了程序结构更加清晰、易于设计、易于修改以及增强程序可读性，基本上都要使用子程序结构。子程序是一个具有独立功能的程序段，编程时需遵循以下原则。

（1）子程序的第一条指令必须有标号，明确子程序入口地址，便于主程序调用。

（2）以返回指令“RET”结束子程序。

（3）具备较强的通用性，尽可能避免使用具体的内存单元和绝对转移地址等。

（4）注意保护现场和恢复现场。

四、任务实施

1. 跟我做——硬件电路分析

硬件电路如图 5–8 所示。

（1）矩阵式键盘电路：由 S0～S15 共 16 个按键构成，列线为输入，接到 P3 口（P3.0～P3.3），行线为输出，接到 Pl 口（P1.0～Pl.3）。注意在这个电路中没有把 4 条列线通过 4 个电阻接电源，以保证没有按键被按下时，列线输入全为 1，或者让列线什么也不接，处于悬空状态，实际上工作原理两者都一样，因为对于单片机的 I/O 口为输入管脚时，悬空脚相当于接高电平，等效于 4 根列线接到了电源 Vcc 上。

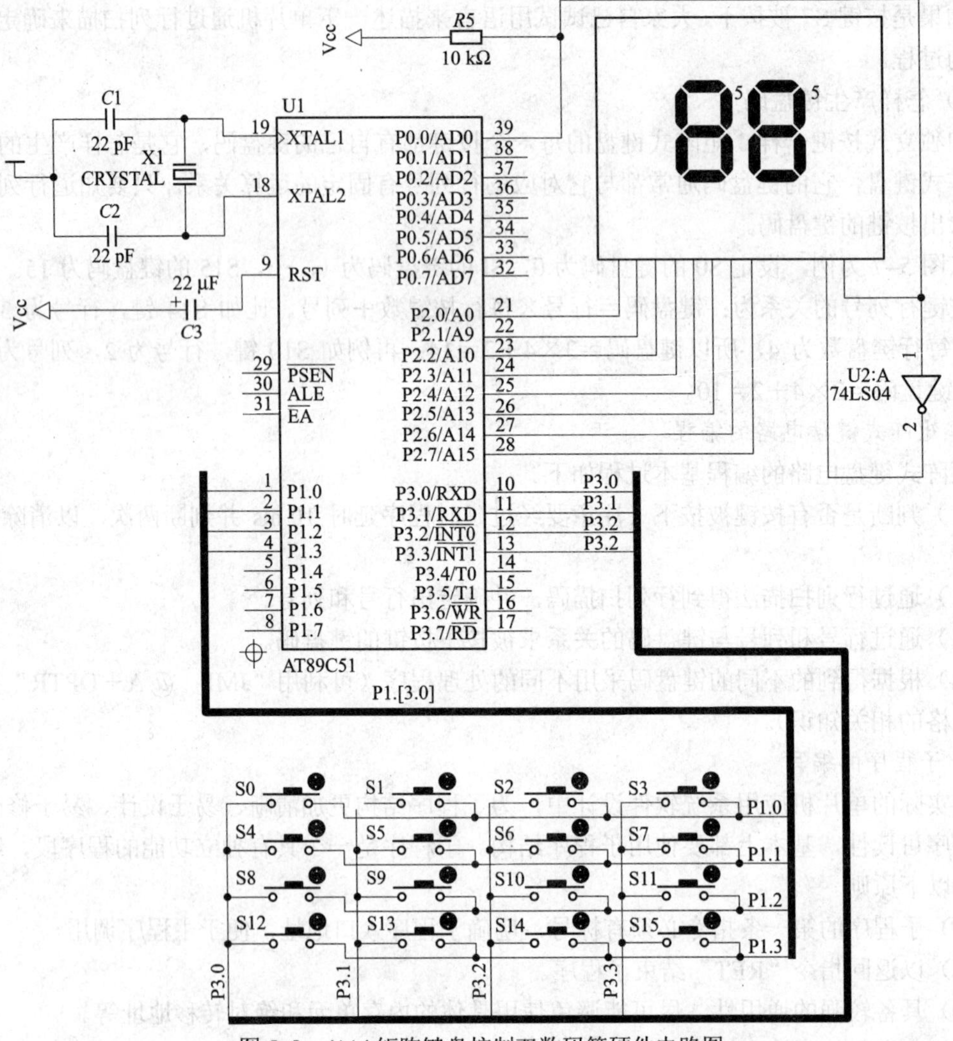

图 5-8　4×4 矩阵键盘控制双数码管硬件电路图

（2）数码管显示电路由两个 8 段数码管构成，两个数码管为共阴极数码管，公共端由 P1.0 输出的电平控制，公共端为低时，数码管显示，公共端为高，数码管不显示。字型码由单片机的 P2 口输出给数码管，本电路中两个数码管采用的是动态显示，电阻 R5 为上拉电阻。

（3）复位电路只有上电复位，由 C3 电解电容构成。

2. 跟我做——软件分析

通过编程，对 16 个按键构成的矩阵式键盘电路进行监控，如果发现有按键被按下，就通过行列扫描得到行列扫描码，通过行列扫描码得到行号和列号，然后通过行号和列号求得被按下按键的键盘码，然后将这个键盘码转化为两个 BCD 码，在两个数码管上显示出来，流程图如图 5-9 所示。

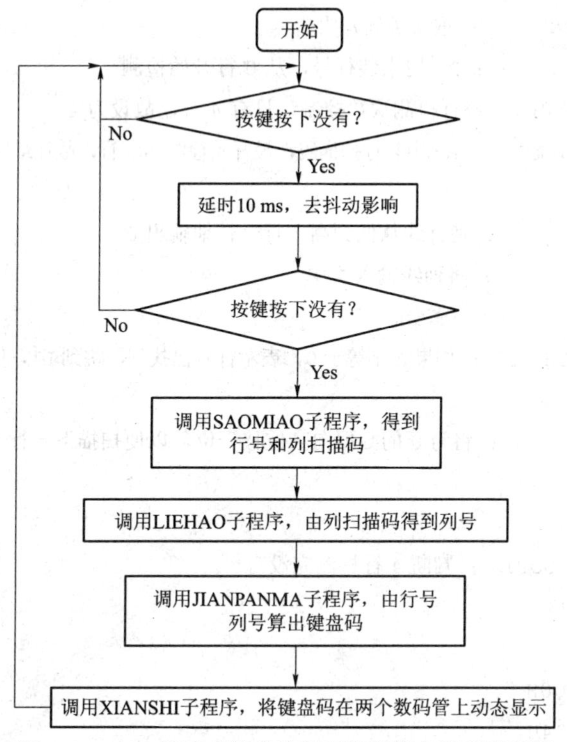

图 5-9　4×4 矩阵式键盘控制双数码管主程序流程图

程序代码如下。

```
        ORG     0000H
        MOV     P2，#00H     ；让数码管什么也不显示
MAIN:   MOV     P1，#00H     ；行线输出全 0
        MOV     A，P3        ；列线输入到 A 中
        CPL     A
        JZ      MAIN         ；判断 A 是否为 0
                             ；（是否按下键）
        LCALL   DELAY        ；延时消抖
        MOV     A，P3        ；再将列线送入 A
        CPL     A
        JZ      MAIN         ；再判断是否有按键被按下
        LCALL   SAOMIAO      ；调用行列扫描子程序
        LCALL   LIEHAO       ；调用求列号子程序
        LCALL   JIANPANMA    ；调用求键盘码子程序
        LCALL   XIANSHI      ；调用键盘码显示子程序
```

```
        LJMP      MAIN        ; 重新跳到开头
SAOMIAO: MOV    R0, #00H      ; R0用来装行号，从0行开始检测
         MOV    R4, #04H      ; 行检测次数控制，只有4行，故设为4
         MOV    R2, #0FEH     ; R2中装行扫描码，最开始检测第0行，故让最低位输出0
         MOV    A, R2
LOOP1:   MOV    P1, A         ; 使行线从低到高一行一行地输出0
         MOV    A, P3         ; 将列线输入A中
         CPL    A
         CJNE   A, #00H, L1   ; 如果A不等于0，表示行号已找到，跳到L1，停止检查
         MOV    A, R2
         RL     A             ; 将为0的数据向高位移一位，以便扫描下一行
         MOV    R2, A
         INC    R0
         DJNZ   R4, LOOP1     ; 判断4行检测完没有
L1:      MOV    R3, P3
         RET
LIEHAO:  MOV    R1, #00H
         MOV    R4, #04H
         MOV    A, R3
         CPL    A
LOOP2:   JB     ACC.0, L2
         RR     A
         INC    R1
         DJNZ   R4, LOOP2
L2:      RET
JIANPANMA:  MOV    A, R0
            MOV    B, #04
            MUL    AB
            ADD    A, R1
            MOV    R5, A
            RET
DELAY:      MOV    R2, #10
LOOP3:      MOV    R1, #250
LOOP4:      NOP
            NOP
```

```
        DJNZ     R1, LOOP4
        DJNZ     R2, LOOP3
        RET
XIANSHI: MOV    A, R5
        MOV     B, #10
        DIV     AB
        MOV     DPTR, #TABLE
        MOVC    A, @A+DPTR          ; 取十位数对应的字型码
        SETB    P0.0                ; 将显示十位数的数码管打开
        MOV     P2, A               ; 输出字型码
        LCALL   DELAY               ; 延时 10 ms
        LCALL   DELAY               ; 再延时 10 ms
        MOV     P2, #00H
        MOV     A, B
        MOVC    A, @A+DPTR          ; 取个位数对应的字型码
        CLR     P0.0                ; 打开个位显示数码管
        MOV     P2, A
        LCALL   DELAY               ; 延时 10 ms
        LCALL   DELAY               ; 再延时 10 ms
        MOV     P2, #00H
        RET
TABLE:  DB 3FH, 06H, 5BH, 4FH, 66H, 6DH, 7DH, 07H, 7FH, 6FH ; 数码管的字型码数据表
        END
```

在上述程序中，用到以下几个工作寄存器。

R0：用来装行号；　　R1：用来装列号；

R2：最终的行扫描码装在里面；　　R3：用来装列扫描码；

R4：用来控制循环次数；　　R5：用来装键盘码。

3. 跟我做——软硬件联调

（1）在 Porteus 中按照图 5–8 搭接好电路，本任务所用元件见表 5–3。

（2）在伟福软件中编辑程序，进行编译，得到.HEX 格式文件。

（3）将所得的.HEX 格式文件在 Proteus 中加载到单片机芯片中。

（4）开始仿真，随意按下 8 个键盘中的任意一个，看数码管显示有怎样的变化。

（5）在 Proteus 中的运行正常后，用实际硬件搭接电路，通过编程器将.HEX 格式文件下载到 AT89C51 中。

（6）通电后，随意按下 8 个键盘中的任意一个，看数码管显示有怎样的变化。

表 5–3 元件列表

元件列表	型 号	数 量	Proteus 中的名称
单片机芯片	AT89C51	1片	AT89C51
非门芯片	74LS04	1片	74LS04
晶振	12 MHz	1	CRYSTAL
电容	22 pF	2	CAP
电解电容	22 μF/16 V	1	CAP–ELEC
按键		16个	BUTTON
电阻	10 kΩ	1个	RES
两个数码管构成的数码管组	共阴极数码管	1个	7SEG–MPX2–CC–BLUE

学习情境 5–3 液晶显示数字广告

一、任务目标

通过学习制作液晶显示数字广告，熟悉 LCD 显示器与单片机的接口原理，掌握单片机控制 LCD 显示器的数字输出。

二、知识链接

1. 认识字符液晶显示 1602 模块

液晶显示器是一种广泛使用的输出设备。首先液晶显示器电压功耗比较小，设备体积小，没有电磁辐射，寿命比较长；其次液晶本身不发光，而是靠调制外界光进行显示，是一种被动显示，适合人的视觉习惯，不会使人眼睛疲劳；再者液晶像素小，在相同面积上可容纳更多信息，因此它成为便携式和手持仪器仪表首选的显示屏幕。

液晶显示器可分为笔段型、字符型和点阵图形型 3 类。笔段型液晶显示模块由长条状显示像素组成一位显示，主要用于数字、西文字母或某些字符显示，显示效果与数码管类似。字符型液晶显示模块专门用来显示字母、数字、符号等的点阵型液晶显示模块，在本节任务中使用的就是这种液晶模块。点阵图形型液晶显示模块在一块平板上排列多行和多列，形成矩阵形式的晶格点。

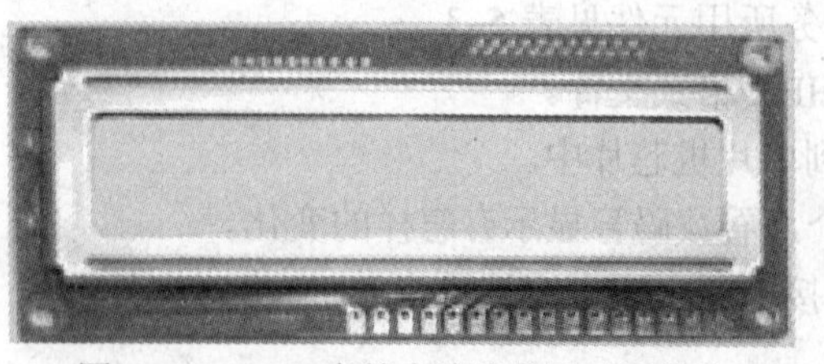

图 5–10 1602 字符点阵液晶显示器模块

液晶显示器按控制器的安装方式可分为含有控制器和不含控制器两类。把包含控制器的字符点阵液晶显示器模块简称称为 LCM（以下不对 LCD 和 LCM 区分）。

本节任务所用的 1602 LCD 如图 5–10 所示。该模块共有 16 个引脚，各引脚功能见表 5–4。

表 5–4　1602 液晶显示器引脚功能定义

引脚号	引脚名称	引脚功能含义
1	Vss	地引脚（GND）
2	Vdd	＋5 V 电源引脚（Vcc）
3	Vo	液晶显示对比度驱动电源，可用电位器调节电压（0～5 V）
4	RS	数据和指令选择控制端，RS＝0：命令/状态控制；RS＝1：数据控制
5	$R/\overline{w}$	读写控制线，$R/\overline{w}$＝0：写操作；$R/\overline{w}$＝1：读操作
6	E	数据读写操作控制使能位，E 线向 LCD 模块发送一个脉冲，LCD 模块与单片机之间将进行一次数据交换
7～14	DB0～DB7	数据线，可以用 8 位连接，也可以只用高 4 位连接，节约单片机资源
15	BLA	背光控制正电源，用于带背光的模块，不带背光模块引脚 15 和引脚 16 的两管脚悬空
16	BLK	背光控制地

2. 单片机对 LCD 模块的 4 种基本操作

LCD 模块 3 个控制引脚 RS 、$R/\overline{w}$ 和 E 的不同状态组合确定了 LCD 模块的 4 种基本操作，具体见表 5–5。从表 5–5 中可以看出，在进行写命令、写数据和读数据 3 种操作之前，必须先进行查询忙标志读操作，判断忙标志是否为 0。

表 5–5　LCD 模块 3 个控制引脚状态对应的基本操作

LCD 控制模块			LCD 基本操作
RS	$R/\overline{w}$	E	
0	0	下降沿	写命令操作：用于初始化、清屏、光标定位等
0	1	高电平	读状态操作：读忙标志，当忙标志为“1”时，表明 LCD 正在进行内部操作，此时不能进行其他 3 类操作；当忙标志为“0”，表明 LCD 内部操作已经结束，可以进行其他类操作，一般采用查询方式
1	0	下降沿	写数据操作：写入要显示的内容
1	1	高电平	读数据操作：将显示存储区中的数据反读出来，一般比较少用

3. 字符型 LCD 命令的使用

用单片机来控制 LCD 模块，方式十分简单，LCD 模块内部可以看成两组寄存器，一组为指令寄存器 IR，一组为数据寄存器 DR，由 RS 引脚来控制。所有对指令寄存器或数据寄存器的控制均需通过检查 LCD 内部的忙碌标志 BF 来确定，此标志用来告知 LCD 内部正在工作，不允许接收任何控制命令。字符型 LCD 的命令字见表 5–6。

表 5–6　字符型 LCD 命令字表

编号	指令名称	控制信号		控制代码							
		RS	$R/\overline{W}$	DB7	DB6	DB5	DB4	DB3	DB2	DB1	DB0
1	清屏	0	0	0	0	0	0	0	0	0	1
2	光标归位	0	0	0	0	0	0	0	0	1	×
3	输入方式控制	0	0	0	0	0	0	0	1	I/D	S
4	显示开关控制	0	0	0	0	0	0	1	D	C	B
5	光标、字符位移	0	0	0	0	0	1	S/C	R/L	×	×
6	功能设置	0	0	0	0	1	DL	N	F	0	0
7	CGRAM 地址设置	0	0	0	1	A5	A4	A3	A2	A1	A0
8	DDRAM 地址设置	0	0	1	A6	A5	A4	A3	A2	A1	A0
9	读 BF 和 AC 值	0	1	BF	AC6	AC5	AC4	AC3	AC2	AC1	AC0
10	写 CGRAM\DDRAM	1	0								
11	读 CGRAM\DDRAM	1	1								

指令 1：指令代码为 01H，将 DDRAM 数据全部填入“空白”的 ASCII 代码 20H，执行此指令将清除显示器的内容，同时光标移到左上角。

指令 2：指令代码为 02H，地址计数器 AC 被清 0，显示数据存储器 DDRAM 不变，光标移到左上角。

指令 3：输入方式设置指令，该指令用于光标，字符移动方式设置，具体情况见表 5–7。

指令 4：指令代码为 08H～0FH，该指令是控制字符、光标及闪烁的开关。状态位 D=1 开显示，D=0 关显示。注意，关显示仅是字符不出现字符，而 DDRAM 内容不变，这与清屏不同。C=1 光标显示，C=0 光标消失。B=1，光标闪烁，B=0，光标不闪烁。

指令 5：S/C=1 字符动，S/C=0 光标动。R/L=1 右移动，R/L=0 左移动。

表 5–7　光标和字符移动方式的设置

状态位		指令代码	功　能
I/D	S		
0	0	04H	光标左移 1 格，AC 值减 1，字符全部不动
0	1	05H	光标不动，AC 值减 1，字符全部右移 1 格
1	0	06H	光标右移 1 格，AC 值加 1，字符全部不动
1	1	07H	光标不动，AC 值加 1，字符全部左移 1 格

指令 6：功能设置指令。DL=1 表示控制器与计算机接口数据宽度为 8 位，即 D7～D0；D1=0 设置数据总线长度为 4 位，即 D8～D5 有效，在该方式下代码和数据按照先高 4 位后低 4 位顺序分两次传输。N=1 为两行字符，N=0 为一行字符。F=1 为 5×10 点阵字符，F=0 为

5×7 点阵字符。

指令 7：该指令将 6 位的 CGRAM 地址写入地址指针计数器 AC 内，随后，单片机对数据操作是对 CGRAM 的读写。

指令 8：该指令是将 7 位的 DDRAM 地址写入地址指针计数器 AC 内，随后，单片机对数据的操作是对 DDRAM 的读写。

指令 9：BF＝1 时表示 LCD 正在操作过程中，只有 BF＝0 时，LCD 才可以接受指令和数据。AC6～AC0 表示 CGRAM 和 DDRAM 的地址，至于是指向哪一地址则由最后写入的地址设定而定。

指令 10：将数据写入 CGRAM 或 DDRAM。

指令 11：读出 CGRAM 或 DDRAM 数据。

三、任务要求

LCD 显示器能显示数码管不能显示的其他字符、文字或图形，成为十分重要的显示设备。本节任务采用字符型 LCD 模块进行显示，并实现包括单字符显示，多字符在内的多种显示方式。

四、任务实施

1. 跟我做——电路连接

单片机与控制液晶显示器硬件接口电路连接实现，单片机控制 LCD 1602 字符液晶显示器实用接口电路如图 5-11 所示。在图 5-11 中，单片机的 Pl 口与液晶模块的 8 条数据线相连，P3

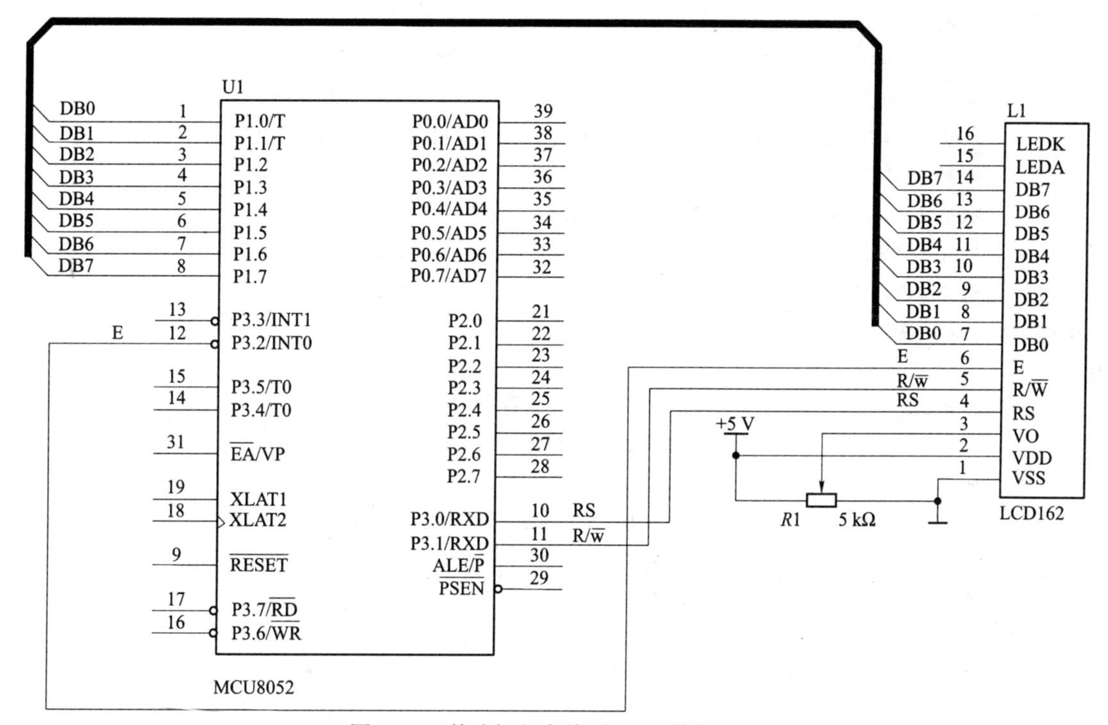

图 5-11　单片机与字符型 LCD 模块接口

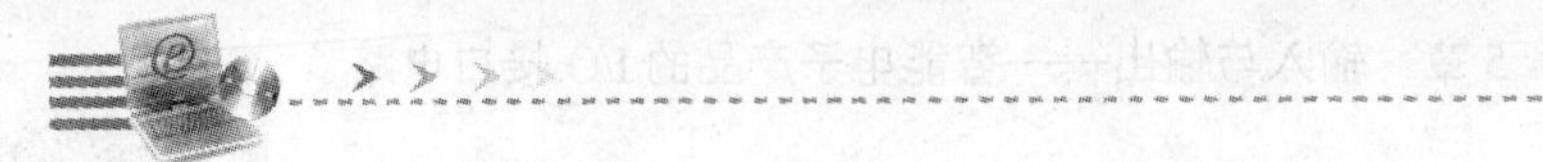

口的 P3.0、P3.1、P3.2 分别与液晶模块的 3 个控制端 RS、R/$\overline{w}$、E 连接，电位器 Rl 为 V_O 提供驱动电压，用以实现显示对比度的调节。如果需要背光控制，可以采用单片机的 I/O 口控制 A、K 端来实现，控制方法与控制发光二极管的方法完全相同。

2. 跟我做——实现 LCD 上显示字符 A

将硬件仿真器连接到 PC，对程序编辑、编译、链接，调试并运行，代码如下。

```
          RS          EQU P3.0
          RW          EQU P3.1
          E      EQU P3.2
          D0_D7  EQU P1
          ORG         0000H
          AJMP   MAIN
          ORG         0100H
MAIN:     MOV SP,  #60H
          MOV A ,  #00111000B        ; 功能设置指令，8 位接口，显示 2 行，5×7 字符
          LCALL WriteIR             ; 调用写指令寄存器程序
          MOV A, #00001111B          ; 显示器开，光标开，光标闪烁
          LCALL WriteIR
          MOV A, #00000110B         ; 字符不动，光标自动右移一格
          LCALL WriteIR
          MOV A, #10000000B          ; DDRAM 地址设置指令，写入第 1 行第 1 列
          ACALL WriteIR
          MOV A, #00000001B          ; 清屏指令，将 DDRAM 数据全部填入“空白”
          ACALL WriteIR
          MOV A, #01000001B          ; 将字母“A”送入 A
          ACALL WriteDDR
          SJMP $
CheckBusy:Push ACC
LOOP:     MOV P1, #0FFH
          CLR RS                     ; 选择指令寄存器
          SETB RW                    ; 选择读模式
          MOV A, D0_D7               ; 使能 LCD
          SETB E                     ; D0~D7 由 P0 口送 A，以便查第 7 位 BF 是否为 0
          NOP                        ; 禁止 LCD
          NOP
          CLR E
          JB ACC.7, LOOP             ; 判断 BF 是否为 1，若是则 LCD 忙
           ACALL DELAY
```

```
            POP ACC                  ; 调用延时子程序
            RET
WriteIR:    PUSH ACC
            ACALL CheckBusy          ; 调用检查忙子程序
            CLR RS                   ; 禁止 LCD
            CLR RW                   ; 选择指令寄存器
            MOV D0_D7, A             ; 选择写模式
            SETB E                   ; 使能 LCD
            NOP                      ; 将控制指令写入 LCD
            NOP                      ; 使能 LCD
            CLR E                    ; 禁止 LCD
            POP ACC
            RET
WriteDDR:   PUSH ACC
            ACALL CheckBusy          ; 调用检查忙子程序
            SETB RS                  ; 禁止 LCD
            CLR RW                   ; 选择数据寄存器
            MOV D0_D7, A             ; 选择写模式
            SETB E                   ; 使能 LCD
            NOP                      ; 将数据写入 LCD
            NOP                      ; 使能 LCD
            CLR E                    ; 禁止 LCD
            POP ACC
            RET
DELAY:      MOV R5, #5               ; 2.5 ms 延时子程序
D2:         MOV R4, #248
D1:         DJNZ R4, D1
            DJNZ R5, D2
            RET
            END
```

3. 跟我做——在 LCD 上显示字符串

第一行 “80C51”

第二行 “Microcomputer”

程序代码如下。

```
RS    EQU P3.0
RW    EQU P3.1
E     EQU P3.2
```

```
         D0_D7     EQU P1
         ORG   0000H
         AJMP MAIN
         ORG   0100H
MAIN:    MOV SP, #60H
         MOV A, #00111000B          ；功能设置指令，8 位接口，2 行，5×7 字符
         LCALL WriteIR              ；调用写指令寄存器程序
         MOV A, #00001110B          ；显示器开，光标开，光标不闪烁
         LCALL WriteIR
         MOV A, #00000110B          ；字符不动，光标自动右移一格
         LCALL WriteIR
         MOV A, #00000001B          ；清屏指令，将 DDRAM 数据全部填入“空白”
         ACALL WriteIR
         MOV A, # 10000000B         ；DDRAM 地址设置指令，写入第 1 行第 1 列
         ACALL WriteIR
         MOV DPTR, #TAB1            ；指向 TAB1 表首
           ACALL STRING             ；调用字符串处理子程序
           MOV A, #11000000B
           ACALL WriteIR            ；写入第 2 行第 1 列
           MOV DPTR, #TAB2          ；指向 TAB2 表首
           ACALL STRING             ；调用字符串处理子程序
           SJMP $
CheckBusy: Push ACC
LOOP       CLR RS                   ；选择指令寄存器
           SETB RW                  ；选择读模式
           MOV D0_D7, #0FFH         ；P1 口写入 1，准备写入液晶模块
           MOV A, D0_D7             ；使能 LCD
           SETB E                   ；D0~D7 由 P0 口送 A，以便检查第 7 位 BF 是
                                      否为 0
           NOP                      ；禁止 LCD
           NOP                      ；判断 BF 是否是 1，若是则 LCD 忙
           CLR E
           JB ACC.7, LOOP
           ACALL DELAY              ；调用延时子程序
```

```
            POP ACC
            RET
WriteIR:    PUSH ACC
            ACALL CheckBusy             ；调检查忙子程序
            CLR RS                      ；禁止 LCD
            CLR RW                      ；选择指令寄存器
            MOV D0_D7，A                ；选择写模式
            SETB E                      ；使能 LCD
            NOP                         ；将控制指令写入 LCD
            NOP                         ；使能 LCD
            CLR E                       ；禁止 LCD
            POP ACC
            RET
WriteDDR:   PUSH ACC
            ACALL CheckBusy             ；调用检查忙子程序
            SETB RS                     ；禁止 LCD
            CLR RW                      ；选择数据寄存器
            MOV D0_D7，A                ；选择写模式
            SETB E                      ；使能 LCD
            NOP                         ；将数据写入 LCD
            NOP                         ；使能 LCD
            CLR E                       ；禁止 LCD
            POP ACC
            RET
STRING:     PUSH ACC
LOOP1:      MOV A，#00H
            MOVC A，@A+DPTR
            JZ PROC
            ACALL WriteDDR
            INC DPTR
            AJMP LOOP1
PROC:       POP ACC
            RET
DELAY:      MOV R5，#5                  ；2.5ms 延时子程序
```

```
D2:         MOV R4，#248
D1:         DJNZ R4，D1
            DJNZ R5，D2
            RET
TAB1:       DB "80C51"，00H
TAB2:       DB "Microcomputer"，00H
```

4. 跟我做——观察运行结果

将编程完成的89C51芯片插入到硬件电路板的CPU插座中，接通电源，观察LCD显示的内容。

五、课外任务

思考如何实现汉字的输出。

本章复习思考题

1. 什么是键盘，按接口原理可分为哪几类键盘，其区别是什么，按键开关如何去抖动？
2. 简述独立键盘电路的编程方法，试举例说明。
3. 键盘码是怎样产生的？
4. 简述矩阵式键盘电路的编程方法，试举例说明。
5. 说明液晶显示1602模块各引脚的功能及其3个控制引脚状态所对应的基本操作。

第6章　串口通信——智能电子产品的通信系统

学习情境导航

知识目标

1. SBUF和SCON功能
2. 串行口4种工作方式
3. 波特率设置
4. 双机及多机通信接口电路
5. 双机及多机通信程序设计

能力目标

1. 掌握串行口串并转换接口电路及程序设计方法
2. 根据实际通信系统设计波特率
3. 掌握双机通信系统的接口电路及程序设计
4. 掌握多机通信系统的接口电路及程序

重点、难点

1. SBUF、SCON的功能及使用
2. 波特率的设置
3. 双机及多机通信的接口电路和程序设计

推荐教学方式

理论与实践的一体教学，注意与中断系统及定时器的知识结合理解。

推荐学习方式

学习难度稍大，注意复习中断及定时器T1的知识。

学习情境6–1　双机通信

一、任务目标

通过实现两个单片机之间的远程控制，由一个单片机控制另一个单片机的运行状态，进一

步熟悉串行接口技术，掌握单片机串口通信资源的使用和编程方法。

二、知识链接

（一）串行通信基础

1. 概述

两台计算机之间通过通信介质（包括电话线、微波中继站、卫星链路和物理电缆等）进行的数据传输称为通信（Communication）。MCS–51 单片机与外部设备之间的信息交换方式有两种：并行通信和串行通信，如图 6–1 所示。

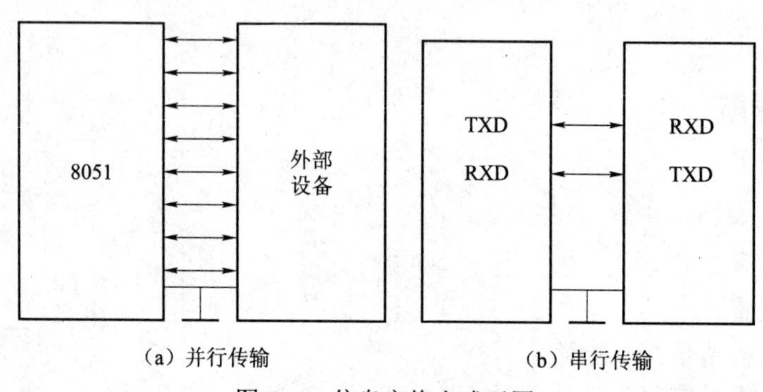

图 6–1　信息交换方式示图

并行通信：数据各位同时传输的方式，它具有信息传输线的根数和传输的数据位数相等，通信速度快，适合近距离通信的特点。但并行数据传输时有多少数据位就需要有多少根数据线，因此，传送成本高；并行数据传输的距离通常不能大于 30 m，这也限制了并行通信的使用范围，在计算机内部的数据传送都是并行的。

串行通信：数据采用按位顺序传输的方式，它具有仅需一对传输线即可实现通信、成本低、适合于远距离通信的特点。但速度慢，常用的 Internet 网中的数据传输即采用这种方式。

2. 异步通信和同步通信

串行通信又分为异步传输（Asynchronous Transmission）和同步传输（Synchronous Transmission）两种方式，一般称为异步串行通信和同步串行通信。

1）异步通信

用一个起始位表示字符的开始，用停止位表示字符的结束，其每帧的格式如图 6–2 所示。

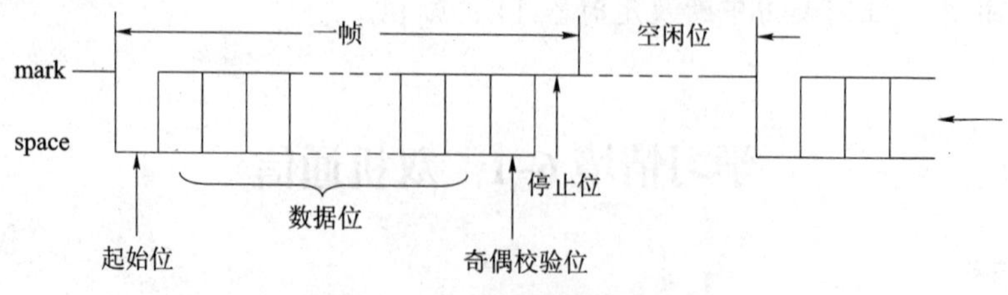

图 6–2　异步通信的数据格式

在一帧格式中，规定低位在前，高位在后，接下来是奇偶校验位（可以省略），最后是停止位。用这种格式表示字符，则字符可以一个接一个地传送。

异步串行通信的帧格式说明如下。

（1）在串行通信中，信息的两种状态分别以 mark 和 space 标志。其中 mark 译为标号，对应逻辑状态 1，在发送器空闲时，数据线应保持在 mark 状态；space 译为空格，对应逻辑状态 0。

（2）起始位。发送器通过发送起始位而开始一个字符的传输。起始位使数据线处于 space 状态。

（3）数据位。起始位之后传送数据位。在数据位中，低位在前（左），高位在后（右）。由于字符编码方式的不同，数据位可以是 5、6、7 或 8 位等多种形式。

（4）奇偶校验位。用于对字符传送做正确性检查，因此，奇偶校验位是可选择的，共有 3 种可能，即奇校验、偶校验和无校验，由用户根据需要选定。所谓偶校验，即数据位和奇偶校验位中逻辑 1 的个数加起来必须是偶数（全 0 也视为偶数个 1）。进行偶校验时，通过把校验位设置为 1 或 0 来达到偶校验的要求。所谓奇校验，即数据位和奇偶校验位中逻辑 1 的个数加起来必须是奇数。进行奇校验时，通过把校验位设置为 1 或 0 来达到奇校验的要求。

（5）停止位。停止位在最后，用于标志一个字符传输的结束，对应于 mark 状态。停止位可能是 1、1.5 或 2 位，在实际应用中根据需要来确定。

（6）位时间。一个格式位的时间宽度。

（7）帧（Frame）。从起始位开始到停止位结束的全部内容称为一帧。帧是一个字符的完整通信格式，因此，也把串行通信的字符格式称为帧格式。异步串行通信是一帧接一帧进行的，传输可以是连续的，也可以是断续（间歇）的。连续的异步串行通信，是在一个字符格式的停止位之后立即发送一个字符的起始位，开始一个新的字符传输，即帧与帧之间是连续的。而断续的异步串行通信，则是在一帧结束之后并不接着传输下一个字符，不传输时维持数据线的 mark 状态，使数据线处于空闲，其后，新的字符传输可以在任何时刻开始，并不要求整数倍的位时间。

2）同步通信

在异步通信中，每个字符要用起始位和停止位作为字符开始和结束的标志，占用了时间，所以在数据块传递时，为了提高速度，常去掉这些标志，采用同步传送。由于数据块传递开始要用同步字符来指示，同时要求由时钟来实现发送端与接收端之间的同步，故硬件较复杂。

同步串行通信的数据传送格式如图 6–3 所示。

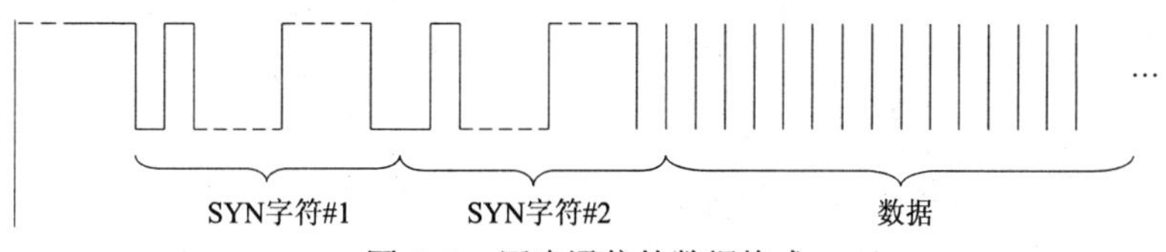

图 6–3　同步通信的数据格式

与异步串行通信比较，同步串行通信的数据传输效率高，但其通信双方对同步的要求也高，因此，同步串行通信的帧格式说明如下。

（1）只在数据块传输的开始使用同步字符串，作为发送和接收双方同步的标志，而在结束时不需要同步标志。

（2）数据字符之间不允许有间隔，当线路空闲或没有数据可发时，可发送同步字符串。

（3）数据块内各字符的格式必须相同。

显然，同步串行通信比异步串行通信的传送速度快，但同步串行通信要求收发双方在整个数据传输过程中始终保持同步，这将对硬件提出更高的要求，实现起来难度大一些；而异步串行通信只要求在每帧的短时间内保持同步即可，实现起来容易得多。所以同步串行通信适用于数据量大、对速度要求比较高的串行通信场合。

3. 串行通信的线路形式

80C51 的串行数据传输有 3 种线路形式：单工形式、全双工形式、半双工形式。

（1）单工（Simplex）形式。

单工形式的数据传输是单向的。通信双方中一方固定为发送端，另一方则固定为接收端。单工形式的串行通信只需要一条数据线，如图 6–4 所示。例如，计算机与打印机之间的串行通信就是单工形式，因为只能有计算机向打印机传输数据，而不可能有相反方向的数据传输。

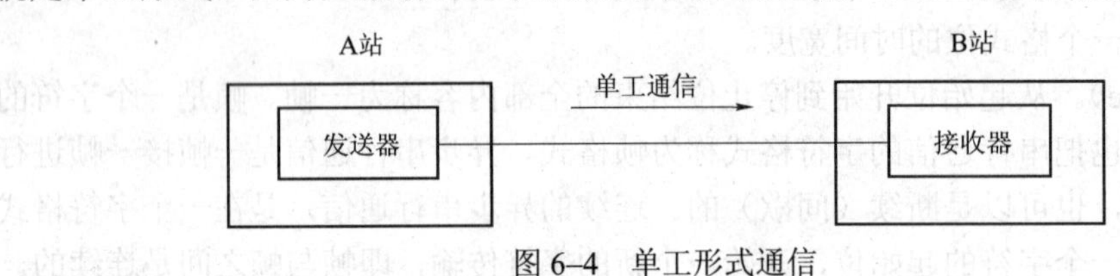

图 6–4　单工形式通信

（2）全双工（Full–duplex）形式。

全双工形式的数据传输是双向的，可以同时发送和接收数据，因此，全双工形式的串行通信需要两条数据线，如图 6–5 所示。

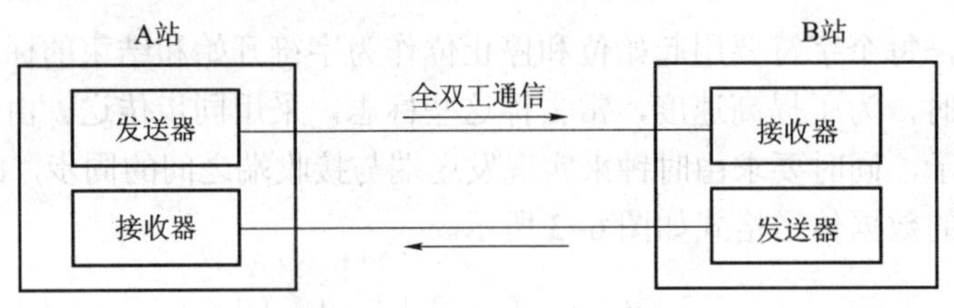

图 6–5　全双工形式通信

（3）半双工（Half–duplex）形式。

半双工（Half–duplex）形式的数据传输也是双向的。但任何时刻只能由其中的一方发送数据，另一方接收数据。因此半双工形式既可以使用一条数据线，也可以使用两条数据线，如图 6–6 所示。

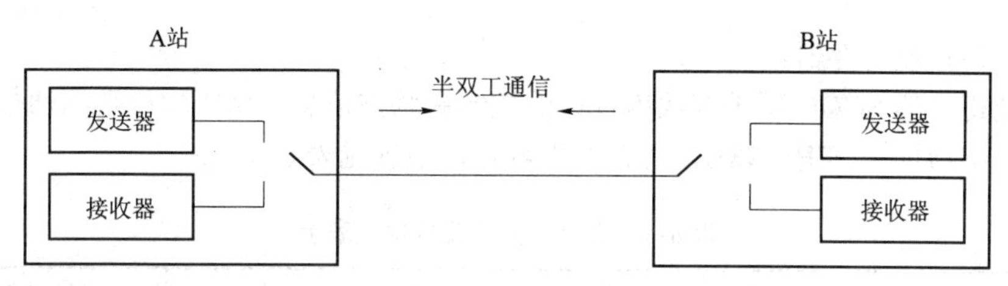

图 6–6　半双工形式通信

（二）80C51 串行口介绍

80C51 有一个全双工串行通信口，既可作为串行异步通信 UART（Universal Asynchronous Receiver/Transmitter）接口，也可工作在同步移位寄存器方式下，作为 UART 时，具有多机通信能力。

1. 80C51 串行口的基本组成

串行口由发送控制、接收控制、波特率输入管理和发送/接收缓冲器 SBUF 组成，如图 6–7

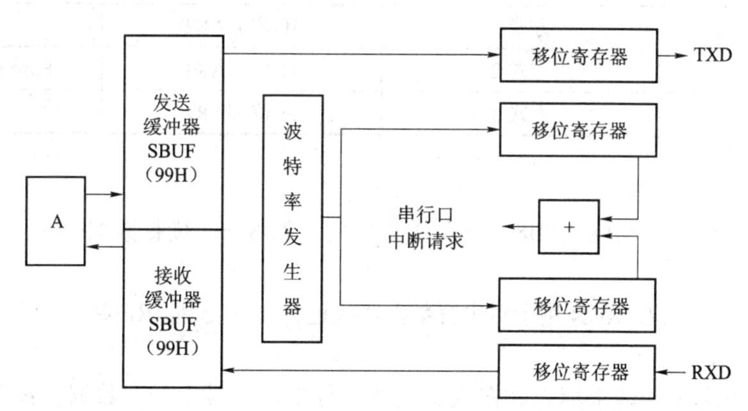

图 6–7　80C51 串行口的基本组成

所示。数据接收缓冲器 SBUF 只能读出不能写入，数据发送缓冲器 SBUF 只能写入不能读出，这两个缓冲器都用符号 SBUF 表示，地址都是 99H。CPU 对特殊功能寄存器 SBUF 执行写操作，就是将数据写入发送缓冲器，对 SBUF 读操作，就是读出接收缓冲器的内容。

串行口的通信操作体现为累加器 A 与发送/接收缓冲器 SBUF 间的数据传送操作。对串行口完成初始化操作后，要发送数据时，待发送的数据由 A 送入 SBUF，在发送控制器控制下组成帧的结构，并自动以串行方式从 TXD 端发送出去，在发送结束后置位 TI，如果要继续发送，在指令中将 TI 清 0。接收数据时，置位接收允许位才开始串行接收操作，在接收控制器控制下，通过移位寄存器将接收到的串行数据送入 SBUF，接收结束后置位 RI。

2. 串行口控制机制

80C51 串行口通过控制寄存器、中断功能和波特率设置实现串行通信控制，此处先介绍前两项内容。

（1）串行口控制寄存器。

特殊功能寄存器 SCON 用于存放串行口的控制和状态信息，用于串行数据通信控制。单元地址为 98H，位地址为 9FH～98H，寄存器内容及位地址见表 6–1。

表 6–1　寄存器内容及位地址表示

D7	D6	D5	D4	D3	D2	D1	D0
SM0	SM1	SM2	REN	TB8	RB8	TI	RI

SM0、SM1：串行口工作方式选择位，其定义见表 6–2。

表 6–2　SM0、SM1 串行口工作方式选择

SM0、SM1	工作方式	功能描述	波特率
0　0	方式 0	8 位移位寄存器	Fosc/12
0　1	方式 1	10 位 UART	可变
1　0	方式 2	11 位 UART	Fosc/64 或 Fosc/32
1　1	方式 3	11 位 UART	可变

其中 Fosc 为晶振频率。

SM2——多机通信控制位，TB8——发送数据位，RB8——接收数据位 8。这 3 位用于多机通信。

REN——允许接收位。REN 用于对串行数据接收进行允许控制。RFN=0，禁止接收； REN=1，允许接收。

TI——串行发送中断请求标志。在数据发送过程中，当最后一个数据位被发送完成后，TI 由硬件置位，在进行软件查询时，TI 可作为状态位使用。

RI——串行接收中断请求标志。在数据接收过程中，当采样到最后一个数据位有效时， RI 由硬件置位。软件查询时，RI 可作为状态位使用。

（2）串行口控制寄存器 PCON

PCON 是为了在 CHMOS 的 80C51 单片机上实现电源控制而附加的。串行口借用电源控制寄存器 PCON 的 D7 位作为串行波特率系数 SMOD 控制位，PCON 不可位寻址，字节地址为 87H。当 SMOD 位置 1 时，波特率加倍，PCON 的其他位为通用标志位和掉电方式控制位（CHMOS 型单片机有效）。PCON 的格式如图 6–8 所示。

	D7	D6						D0
PCON	SMOD							

图 6–8　PCON 的格式

（3）串行中断。

80C51 有两个串行中断，即串行发送中断和串行接收中断。但这两个串行中断共享一个中断向量 0023H。每当串行口发送或接收一个数据字节时，都产生中断请求。串行中断请求在芯片内部发生，因此不需要引脚。两个中断共享一个中断向量，就需要在中断服务程序中对中断源进行判断，以便进行不同的中断处理。

对于串行中断控制共涉及 3 个寄存器，其中一个就是串行口控制寄存器 SCON，用于存放串行中断请求标志。另外两个是中断允许控制寄存器 IE 和中断优先级控制寄存器 IP，为使用方便，此处再简单介绍一下。

中断允许控制寄存器 IE 中与串行中断允许控制有关的有 2 位，即 EA 和 ES。它们的位地址表示见表 6–3。

表 6–3　EA 和 ES 的位地址表示

位地址	AFH	AEH	ADH	ACH	ABH	AAH	A9H	A8H
位符号	EA	—	—	ES	ET1	EX1	ET0	EX0

EA——中断允许总控制位。

ES——串行中断允许控制位。ES＝0，禁止串行中断；ES＝1，允许串行中断。

中断优先级控制寄存器 IP 中与串行中断优先级设置有关的只有 1 位 PS，它表示串行中断优先级设定位，见表 6–4。

表 6–4　PS 的位地址表示

位地址	BFH	BEH	BDH	BCH	BBH	BAH	B9H	B8H
位符号	—	—	—	PS	PT1	PX1	PT0	PX0

（三）80C51 串行口工作方式

80C51 单片机的全双工串行口可编程为 4 种工作方式，由 SCON 中的 SM0、SM1 来选择见表 6–2。

1. 串行工作方式 0

方式 0 为移位寄存器输入/输出方式。串行数据通过 RXD 输入/输出，TXD 则用于输出移位时钟脉冲。方式 0 时，收发的数据为 8 位，低位在前。波特率固定为 Fosc/12，其中 Fosc 为单片机外接晶振频率。

发送是以写 SBUF 寄存器的指令开始的，8 位输出结束时 TI 被置位。

方式 0 接收是在 REN＝1 和 RI＝0 同时满足时开始的。接收的数据装入 SBUF 中，结束时 RI 被置位。移位寄存器方式在用最小的硬件扩展接口时很有用。串行口外接一片移位寄存器 74LS164 可构成输出接口电路；在典型 1 MHz 时钟，8 位加载大约用 10 μs。任何数目的移位寄存器可串接，用于输出和输入，并通过一系列的 SBUF 的写和读。若移位时的波动不重要或移位寄存器中包含并行加载锁存，这样可构成非常经济的I/O扩展小系统。

移位寄存器方式的第二种用法是用于两个单片机之间的通信。与波特率 9 600 相比，以1 MHz的通信能力对短距离通信很吸引人。

2. 串行工作方式1

方式1是10位异步通信方式，1位起始位（0），8位数据位和1位停止位（1），其中的起始位和停止位在发送时是自动插入的。任何一条以SBUF为目的寄存器的指令都启动一次发送，发送的条件是TI=0，发送完置位TI。方式1接收的前提条件是SCON中的REN为1，同时需要两个条件都满足，本次接收才有效，将其装入SBUF和RB8位，否则放弃接收结果。两个条件是：① RI=0；② SM2=0或接收到的停止位为1。

方式1的波特率是可变的，波特率可由以下计算公式计算得到。

$$方式1波特率=2^{SMOD}\times(定时器1的溢出率/32)$$

其中SMOD为PCON的最高位。定时器1的方式0，1，2都可以使用，其溢出率为定时时间的倒数值。

3. 串行工作方式2和3

这两种方式都是11位异步接收/发送方式，它们的操作过程完全一样，所不同的是波特率。

$$方式2波特率=2^{SMOD}\times(Fosc/64)。$$

方式3波特率同方式1（定时器1作波特率发生器）。

方式2和方式3的发送起始于任何一条“写SBUF”指令。当第9位数据（TB8）输出之后，置位TI。

方式2和方式3的前提条件也是REN为1。在第9位数据接收到后，如果同时满足：RI=0，SM2=0或接收到的第9位为1，则将已接收的数据装入SBUF和RB8，并置位RI；如果条件不满足，则接收无效。

80C51串行口的不同寻常的特征是包括第9位方式。这允许在串行口通信增加的第9位用于标志特殊字节的接收。对简单网络，第9位方案允许接收单片机仅当字节具有一个第9位时才能被中断。用这种方法，发送器可以广播一个字节让第9位为高，作为“每个人请注意”字节。字节可以为节点地址，地址相同的节点可以打开接收接下来的字符。所接续字节（第9位为低）不能引起其他单片机中断，因为未送它们的地址。用这种方式。一个单片机可以和大量的其他单片机对话而不打扰不寻址的单片机。这种系统必须工作在严格的主从方式，由软件进行取舍安排。

4. 波特率选择

如前所述，在串行通信中，收发双方的数据传送率（波特率）要有一定的约定。在80C51串行口的4种工作方式中，方式0和2的波特率是固定的，而方式1和3的波特率是可变的，由定时器T1的溢出率控制。

（1）串行工作方式0的波特率。

方式0的波特率固定为主振频率的1/12。

（2）串行工作方式 2 的波特率。

方式 2 的波特率由 PCON 中的选择位 SMOD 来决定，可由下式表示。

波特率＝2^{SMOD}×Fosc/64，也就是当 SMOD＝1 时，波特率为 1/32 Fosc；当 SMOD＝0 时，波特率为 1/64 Fosc。

（3）串行工作方式 1 和方式 3 的波特率。

定时器 T1 作为波特率发生器，其公式如下。

$$\text{波特率}=\frac{2^{SMOD}}{32}\times\text{定时器 T1 溢出率}$$

T1 溢出率＝T1 计数率/产生溢出所需的周期数

式中，T1 计数率取决于它工作在定时器状态还是计数器状态。当工作于定时器状态时，T1 计数率为 Fosc/12；当工作于计数器状态时，T1 计数率为外部输入频率，此频率应小于 Fosc/24。产生溢出所需周期与定时器 T1 的工作方式、T1 的预置值有关。

定时器 T1 工作于方式 0：溢出所需周期数＝8 192–x

定时器 T1 工作于方式 1：溢出所需周期数＝65 536–x

定时器 T1 工作于方式 2：溢出所需周期数＝256–x

因为方式 2 为自动重装入初值的 8 位定时器/计数器模式，所以用它来做波特率发生器最恰当。当时钟频率选用 11.059 2 MHz 时，取易获得标准的波特率，所以很多单片机系统选用这个看起来“怪”的晶振就是这个道理。

5. 串行口初始化

1）串行口波特率

通常情况下，使用单片机的串行口时，选用的晶振比较固定 6 MHz，12 MHz，11.059 2 MHz。常用于与微机的通信；选用的波特率也相对固定。串行口常用的波特率及相应的设置见表 6–5。

表 6–5　串行口常用波特率表

串行口工作方式	波特率（Hz）	Fosc＝5 MHz			Fosc＝12 MHz			Fosc＝11.059 MHz		
		SMOD	TMOD	TH1	SMOD	TMOD	TH1	SMOD	TMOD	TH1
方式 0	1 M				X	X	X			
方式 2	37.5 k				1	X	X			
	187.5 k	1	X	X	0	X	X			
方式 1 或方式 3	62.5 k				1	20	FFH			
	19.2 k							1	20	FDH
	9.6 k							0	20	FDH
	4.8 k				1	20	F3H	0	20	FAH
	2.4 k	1	20	F3H	1	20	F3H	0	20	F4H
	1.2 k	1	20	EGH	0	20	E6H	0	20	E8H
	600	1	20	CCH	0	20	CCH	0	20	D0H
	300	0	20	CCH	0	20	98H	0	10	A0H
	137.5	1	20	1DH	0	20	1DH	0	20	2EH
	110	0	20	72H	0	10	FEEBH	0	10	FEEBH

2）初始化步骤

在使用串行口之前，应对它进行编程初始化，主要是设置产生波特率的定时器 1、串行口控制和中断控制，具体步骤如下。

（1）确定定时器 1 的工作方式——编程 TMOD 寄存器。

（2）计算定时器 1 的初值——装载 TH1，TL1。

（3）启动定时器 1——编程 TCON 中的 TR1 位。

（4）确定串行口的控制——编程 SCON。

（5）串行口在中断方式工作时，须开 CPU 和源中断——编程 IE 寄存器。

（四）串行通信应用——双机通信

通过 80C51 串行口可以实现多种形式的串行通信，例如，近程串行通信、调制解调的使用、双机通信和多机通信，本书只介绍后面两个重点部分。

双机通信是串行口 UART 的基本功能，串行工作方式 1 就是为此而准备的。虽然双机通信需要软件配合，但驱动程序并不复杂。

双机通信是采用串行工作方式 1 进行。在进行双机串行通信之前，首先要进行一些约定，把通信中的一些技术性问题设定下来，其中包括以下几项。

（1）确定数据通路形式。若为单工形式，则需确定哪一方为发送方哪一方为接收方；而对于双工形式则双方都能发送和接收数据，不存在这个问题。

（2）制定好通信协议。虽然串行工作方式 1 的数据帧格式是固定的，但数据传送的波特率以及是否使用奇偶校验等问题还须事先约定。奇偶校验原则上既可以采用奇校验，也可以采用偶校验，但通常多采用偶校验。

（3）设计好联系代码，以便进行通信联络。例如，呼叫码、确认码和结束码等。联系代码可以使用 ASCII 码，也可以自行设计。例如，结束码 EOT，ASCH 码本为 04H，但可以自行设计 FFH 为结束码，自行设计的联系代码只能供自己使用。

（4）定义数据表。为方便给发送数据提供来源、给接收数据提供去处，只要指出数据表的首地址及数据长度就可以把数据表确定下来。

通信由发送方发出呼叫开始。接收方收到请求后，一旦确认，应及时返回应答。之后发送方就可以进行通信。

发送方每次发送是从数据表中读取一个数据字节，写入串行口发送缓冲器 SBUF（TX）。并由串行口电路自动插入起始位和停止位等，装配成一个完整的数据帧进行发送。在发送过程中，当数据缓冲器 SBUF（TX）中的最后一个数据位（注意，不是帧格式中的停止位）发送出去后，Tl 标志置 1，供 CPU 中断或查询使用。以便通过程序为发送下一个数据作准备，或改变为接收方式，准备接收对方的回答。

在接收方，当数据缓冲器 SBUF（RX）中接收到 8 个数据位后，RI 标志置 1，供 CPU 以中断或查询方式进行接收数据的处理，或改变为发送方式，给对方以回答。

为了让接收方知道数据传输何时结束，可由发送方在发送开始时先发送数据的字节个数（数

据长度），供接收方以计数方式判断传输是否结束，也可以由发送方发送结束码通知接收方数据传输结束。为保证数据传输的正确性，应使用奇偶校验，即在帧格式中设置校验位；也可以使用校验码方法。

为此，发送方在发送数据时要进行校验码计算（累加），待全部数据发送完以后，再把校验码发送出去。下面是带数据长度和校验码的发送数据串格式如图 6–9 所示。

字节个数	数据字节1	数据字节2	……	数据字节n	校验码

图 6–9　发送数据串格式

接收方在接收数据过程中也进行同样的校验码计算（累加），并在接收完后与从发送方传送过来的校验码进行比较，以判断数据传送是否正确，并将判断结果返回发送方。发送方只有在收到正确性确认后才结束通信；否则，立即呼叫接收方重新进行一次发送。

三、任务实施

1. 做什么？——明确要完成的任务

所谓远程控制，涉及远程通信，一般采用串行通信方式。一个通信系统，需要发射电路和接收电路两部分，发射电路发出信息给接收电路接收。本项目的任务是建立一个简单的单片机串行口双机通信测试系统，发射与接收分别用两套单片机电路，称为甲机和乙机。通过甲机的按键操作，控制乙机操控的指示灯或其他显示终端。

2. 跟我想——分析怎样用单片机系统实现任务

80C51 单片机有一个全双工的串行通信口，对应的发射引脚为 TXD、接收引脚为 RXD。根据制作任务要求，甲机接收到按键信号后，通过 TXD 发射端送出，乙机 RXD 端接收到信号后，控制指示灯亮灭，对应状态见表 6–6。

表 6–6　单片机通信测试状态表

甲机按键状态	乙机显示状态
按奇数次 按偶数次	全亮 全灭

3. 跟我做——画出硬件电路图

连接电路如图 6–10 所示。

小知识

通信可分为无线通信和有线通信。无线通信主要采用微波、无线电波等，而有线通信则是通过光缆、电缆等来进行传输的。图 6–10 所示单片机通信电路是有线通信形式，采用两根导线构成传输线路。为提高传输质量，减小干扰，降低传输误码率，单片机的传输线最好选用双绞线。

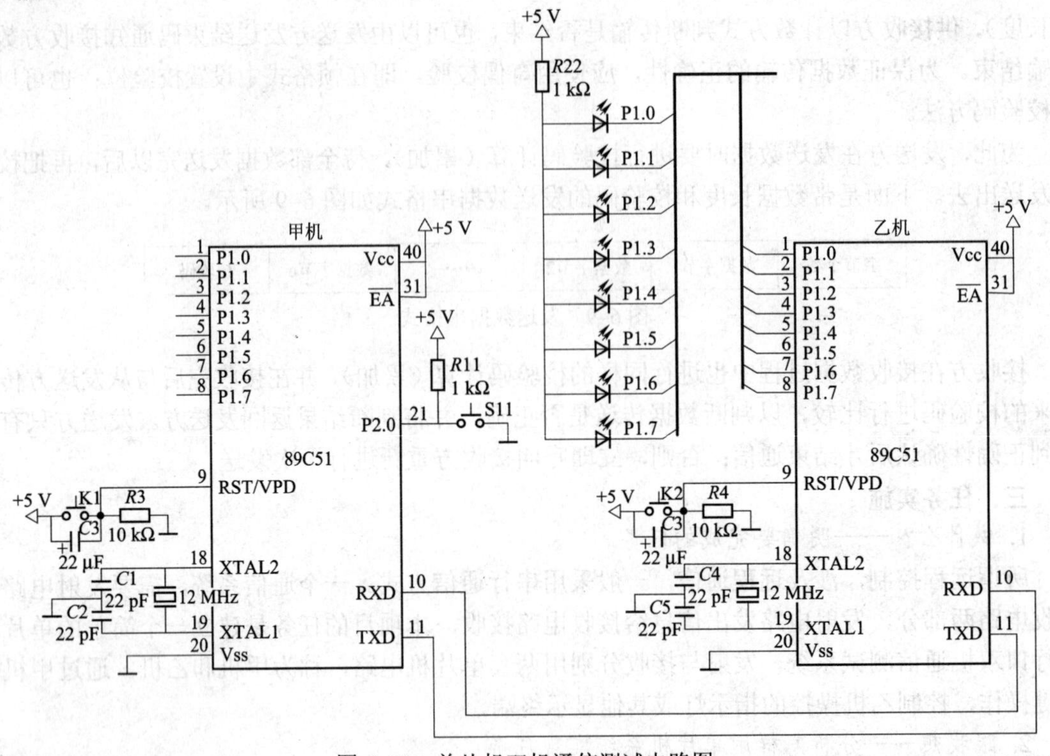

图 6–10 单片机双机通信测试电路图

若按照数据传输的方式可分为并行通信和串行通信。并行通信是多位数据同时传送。串行通信是将数据一位一位顺序传送。单片机的串行口是以串行形式传输数据。

● 小问答

问：串行和并行两种通信方式各有什么优缺点？

答：并行通信方式数据传输速度快，但硬件接线成本高，不利于远距离传输。串行通信数据传输速度相对较慢，但硬件成本低，有利于远距离传输。

4. 跟我做——准备器件并完成硬件电路制作

因为是双机通信，需要准备两套单片机电路器件，具体器件清单见表 6–7。

表 6–7 双机通信测试电路器件清单

元件名称	参数	数量	元件名称	参数	数量
IC 插座	DIP40	2 个	电阻	10 kΩ	2 个
单片机	8951	2 片	电解电容	22 μF	2 个
晶体振荡器	11.059 2	2 个	按钮开关		1 个
瓷片电容	22 pF	4 个	电阻	300 Ω/1 kΩ	1 个
发光二极管		8 个			

可采用万能板焊接电路元器件完成电路板制作，也可采用实训板或实训箱代替。

5. 跟我做——编写控制程序

程序设计的思路：双机通信的收、发双方必须按照约定好的方式、速率来传输信息，所以在程序中应有最基本的通信协议。甲机发送的数据就是按键 S11 的状态，因此甲机在发送数据前必须检测按键状态，如果有键按下，就根据按下的奇偶次数将对应的状态标志 F0 发送至乙机。为了避免接收信息丢失，乙机必须一直处于等待接收状态，一旦接收到标志位数据，就根据标志状态来决定是否点亮或熄灭 8 个发光二极管。

参考流程如图 6–11 所示。

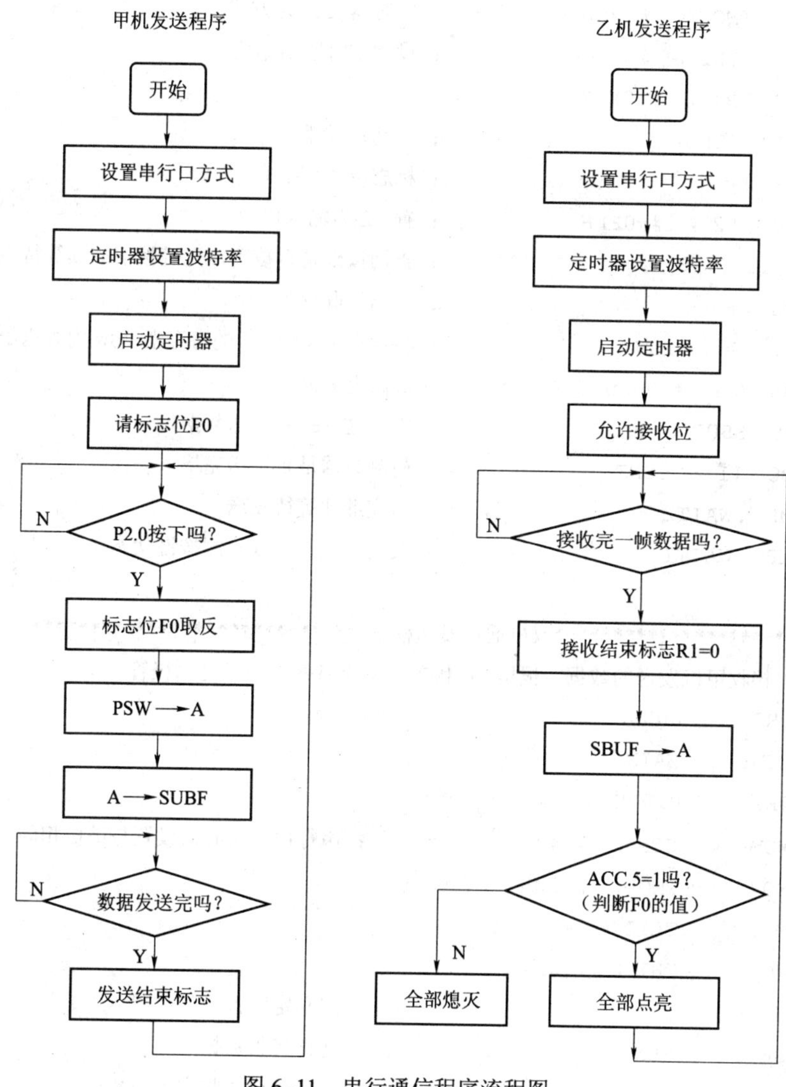

图 6–11　串行通信程序流程图

参考程序如下。

```
; ****************************双机通信发送程序****************************
; 程序功能：检测按键 S11 的状态，若按下奇数次则将标志位 F0 置 1，偶数次则将 F0 置 0，；并将该标志发送给乙机。
        ORG      0000H
        AJMP     MAIN
        ORG  0100H
MAIN :  MOV  SCON ,  # 40H            ；串行口为方式 1， 10 位为一帧
        MOV  TMOD ,  # 20H            ；定时器 T1 为方式 2
        MOV   TL1 ,  # 0F4H           ；设置定时器初始值
        MOV  TH1 ,  # 0F4H
        SETB  TR1                     ；启动定时器
        CLR  F0                       ；标志位 F0 清 0
        MOV   P2 ,  # 0FFH            ；置 P2 为输入口
WAITI: JB  P2.0,$                     ；查询按键是否按下，无键按下继续等待
        CPL   F0                      ；标志位取反
        MOV   A ,  PSW                ；将含有标志位 F0 的寄存器 PSW 内容送给 A
        ANL  A ,  # 00100000B         ；屏蔽无关位
        MOV  SBUF ,  A                ；将 A 送 SBUF 发送数据
WAIT2:  JBC  TI ,  CONT               ；检测数据是否发送完毕
       AJMP   WAIT2                   ；未完继续等待发送
CONT:  SJMP   WAIT1                   ；发送完成则继续检测按键状态
       END
; ****************************双机通信发送程序****************************
; 程序功能：接收甲机发送的数据，根据 F0 状态点亮或熄灭 8 个发光二极管
          ORG      0000H
          AJMP     MAIN
          ORG      0100H
MAIN :    MOV     SCON ,  # 40H             ；串行口、定时器设置与甲机相同
          MOV      TMOD,  # 20H
          MOV      TL1I ,   # 0F4H
          MOV      TH1 ,  # 0F4H
          SETB     TR1                      ；启动定时器
          SETB     REN                      ；允许接收数据
WAIT:     JBC      R1 , READ                ；判断是否接收完一帧数据
```

```
            AJMP    WAIT                    ; 未接收完则继续等待接收
            READ    MOV     A , SBUF        ; 将接收到的数据送累加器 A
            JB      ACC.5 , LIGHTON         ; 若ACC.5=1，说明按键按下次数为奇数
LIGHTOFF : MOV      P1 , # 0FFH             ; 熄灭 8 个发光二极管
SJMP        WAIT                            ; 准备接收下一个数据
LIGHTON : MOV      P1 , # 00H               ; 点亮 8 个发光二极管
CONT :    SJMP     WAIT                     ; 准备接收下一个数据
END
```

● **小提示**

（1）两个单片机之间的数据通信，收发双方必须采用相同的传输速率才能准确地完成信息传递。因此在发送程序 PM2_6_1.asm 和接收程序 PM2_6_2.asm 中，初始化程序是一致的。根据图 6–11 和表 6–8 将甲、乙两个单片机的串行口都设置为方式 1，波特率为可调的 10 位异步通信接口。

SCOH	9FH	9EH	9DH	9CH	9BH	9AH	99H	98
	SMO	SM1	SM2	REN	TB8	RB8	TI	RI

图 6–12　SCON 格式

表 6–8　串行口工作方式

SM0	SM1	工作方式	功　能	频特率
0	0	方式 0	8 位同步移位寄存器	Fosc/12
0	1	方式 1	10 位异步	可调
1	0	方式 2	11 位异步	Fosc/64 或 Fosc/32
1	1	方式 3	11 位异步	可调

串行口 10 位的帧格式如图 6–12 所示。

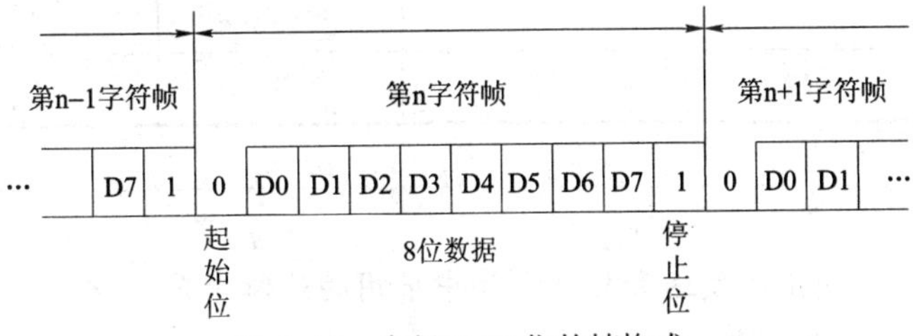

图 6–12　串行口 10 位的帧格式

（2）设定波特率。

方式 0 中波特率为时钟频率的 Fosc/12，固定不变。

方式 2 中波特率$=\dfrac{2^{SMOD}}{64}\times$FOSC SMOD=0，波特率为 Fosc/64；SMOD=1 时，波特率为 Fosc/32。

方式 1 和方式 3 中，波特率由定时器 Tl 的溢出率和 SMOD 共同决定。

$$波特率=\frac{2^{SMOD}}{64}\times T1溢出率$$

T1 溢出率取决于单片机的时钟周期和定时器 T1 的预置值。当定时器 Tl 做波特率发生器使用时，通常是工作在模式 2，即自动重装的 8 位定时器。TL1 用作计数，自动重装值放在 TH1 内，表 6–9 列出了几种常用的波特率及获得办法。

表 6–9　定时器 T1 产生的常用波特率

波特率/bps	Fosc/MHz	SMOD	定时器 T1		
			C/Fosc	模式	开始值
方式 0：1 M	12	×	×	×	×
方式 2：375 k	12	1	×	×	×
方式 1.3：62.5 k	12	1	0	2	FFH
19.2 k	11.059	1	0	2	FDH
9.6 k	11.059	0	0	2	FDH
4.8 k	11.059	0	0	2	FAH
2.4 k	11.059	0	0	2	F4H
1.2 k	11.059	0	0	2	E8H
137.5 k	11.986	0	0	2	1DH
110	6	0	0	2	72H
110	12	0	0	1	FEH

● 小问答

（1）对照表 6–9，说明上述发送和接收程序中采用的波特率是多少？

答：采用的波特率是 2.4 kbps。

（2）问：试说出“SETB REN”指令、“MOV SBUF，A”指令的作用？

答：REN 是串行口接收允许控制位，REN=0，表示禁止接收；REN=1 表示允许接收，所以“SETB REN”指令的作用就是允许串行口接收数据。只要将需要发送的数据送至 SBUF，串行口就能够自动发送数据，所以“MOV SBUF，A”指令实际上就相当于发送数据指令。

（3）问：在发送和接收程序中，查询数据发送结束标志 T1 和数据接收结束标志 R1 时，为什么使用了“JBC bit，rel”指令，而未使用“JB bit，rel”指令？

答：串行发送及接收过程中，数据发送结束标志 Tl 和数据接收结束标志 Rl 只能用软件进行清零，而“JBC bit，rel”指令除了具有查询功能外，还具有清零功能。若采用中断处理方式，在响应中断后也必须用“CLR bit”进行软件清零。

4. 跟我做——联调软硬件

准备两台 PC 和两套开发系统，两套硬件电路板。系统连接好后，进行以下操作。

（1）分别输入源程序，甲机输入发送程序 PM2_6_1.asm，另一台乙机输入接收程序 PM2_6_2.asm。

（2）汇编源程序。

（3）运行乙机的接收程序，观察发光二极管状态。

（4）运行甲机的发送程序，重复按下控制按键 S11，观察乙机电路中发光二极管的亮灭状态。如果显示状态不正确，可用断点运行等方式查看问题具体出在哪里。

5. 功能扩展——单片机与 PC 通信

在有些情况下，出于对系统的复杂性和可操作性等方面的考虑，主机由 PC 代替，从机仍使用单片机，这时就必须掌握单片机与 PC 之间进行通信的相关技术。

现在以交通灯模拟控制为例，实现用 PC 作为主机，单片机控制交通灯为从机的通信控制系统。

由于上位指挥控制的 PC 主机一般不在现场，它所发出的控制信号是否被在下位现场的单片机接收无法确认，因此通信双方除了要有规定的数据格式、波特率外，还要约定一些握手应答信号，即通信协议，见表 6–10。

表 6–10　交通灯控制系统 PC 机与单片机通信协议

上位机（PC）		下位机（单片机）	
发送命令	接受应答信息	接收命令	回发应答信息
01H	01H	01H	01H
命令含义：紧急情况，要求所有方向均为红灯，直到解除命令			
02H	02H	02H	02H
命令含义：解除命令，恢复正常交通指示灯状态			

协议说明如下。

（1）通过 PC 键盘输入 01H 命令并发送给单片机，单片机收到 PC 发来的命令数据后，将交通指示灯都变为红灯，再回送同一数据作为应答信号至 PC 并在屏幕显示出来。

（2）通过 PC 键盘输入 02H 命令并发送给单片机，单片机收到后，恢复正常交通灯指示状态并回送同一数据作为应答信号，PC 屏幕上也将显示 02H。

（3）设置主、从机的波特率为 62.5 kbps；帧格式为 10 位。

6. 跟我做——绘制电路图

电路图如图 6–13 所示。

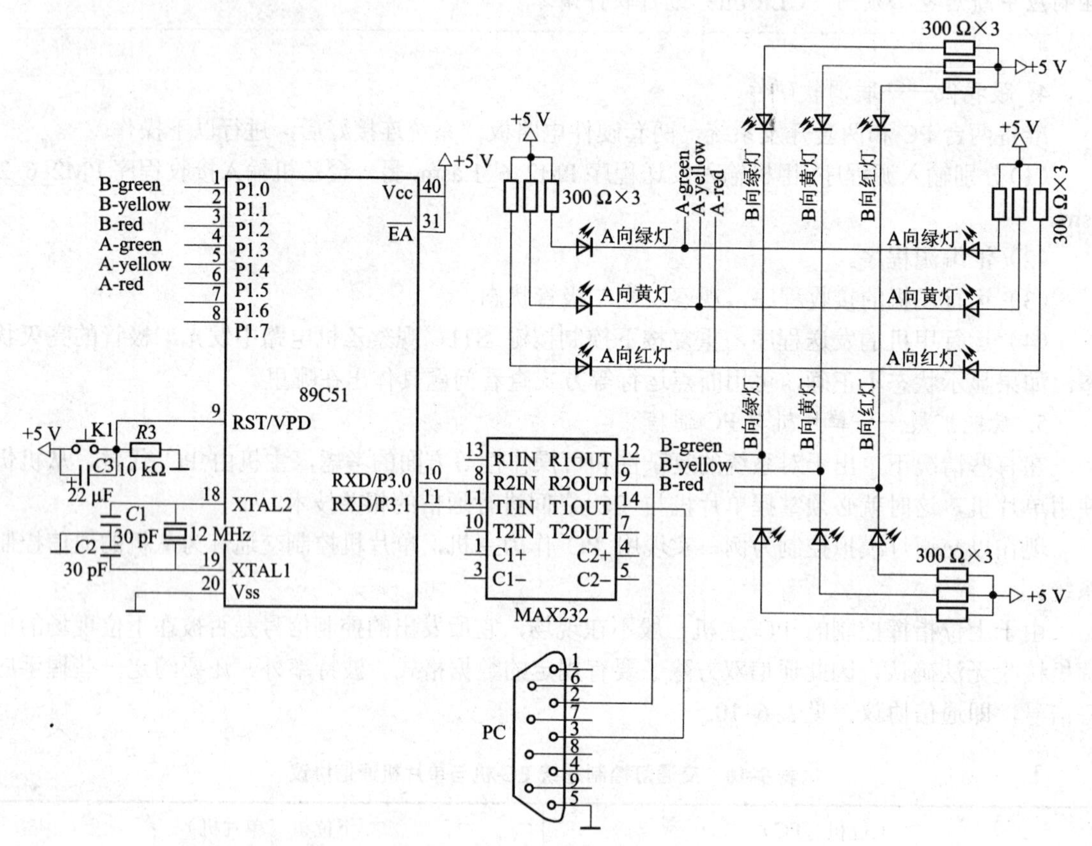

图 6–13　PC 控制交通灯硬件电路

80C51 单片机输入、输出的逻辑电平为 TTL 电平：“0”<=0.5 V，“1”>=2.4 V；而 PC 配置的 RS–232C 标准接口逻辑电平为：“0”=+12 V，“1”=–12 V，所以单片机与 PC 间的通信要加电平转换电路。

图 6–13 中是采用 MAX232 芯片来实现电平转换，它可以将单片机 TXD 端输出的 TTL 电

平转换成 RS–232C 标准电平。PC 用 9 芯标准插座通过 MAX232 芯片和单片机串行口连接，MAX232 的 14，9 引脚接 PC；11，8 引脚接至单片机的 TXD 和 RXD 端。

7. 跟我做——编写程序

编写单片机与 PC 的通信程序时，上位 PC 的通信程序可以用汇编语言编写，也可以用高级语言在 VC、VB 中编写。目前最简易的方法是在 PC 中安装“串口调试助手”，只要设定好波特率等参数就可以直接使用。用户无需再自己编写上位机通信程序。图 6–14 所示为“串口调试助手”程序界面。

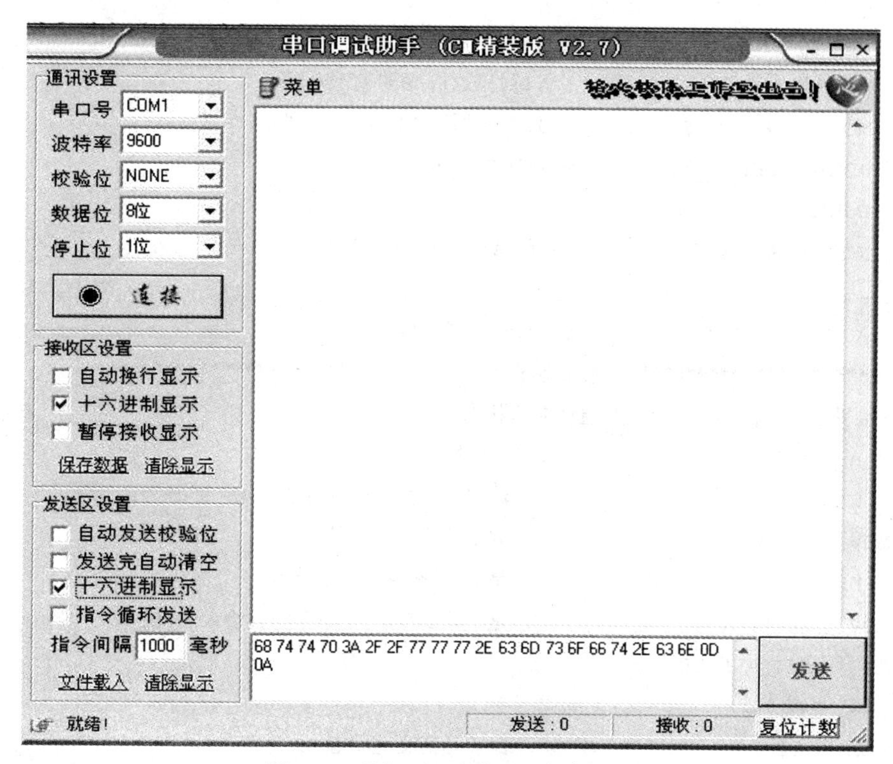

图 6–14 “串口调试助手”程序界面

下位单片机通信程序仍需要用汇编语言来编写，参考源程序如下。

```
; ****************************PC 控制交通灯程序*************************
; 程序功能：接收主机控制命令，实施正常交通灯显示控制或紧急情况处理
        ORG     0000H
        AJMP    MAIN
        ORG     0023H
        AJMP    EMER
        ORG     0100H
```

```
MIAN:   MOV   SCON, #40H     ; 串行口为方式1
        MOV   PCON, #80H     ; 置SMOD=1
        MOV   TMOD, #21H     ; T0为方式1, T1为方式2
        MOV   TL1, #0FFH     ; 设置定时器初始值, 实现62.5 kbps的波特率
        MOV   TH1, #0FFH
        SETB  TR1            ; 启动定时器
        SETB  EA             ; 中断允许
        SETB  ES
        SETB  REN            ; 允许串行口接收数据
DISP:   MOV   P1, #0EBH      ; A绿灯放行, B红灯禁止
        MOV   R2, #6EH       ; 0.5 s循环110次
        ACALL DELAY_500MS    ; 延叶500 ms
        DJNZ  R2, DISP1
        MOV   R2, #06        ; 置A绿灯闪烁循环次数
        …
        AJMP  DISP           ; 交通灯正常显示
; ******************************中断服务子程序******************************
; 程序功能:接受上位主机命令, 控制交通灯显示状态
EMER:   CLR   EA                     ; 关中断
        CLR   RI                     ; 清串行口接收中断标志
        MOV   A, SBUF                ; 取上位机发送来的信息
        CJNE  A, #01H, BACK          ; 是01H紧急情况命令吗?
        MOV   SBUF, A                ; 是, 收到的01H命令回发给上位机
        JBC   TI, ALLRED
        SJMP  WAITI
ALLRED: PUSH  P1                     ; 保护当前交通状态
        PUSH  02H
        PUSH  03H
        PUSH  TH0
        PUSH  TL0
        MOV   P1, #0DBH              ; 紧急情况处理, A, B道均为红灯
RECEIVE:JBC   RI, READ               ; 等待接收下一个命令
        AJMP  RECEIVE
READ:   MOV   A, SBUF                ; 取上位机命令送A
        CJNE  A, # 02H, RECEIVE;     是02H命令吗?
```

```
        MOV   SBUF, A          ; 将收到的 02H 命令回发给上位机
WAIT2:  JBC    T1, BACKI
        SJMB   WAIT2
BACK1:  POP     TL0
        POP     TH0
        POP     03H
        POP     02H
        POP     P1
        SETB    EA
        RETI                    ; 开中断，允许继续接收紧急命令
```

（1）在下位机程序 PMZ_6_5.asm 中，定时器 Tl 工作在方式 2，设置初始值为 0FFH，可产生 62.5 kbps 的波特率；定时器 T0 工作在方式 1，设置初始值为 3CB0H，将 50ms 溢出过程循环 10 次，实现 0.5 s 延时。系统晶振必须采用 12 MHz，SMOD＝1。

（2）下位机接收上位机的“紧急情况 01H 命令”是采用中断方式，因此主程序在设置通信方式、通信波特率，串口允许接收后，还要允许串行口申请中断。

8. 跟我做——软硬件联调

准备两台 PC，一台安装有“串口调试助手”应用程序的 PC 作为上位主机；另一台 PC 用来连接单片机开发系统及交通灯控制硬件电路作为从机，再通过 MAX232 芯片将 PC 主机与单片机从机间的通信信号接好。也可参照图 6–13 将上位 PC 主机直接通过 MAX232 芯片，连接到已经做好的单片机交通灯控制系统用户板上。完成接线后进行以下操作。

（1）在从机中输入源程序 PM2_6_5.asm。

（2）汇编源程序。

（3）在上位 PC 中运行“串口调试助手”程序，设置好波特率参数，如图 6–14 所示。

（4）先运行下位机程序，观察交通灯的正常运行状态。

（5）在上位 PC 的“串口调试助手”程序环境下，用 PC 键盘输入十六进制命令“01H”并发送，并注意观察是否接收到返回的握手信号“01H”和下位机交通灯的显示状态。

（6）继续用 PC 键盘输入十六进制命令“02H”并发送，并注意观察是否接收到返回的握手信号“02H”和下位机交通灯的显示状态。

9. 自己做——结合前面的实训项目，制作一个远距离控制体育比赛记分牌

小提示

（1）20 mA 电流环是目前串行通信中广泛使用的一种接口电路，电流环串行通信接口的最大优点是低阻传输线对电气噪声不敏感，而且易实现光电隔离，因此在长距离通信时要比 RS–232C 优越得多。

（2）RS–449、RS–422A 等标准接口在传输距离、传输速率等方面均优于 RS–232 接口。

五、知识梳理与总结

本项目通过实现两个单片机之间的远程通信，深入理解单片机串行通信技术。从最基本的单片机串行口通信到运用双机通信控制电子广告牌、PC与单片机通信控制交通灯的实施过程，对单片机串行口资源的运用能力，相关编程方法和步骤，中断技术、定时器应用等综合编程能力方面进行了进一步训练，为设计具有串行通信控制功能的单片机应用系统奠定了基础。

学习情境 6–2　多机通信

一、任务目标

完成三机通信的接口设计，掌握地址帧、数据帧在多机通信中的应用，完成三机通信的程序设计。

二、知识链接

单片机的所有串行口除了可进行点对点串行数据传送以外，在软件的配合下也能实现一对多方式的多机通信。

（一）多机通信系统介绍

1. 多机通信连接方式

一对多式的多机通信可以构成一个主从结构的分布式单片机系统，常在规模较大的工业过程控制系统中使用。在这样的系统中，出于集中管理和控制的需要，主机可随时向各从机发布命令，并把现场状态和检测数据等通过从机及时传输回主机进行处理。图 6–15 为多机通信的连接形式。

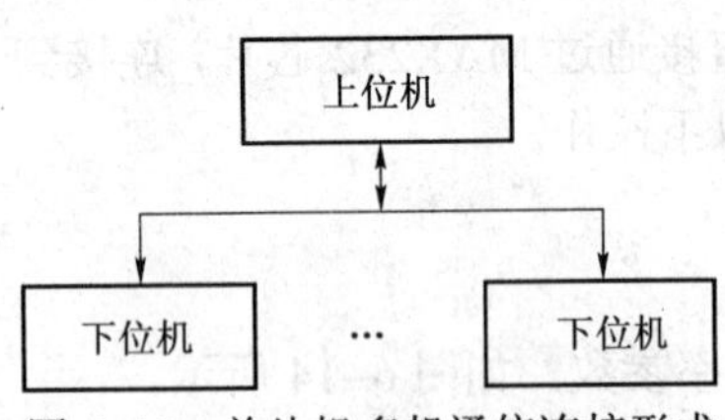

图 6–15　单片机多机通信连接形式

在系统中，只有一台主机，其余皆为从机，主机和从机通过公共传输线进行连接，主从机之间的通信也是通过公共传输线进行，并且以主机为主导方。要给每台从机编码，以便主机能按编码呼叫从机，有效的从机编码范围是 01H～FEH，而把 FFH 作为一条控制命令使用。所以在 80C51 多机通信系统中，从机数目最多可达 254 台。

2. 通信协议控制

多机通信是一个复杂的通信过程，必须有通信协议来保证多机通信的可操作性和操作秩序，这些通信协议至少应包含从机地址分配、主机的控制命令、从机的状态字格式和数据通信格式等的约定。

多机通信时，当呼叫成功后，主从机双方即可进行通信，通信流程可根据需要确定。多数情况是主机首先发出“方向”命令，通知从机数据传送的方向。例如，用 00H 表示要求从机发送数据，用 01H 表示要求从机接收数据。从机接收到命令后，要做出应答，并报告自己的状态。例如，从机状态的应答格式可约定见表 6–11。

表 6–11　从机状态应道格式

D7	D6	D5	D4	D3	D2	D1	D0
ERR	0	0	0	0	0	TRDY	RRDY

其中，ER＝1 表示从机接收到非法命令，TRDY＝1 表示从机发送准备就绪，RRDY＝1 表示从机接收准备就绪。主机接收到状态应答后，若判断状态正常，紧接着就可以进行数据传送。发送或接收数据的第 1 个字节一般是传送数据块的长度，然后才是具体的数据字节。

（二）多机通信原理

与双机通信相比，多机通信的复杂性在于主机如何呼叫从机以及如何从呼叫状态转入到通信状态。为此多机通信有 3 个技术要点：第 9 数据位，串行口控制寄存器 SCON 中的多机通信控制位 SM2，串行工作方式 2 或方式 3。

1. 第 9 数据位

第 9 数据位是供主机使用的标识位。因为在多机通信中主机既发送从机编码（地址帧），又发送数据（数据帧），为区分地址帧和数据帧，设置了第 9 数据位。第 9 数据位为 1 时，表明主机发送的是从机编码；第 9 数据位为 0 时，表明主机发送的是数据。

使用时，首先应通过程序把第 9 数据位的状态写到主机串行控制寄存器 SCON 的 TB8 位中。然后在主机发送过程中，第 9 数据位从 TBS 位自动插入到发送的帧格式中。假定要呼叫的从机编码为 01H，则第 9 数据位设置和地址帧发送的指令序列如下。

```
MOV   SCON，#0D8H              ；TB8＝1，串行工作方式 3
MOV   R3，#01H
MOV   A，R3
MOV   SBUF，A
```

从机接收到地址帧后与本机编码比较，若相符，则再把该机编码返回，作为应答码，以示呼叫成功。然后主机把 TB8 位清 0（CLR TB8），接着进行命令和数据传输。

2. 串行口控制寄存器 SCON 的多机通信控制位 SM2

在从机方对于主机发送过来的从机编码和数据，应该有不同的反映。对于地址帧，各从机都要接收，以便知道主机是否在呼叫自己；而对于数据帧，情况却有所不同，只有被选中的从机才接收，其余从机都不接收。为此，在串行口控制寄存器 SCON 中定义一个多机通信控制位 SM2，以 SM2 位的状态来通知从机是否进行接收操作。

如果 SM2＝1，只有接收到的第 9 数据位为 1 时，才将接收到的从机编码送入 SBUF，并置位 RI；否则，接收到的数据被丢弃。如果 SMZ＝0，则不论第 9 数据位状态如何，都将所接收的内容装入 SBUF 中，并置位 RI。

各从机初始化时应将串行控制寄存器 SCON 的 SM2 位置 1，等待主机呼叫。各从机都能接收到主机发送的地址帧，自动把其中的第 9 数据位送串行口控制寄存器 SCON 的 RB8 位，并把

RI 置 1，以便通过中断或查询程序进行编号比较，判断主机是否在呼叫自己。确认之后，再把从机编码返回作为应答，并把本身的 SM2 位复位为 0，为后面的数据传输做准备。从机接收地址帧的指令序列如下。

```
MOV    SCON,   #0F0H                    ; SM2=1，  串行工作方式
QWE:   JBC     RI，ASD                  ; 等待主机呼叫
       SJMP    QWE
ASD:   MOV     A，SBUF                  ; 判断是否为本机
       XRL     A，#01H
       JZ      ZXC
       …
ZXC:   CLR     SM2                      ; 确认后应答，SM2=0
       MOV     A，  #01H
       MOV     SBUF，A
```

三、任务实施

1. 做什么？——明确要完成的任务

主机读入 P2 开关状态作为向从机发送的数据。若开关“从机 1 控制”闭合，则从机 1 接收主机发送的数据并将数据通过从机 1 的 P2 口输出；若开关“从机 2 控制”闭合，则从机 2 接收主机发送的数据并将数据通过从机 2 的 Pl 口输出。当从机接收到与本机相同的地址寻址时，其外接的 LED 发光二极管闪烁提示。要求主机在发送数据之前必须认证从机发回的地址。

2. 跟我做——硬件电路图

为了使程序简单，采用方式 2，采用固定的波特率。硬件电路如图 6–16 所示。

3. 跟我做——主机主程序

按照前面的通信过程描述，主机要先发送地址帧，然后接收被寻址的从机发回的从机地址帧，经过核对无误后再发送数据。根据硬件电路图，画出主机主程序流程图，如图 6–17 所示。

主机程序代码如下。

```
;*********************************主机汇编程序***************************
                    JMP     MAIN
                    ORG     0003H
                    SJMP    CLIENT1
                    ORG     0013H
                    SJMP    CLIENT2
                    ORG     0023H
                    SJMP    RXTX
```

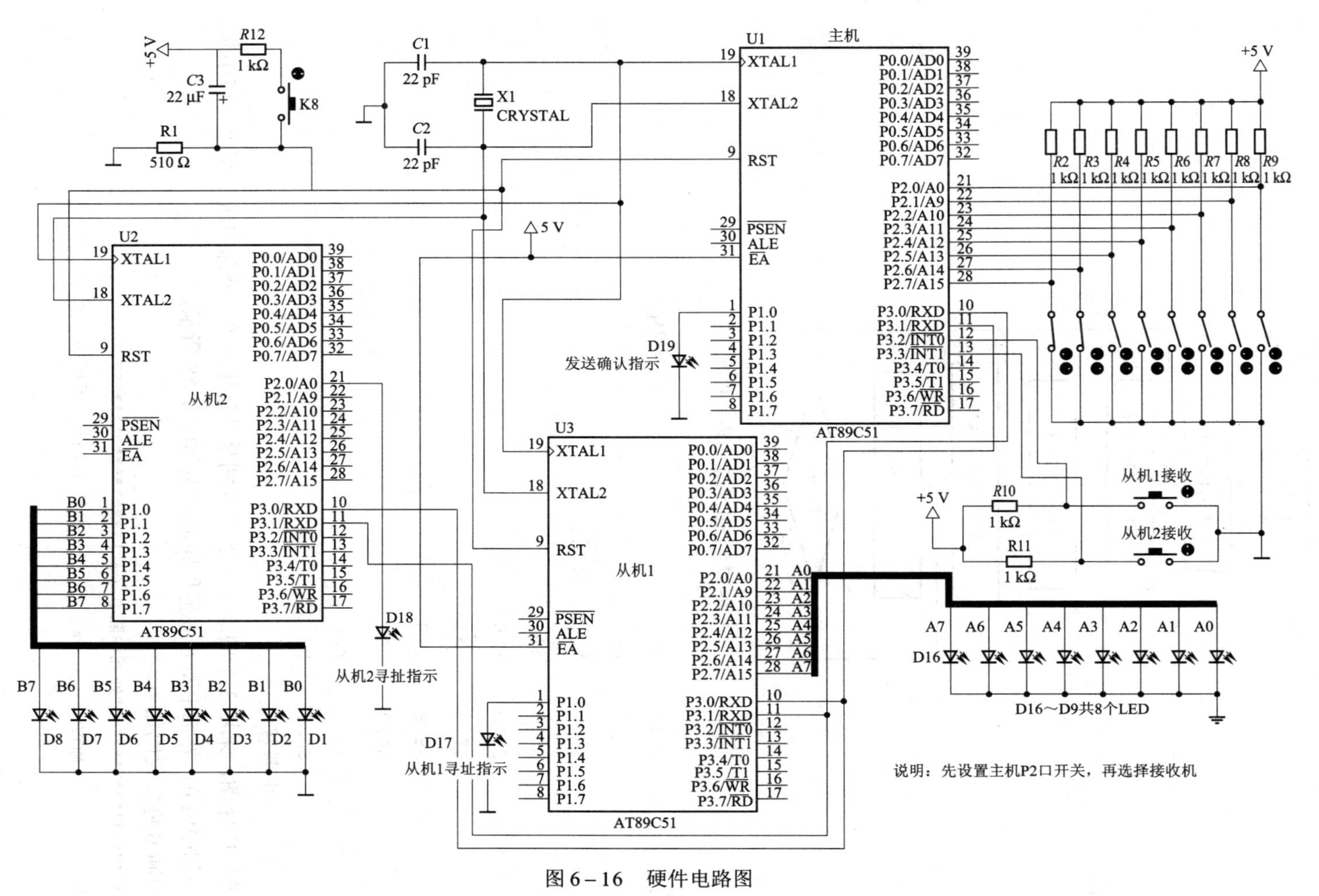

+5 V
R12
1 kΩ
C3
22 μF
K8
R1
510 Ω
C1
22 pF
C2
22 pF
X1
CRYSTAL
U1
主机
XTAL1
XTAL2
RST
PSEN
ALE
EA
P0.0/AD0
P0.1/AD1
P0.2/AD2
P0.3/AD3
P0.4/AD4
P0.5/AD5
P0.6/AD6
P0.7/AD7
P2.0/A0
P2.1/A9
P2.2/A10
P2.3/A11
P2.4/A12
P2.5/A13
P2.6/A14
P2.7/A15
P3.0/RXD
P3.1/RXD
P3.2/INT0
P3.3/INT1
P3.4/T0
P3.5/T1
P3.6/WR
P3.7/RD
P1.0
P1.1
P1.2
P1.3
P1.4
P1.5
P1.6
P1.7
AT89C51
R2
R3
R4
R5
R6
R7
R8
R9
D19
发送确认指示
5 V
U2
从机2
U3
从机1
R10
R11
从机1接收
从机2接收
A0
A1
A2
A3
A4
A5
A6
A7
D16
D16～D9共8个LED
说明：先设置主机P2口开关，再选择接收机
B0
B1
B2
B3
B4
B5
B6
B7
D1
D2
D3
D4
D5
D6
D7
D8
D18
从机2寻址指示
D17
从机1寻址指示

图 6－16　硬件电路图

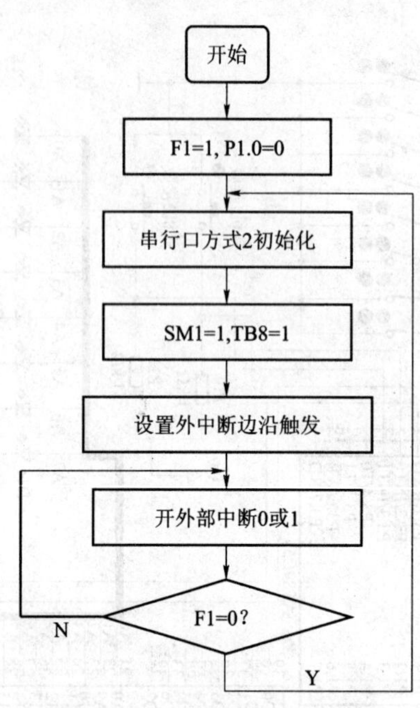

图 6-17　三机通信主机流程图

```
MAIN:       SETB    F1                  ；主程序
            CLR     P1.0
MAIN1:      MOV     SCON，#10011000B
            SETB    EA
            SETB    EX0
            SETB    EX1
            SETB    IT0
            SETB    IT1
            JB      F1，$
            SJMP    MAIN1
```

4. 跟我做——中断程序

根据硬件电路图，采用 3 个中断来实现，分别是外部中断 0、外部中断 1 和串行口中断。

（1）外部中断 0，外部中断 0 服务程序流程图如图 6-18 所示。

外部中断 0 程序代码如下。

```
；**********************外部中断 0 子程序*****************
CLIENT1:    MOV     A，#1       ；外部中断 0 子程序
            MOV     SBUF，A
```

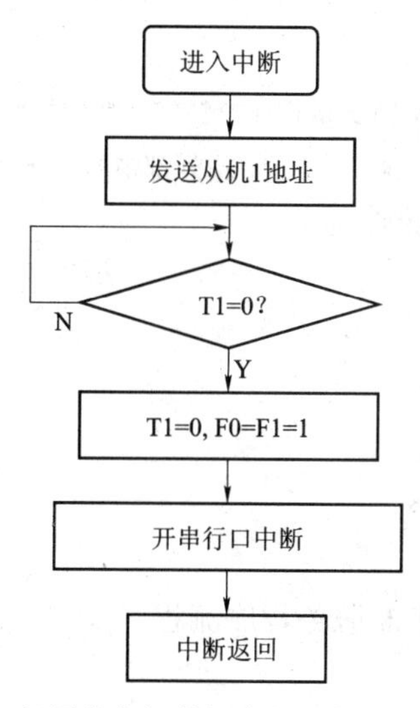

图 6–18　三机通信主机外部中断 0 中断服务程序流程

```
JNB      TI, $
CLR      TI
SETB     F0
SETB     F1
SETB     ES
RETI
```

（2）外部中断 1，外部中断 1 服务程序流程图如图 6–19 所示。

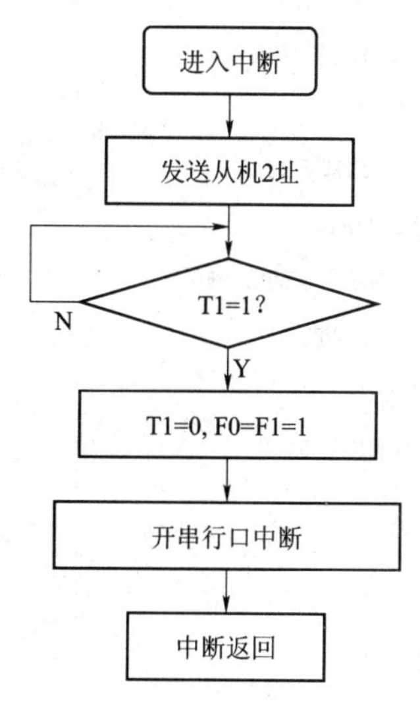

图 6–19　三机通信主机外部中断 1 中断服务程序流程

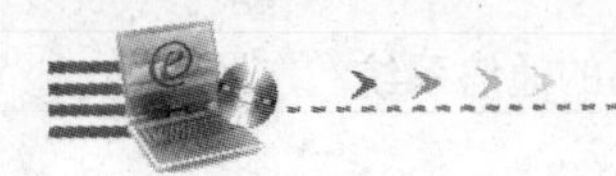

外部中断 1 程序代码如下。

```
; ************************外部中断 1 子程序*********************
CLIENT2:        MOV     A, #2       ; 外部中断 1 子程序
                MOV     SBUF, A
                JNB     TI, $
                CLR     TI
                SETB    F0
                SETB    F1
                SETB    ES
                RETI
```

（3）串行口中断服务子程序。中断服务程序流程图如图 6–20 所示。

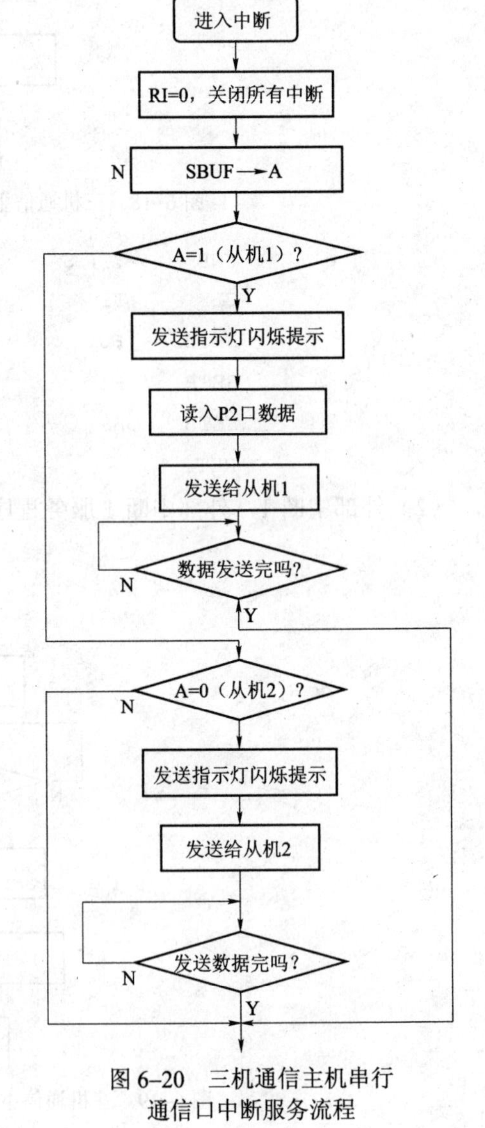

图 6–20　三机通信主机串行通信口中断服务流程

串行口中断程序代码如下。

```
; **************************串行口中断子程序
********************
RXTX:           CLR     RI
                CLR     ES
                CLR     EX0
                CLR     EX1
                MOV     A, SBUF
                CJNE    A, #1, LP
                JNB     F0, RETURN
                ACALL   FLASH
                ACALL   TRANSFER
                SJMP    RETURN
LP:             CJNE    A, #2, RETURN
                JB      F0, RETURN
                ACALL   FLASH
                ACALL   TRANSFER
RETURN:         CLR     F1
                SETB    EX0
                SETB    EX1
                RETI
TRANSFER:       MOV     P2, #0FFH
```

```
        MOV     A., P2
        MOV     SBUF, A
        JNB     TI, $
        CLR     TI
        RET
```

5. 跟我做——显示子程序和延时子程序

相关代码如下。

```
;*************************闪烁显示子程序******************
FLASH:          MOV     R7, #5                  ;闪烁显示子程序
FLASH1:         SETB    P1.0
                ACALL   DELAY
                CLR     P1.0
                ACALL   DELAY
                DJNZ    R7, FLASH1
                RET
;*******************************延时子程序***********************
DELAY:          MOV     R6, #0FFH               ;延时子程序
DL1:            NOP
                NOP
                NOP
                DJNZ    R5, DL2
                DJNZ    R6, DL1
                RET
                END
```

6. 跟我做——从机程序设计

按照前面的通信过程描述，从机先接收主机发出的寻址帧，并与本机的地址比较，若相同，则使 SM2＝0，同时向主机发送本机的地址供主机核对。为了便于观察实训或者仿真结果，可使确认被寻址的从机闪烁显示；然后确认被寻址的从机等待主机发送数据，并将收到的数据送相应的 I/O 显示。

如果收到的地址帧与本机地址不同，则从机就继续处于接收地址帧状态，即 SM2＝1 保持不变。

（1）根据流程图图 6–21 和图 6–22 编写从机 1 的程序。

进入中断，清RI

关串行中断

SBUF送A，再送P1

F0=1

中断返回

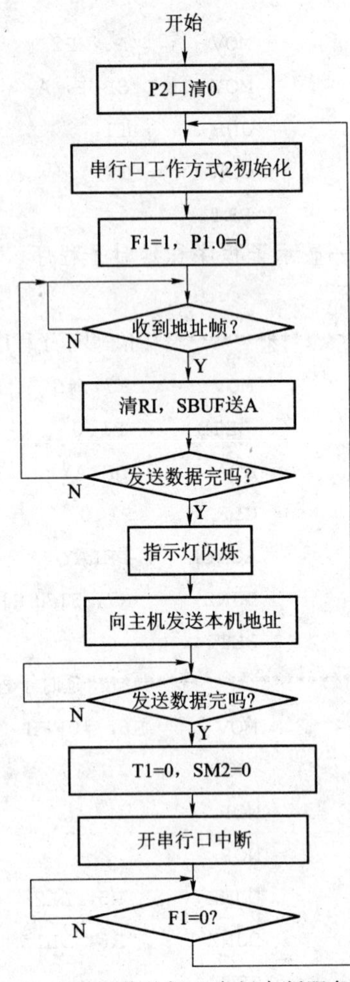

图 6–21　三机通信从机 1 主程序流程　　　图 6–22　三机通信从机 1 串行中断服务程序流程

从机 1 的程序代码如下。

```
; ********************************从机 1 的程序*******************
ORG     0000H
SJMP    MAIN
ORG     0023H
AJMP    RECEIVE
MAIN:    MOV      P2，#0            ；从机 1 的主程序
MAIN1:   LR       F0
         MOV      SCON，#10110000B
         CLR      P1.0
```

```
LP:             JNB     RI, $
                CLR     RI
                MOV     A, SBUF
                CJNE    A, #1, LP
                ACALL   FLASH
                MOV     A, #1
                MOV     SUBF, A
                JNB     TI, $
                CLR     TI
                CLR     SM2
                SETB    EA
                SETB    ES
                JNB     F0, $
                SJMP    MAIN1
RECERIVE:       CLR     RI                  ; 从机 1 中断子程序
                CLR     EA
                MOV     A, SBUF
                MOV     P2, A
                SETB    F0
                RETI
FLASH:          MOV     R7, #5
FLASH1:         SETB    P1.0
                ACALL   DELAY
                CLR     P1.0
                ACALL   DELAY
                DJNZ    R7, FLASH1
                RET
DELAY:              MOV     R6, #0FFH
DL1:                MOV     R5, #0FFH
DL2:                NOP
                    NOP
                    NOP
                    DJNZ    R5, DL2
                    DJNZ    R6, DL1
                    RET
                    END
```

（2）从机 2 程序设计：可以仿照从机 1 编写出从机 2 的程序流程图。从机 2 主程序流程图如图 6–23 所示。从机 2 串行口中断服务程序流程图如图 6–24 所示。

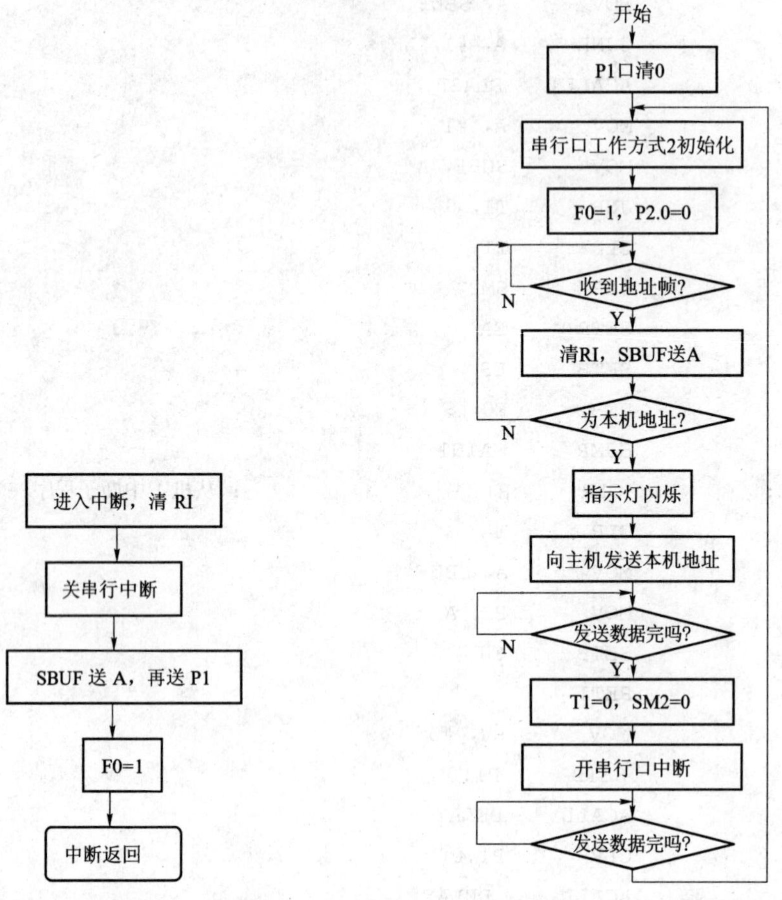

图 6–23　三机通信从机 2 主程序流程　　图 6–24　三机通信从机 2 串行口中断子程序流程

（3）编写汇编程序。根据程序流程图图 6–24 和图 6–25 可设计出从机 2 的汇编程序如下。

```
        ORG     0000H
        SJMP    MAIN
        ORG     0023H
        AJMP    RECEIVE
MAIN:   MOV     P1，#0
MAIN2:  CLR     F0
        MOV     SCON，#10110000B
        CLR     P2.0
```

```
LP:       JNB        RI, $
          CLR        RI
          MOV        A, SBUF
          CJNE       A, #1, LP
          ACALL      FLASH
          MOV        A, #2
          MOV        SUBF, A
          JNB        TI, $
          CLR        TI
          CLR        SM2
          SETB       EA
          SETB       ES
          JNB        F0, $
          SJMP       MAIN1
RECERIVE:CLR         RI
          CLR        EA
          MOV        A, SBUF
          MOV        P1, A
          SETB       F0
          RETI
FLASH:    MOV        R7, #5
FLASH1:   SETB       P2.0
          ACALL      DELAY
          CLR        P2.0
          ACALL      DELAY
          DJNZ       R7, FLASH1
          RET
DELAY:    MOV        R6, #0FFH
DL1:      MOV        R5, #0FFH
DL2:      NOP
          NOP
          NOP
          DJNZ       R5, DL2
          DJNZ       R6, DL1
```

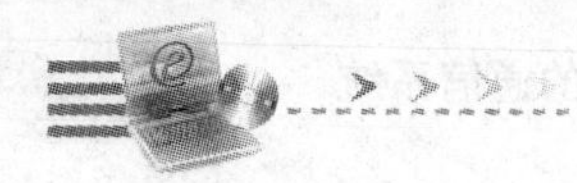


```
    RET
    END
```

7. 自己做——完成三机串口通信传输系统

（1）在 Proteus 软件中按图 6–16 搭接好电路。

（2）在伟福软件中编辑程序，进行编译，得到.HEX 格式文件。

（3）将所得的.HEX 格式文件在 Proteus 中加载到单片机芯片中。

（4）运行仿真，观察仿真结果。

（5）在 Proteus 中运行正常后，用实际硬件搭接并调试电路，通过编程器将.HEX 格式文件下载到 AT89C51 中，通电验证实训结果。

本任务所用元件见表 6–12。

表 6–12 元件清单

元件名称	型　　号	数　　量	Protel
单片机芯片	AT89C51	3 片	AT89C51
晶振	6 MHz	1 个	CRYSTAL
电容	22 pF	2 个	CAP
电解电容	22 μF	1 个	CAP－ELEC
按钮		3 个	BUTTON
开关		8 个	SWITCH
LED 发光二极管		19 个	LED－RED
电阻	阻值电阻	若干	RES

四、知识梳理与总结

本项目通过实现三机通信的接口设计，深入理解地址帧、数据帧在多机通信中的应用。主机读入 P2 开关状态作为向从机发送的数据。当从机接收到与本机相同的地址寻址时，其外接的 LED 发光二极管闪烁提示。要求主机在发送数据之前必须认证从机发回的地址。对单片机串行口资源的运用能力，相关编程方法和步骤，中断技术、定时器应用等综合编程能力方面进行了进一步训练，为设计具有串行通信控制功能的单片机应用系统奠定了基础。

本章复习思考题

1. 并行通信和串行通信各有什么特点，它们分别适用于什么场合？
2. 什么是异步通信，它有哪些特点，串行异步通信的数据帧格式是怎样的？

3. 串行通信有哪几种数据传输形式？

4. 什么叫波特率，某异步通信，串行口每秒传送 250 个字符，每个字符由 11 位组成，其波特率是多少？

5. MCS–51 单片机串行口有几种工作方式，如何选择，并说明这几种工作方式各适用于什么场合？

6. MCS–51 单片机串行通信 4 种工作方式的波特率有何不同？

7. 试说明 TB8，RB8 的功能和作用。

8. 试说明 SM2 位的功能作用，多机通信时，应如何设置从机的 SM2？

模块 3

实用技术

第 7 章　智能电子产品的系统结构

学习情境导航

知识目标

掌握智能电子产品系统结构以及电压表的工作原理。

能力目标

掌握智能式电压表的硬件和软件设计以及装接工艺。

重点、难点

硬件的组装和程序的编写。

推荐教学方式

“一体化”教学，实训教学。

推荐学习方式

在理解理论知识的基础上实际动手操作。

学习情境 7–1　智能仪器的系统结构

一、概述

（一）智能仪器及其特点

智能仪器是一类新型的电子仪器，它由传统仪器发展而来，但又跟传统仪器有很大区别。

电子仪器已有好几十年的历史了，今天的电子测量仪器与几十年前的相比，有着天渊之别，特别是微处理器的应用，使电子仪器发生了重大的变革。

回顾电子仪器的发展过程，从使用的器件来看，它经历了从真空管时代—晶体管时代—集成电路时代 3 个阶段；若从仪器的工作原理来看，它经历了以下 3 代。

第一代是模拟式电子仪器，大量指针式的电压表、电流表、功率表及一些通用的测试仪器，均是典型的模拟式仪器。这一代仪器功能简单，精度低，响应速度慢。

第二代是数字式电子仪器，它的基本工作原理是将待测的模拟信号转换成数字信号，并进行测量，结果以数字形式输出显示。它的精度高，速度快，读数清晰、直观，结果可打印输出，也容易与计算机技术相结合。同时因数字信号便于远距离传输，所以数字式电子仪器适用于遥

测、遥控。

第三代就是智能仪器，它是在数字化的基础上用微机装备起来的，是计算机技术与电子仪器相结合的产物。它具有数据存储、运算、逻辑判断能力，能根据被测参数的变化自选量程，可自动校正、自动补偿、自寻故障等，可以做一些需要人类的智慧才能完成的工作，即具备一定的智能，故称为智能仪器。具体地说，本书讨论的智能仪器是指含有微机和自动测试系统通用接口 GP–IB 的电子测量仪器。

微处理器的出现，对于科学技术的各个领域都产生了极大的影响，同样也引起了一场仪器技术的革命。微处理器在智能仪器中的作用，可归结为两大类：对测试过程的控制和对测试数据的处理。

对测试过程的控制，就是微处理器可接受来自键盘和 GP–IB 接口的命令，解释并执行这些命令，诸如发出一个控制信号给测试电路，以规定功能、设置量程、改变工作方式。通过查询或测试电路向微处理器发出中断请求，使微处理器及时了解电路的工作情况，控制仪器的整个工作过程。

对测试数据的处理，即电子仪器引入微处理器后，大大提高了数据存储和处理能力，硬件电路只要具备最基本的测试能力，提供少量的原始数据，至于对数据的进一步加工处理，如数据的组装、运算、舍入、决定小数点位置和单位、转换成七段码送到显示器显示或按规定格式从 GP–IB 接口输出等工作均可由软件来完成。正是微处理器的这些作用，使智能仪器具有下列主要特点。

1. 仪器的功能强

如前所述，智能仪器内含微处理器，它具有数据存储和处理能力，在软件的配合下，仪器的功能可大大增强。例如传统的频率计数器，能测量频率、周期、时间间隔等参数，带有微处理器和 A/D 转换器的通用计数器还能测量电压、相位、上升时间、空度系数、压摆率、漂移及比率等多种电参数；又如传统的数字多用表只能测量交流与直流电压、电流及电阻，而带有微处理器的数字多用表，除此之外，还能测量百分率偏离、偏移、比例、最大/最小、极限、统计等多种参数。仪器如果配上适当的传感器，还可测量温度、压力等非电参数。智能仪器多功能的特色，主要是通过微处理器的数据存储和快速计算进行间接测量实现的。下面列举几种智能仪器中常用的数值计算。

（1）乘常数：$R=cx$，将测试结果 x 乘以用户从键盘输入的常数 c。这种改变直线斜率的运算很有用处，它能把电量变成其他工程单位。例如，当用数字电压表通过传感器测量压力时，把测量结果乘以系数后，所显示的值就直接代表被测的压力值。

（2）百分率偏离：$R=100(x-n)/n$，此运算可确定测量结果对一个标称值的百分率偏离。用户从键盘输入标称值 n，每次把测量结果与标称值进行比较，智能仪器显示百分率偏离，这可用于检验元件的容差。

（3）偏移：$R=x-\Delta$，这是许多智能仪器都具备的一种功能，把测量结果减去或加上一个从键盘输入的常数Δ。

（4）比例：比例是一个量相对于另一个量的关系，在数学上是进行除法运算。比例可分为以下几种情况。

ⓐ 线性的：$R=x/r$，其中 r 是参考量，例如是一个电阻值。如果测得该电阻上的电压，通过比例运算，就可获得通过电阻的电流值。

ⓑ 对数的：$R=20\lg(x/r)$，用户从键盘输入常数 r 后，仪器自动进行对数计算，并以分贝（dB）为单位显示读数。

ⓒ 功率：$R=x^2/r$，将测量结果平方后除以参考量 r。如果 r 是负载电阻，x 是该电阻上的电压，则通过这项计算可直接显示功率。

（5）最大值/最小值：求多个测量结果中的最大值、最小值和峰—峰值。智能仪器无需保存每一个测量结果，仅需保存当前的最大值和最小值。当发现新的最大值或最小值时，就更新原来的最大值或最小值。

（6）极限：在某些测量中，用户关心的是被测量（如温度和压力等）是否越出安全范围。这时用户可先设置高、低极限，当被测量越出该极限时，仪器就给出某种警告。在测量结束后，仪器还能分别显示越出高限、低限和未越出界限的测量次数。

（7）统计：常计算测量结果的算术平均值、方差、标准偏差、方均根值等。

2. 仪器的性能好

智能仪器中通过微处理器的数据存储和运算处理，可很容易地实现多种自动补偿、自动校正、多次测量平均等技术，以提高测量精度。通过执行适当和巧妙的算法，常常可以克服或弥补仪器硬件本身的缺陷或弱点，改善仪器的性能。智能仪器中，对随机误差通常用求平均值的方法来克服；对系统误差，则根据误差产生的原因采用适当的方法处理。例如，HP3455 型数字电压表的实时自动校正是先进行 3 次不同方式的测量，然后由微处理器自动把测量数据代入自校准方程进行计算，以消除由漂移及放大器增益不稳定所带来的误差。借助于微处理器，不仅能校正由漂移、增益不稳定等引起的误差，还能校正由各种传感器、变换器及电路引起的非线性或频率响应等误差。图 7–1 表示 HP5335 通用计数器中用所谓“三点两线”法校正 V–F 转换

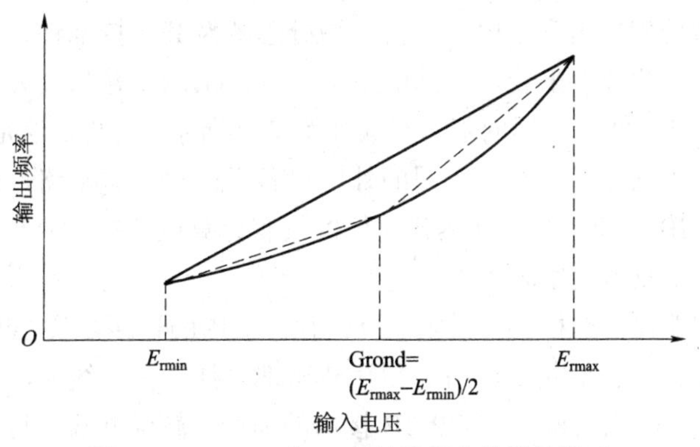

图 7–1　HP5335 中 V–F 转换器非线性的校正

器非线性的例子。图 7–1 中的曲线表示实际变换器的电压□频率转换曲线，它与直线（实线）间的距离为转换过程中的非线性误差。为了减小该误差，寻找第 3 点（图中为曲线的中点）进行校正，并从该点到两端点引两直线（虚线），显然这时的误差（即两虚线与曲线间的距离）大大减小了。在实际仪器中，两端点电压分别取为–5 V 与＋5 V，由精密电压源提供中点电压为 0 V，直接接地。这个方法不但校正了 V–F 转换的非线性误差，而且也校正了由零点、增益等不稳定所引起的误差。智能仪器还可自动选择一种最佳的测量方法，以获得更高的精度。

3. 操作自动化

智能仪器的自动化程度高，因而被称为自动测试仪器。传统仪器面板上的开关和旋钮均被键盘所代替。仪器操作人员要做的工作仅是按键，省却了烦琐的人工调节。智能仪器通常都能自动选择量程、自动校准，有的还能自动调整测试点，这样既方便了操作，又提高了测试精度。

4. 具有对外接口功能

智能仪器通常都具备 GP–IB 接口，能很方便地接入自动测试系统中接受遥控，实现自动测试。

仪器中采用微处理器后能实现“硬件软化”，使许多硬件逻辑都可用软件取代。例如，传统数字电压表的数字电路通常采用了大量的计数器、寄存器、译码显示电路及复杂的控制电路，而在智能仪器中，只要速度跟得上，这些电路都可用软件取代。显然，这可使仪器降低成本、减小体积、降低功耗和提高可靠性。

智能仪器均采用面板显示，除了用简单的 LED 指示灯外，多用七段 LED 显示器来显示十进制数字和其他字符，有的用点阵式 LED 或 CRT 显示器来显示各种字符，面板显示字迹清晰、直观。

智能仪器通常还具有很强的自测试和自诊断功能，它能测试自身的功能是否正常，如不正常还能判断故障的部位，并给出指示，大大提高了仪器工作的可靠性，给仪器的使用和维修带来很大方便。常见的自测试有开机自测试、周期性自测试和键控自测试。

（二）智能仪器的组成

在物理结构上，微处理器内含于电子仪器，微处理器及其支持部件是整个测试电路的一个组成部分；但是从计算机的观点来看，测试电路与键盘、GP–IB 接口及显示器等部件一样，仅是计算机的一种外围设备。智能仪器的基本组成如图 7–2 所示。显然，这是典型的计算机结构，与一般计算机的差别在于它多了一个“专用的外围设备”——测试电路，同时还在于它与外界的通信通常都通过 GP–IB 接口进行。既然智能仪器具有计算机结构，因此它的工作方式和计算机一样，而与传统的测量仪器差别较大。

微处理器是整个智能仪器的核心，固化在只读存储器内的程序是仪器的“灵魂”，系统采用总线结构，所有外围设备（包括测试电路）和存储器都“挂”在总线上，微处理器按地址对它们进行访问。微处理器接受来自键盘或 GP–IB 接口的命令，解释并执行这些命令，诸如发出一个控制信号到某个电路，或者进行某种数据处理等。

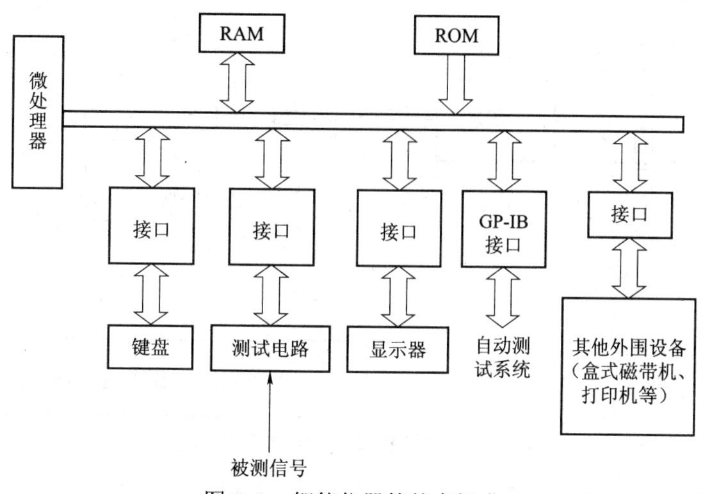

图 7–2　智能仪器的基本组成

既然测试电路是微机的外围设备之一，因而在硬件上它们之间必然有某种形式的接口，从简单的三态门、译码器、A/D 和 D/A 转换器到程控接口等。微处理器通过接口发出各种控制信息给测试电路，以规定功能、启动测量、改变工作方式等。微处理器通过查询或测试电路向微处理器提出中断请求，使微处理器及时了解测试电路的工作状况。当测试电路完成一次测量后，微处理器读取测量数据，进行必要的加工、计算、变换等处理，最后以各种方式输出，如送到显示器显示、打印机打印或送给系统的主控制器等。

虽然智能仪器中的测试电路仅是作为微型计算机的外围设备而存在，仪器中引入微处理器后有可能降低对测试硬件的要求，但仍不能忽视测试硬件的重要性，有时提高仪器性能指示的关键仍然在于测试硬件的改进。

（三）智能仪器的工作

1. 传统数字式电压表（DVM）的工作原理及特点

下面以 DVM 为例来说明智能仪器的工作特点。为便于比较，首先回一顾一下大家熟悉的传统 DVM 的工作原理。

图 7–3 是传统的积分式 DVM 原理图。置于仪器面板上的波段开关（S1）用以改变量程，控制电路按规定时序发出各种控制信号，使积分式模数转换器（ADC）按规定的时序进行工作。例如，在双斜式（又称双积分式）模数转换器中，积分器先对被测信号 U_i 进行定时积分，积分时间 T_i 称为采样期。为抑制工频（50 Hz）干扰，T_i 常取为工频周期的整数倍。T_i 周期结束后，控制电路发出信号，使积分器对极性与被测电压极性相反的基准电压 E_1 进行积分。由于被积分电压的极性相反，因而积分器输出电压的斜率方向相反。当积分器输出电压到达零时，比较器输出产生跳变，通过控制电路使积分器停止积分，一次模/数转换结束。积分器对基准电压进行积分的周期称为比较期。在比较期内，计数器进行计数。可以证明，该计数值正比于被测电压。最后把代表被测电压的计数值送至显示器显示。

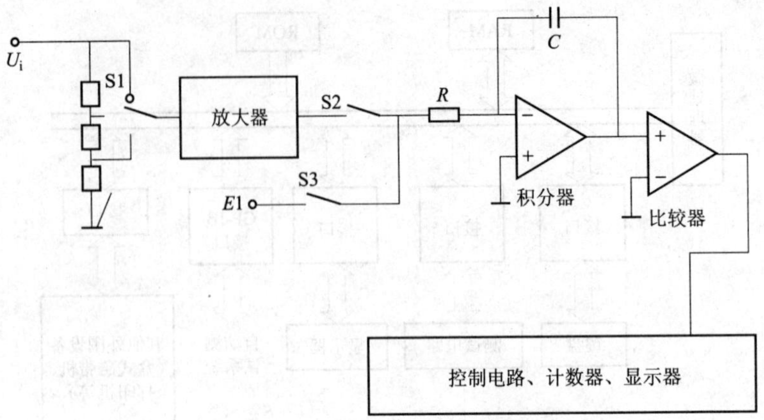

图 7–3　传统积分式 DVM 原理框图

传统的 DVM 具有下列特点。

（1）操作者通过控制面板上的各种旋钮、开关的位置直接改变仪器中的各种电参数（如电平、元件参数等），以设置仪器的各种功能。

（2）各种控制、计数、漂移补偿等工作完全由硬件完成。

（3）控制电路采用随机逻辑，因而电路复杂，设计和调试困难，可靠性也差。

2. 智能积分式 DVM 的工作原理及特点

图 7–4 表示了智能积分式数字电压表的原理框图。它包括模数转换器、微处理器、键盘、

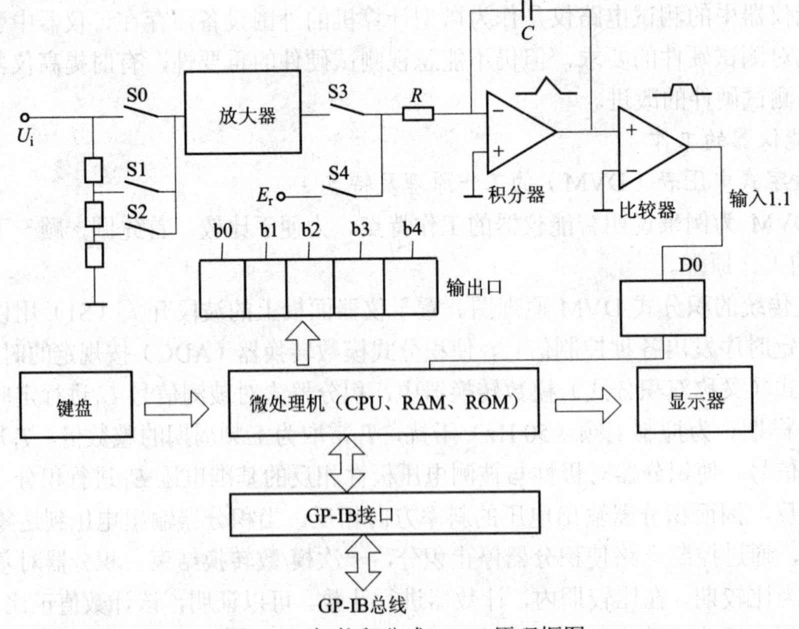

图 7–4　智能积分式 DVM 原理框图

显示器及 GP–IB 接口等部件。在微处理器和模数转换器之间有一个 5 位的输出口和一个 1 位的输入口。5 位输出口 b0～b4 位分别控制 S0～S4 开关的通断，其中 S0～S2 开关选择量程，S3、S4 开关选择积分器输入信号。输入口连接 D0 数据总线。微处理器通过输入口检查比较器的状态，其工作过程如下。

（1）微处理器根据来自键盘或 GP–IB 接口的命令，向输出口的 b0～b2 位输出合适信息，以规定量程。

（2）微处理器置输出口的 b3 位为高电平，接通开关 S3，积分器对被测电压 U_i 进行定时积分。同时微机系统通过软件或硬件进行计数，以确定采样期 T_1。

（3）T_1 周期结束后，微处理器置输出口 b3 位为低电平，b4 位为高电平，接通 S4，断开 S3，积分器对基准电压 E_r 进行积分，进入比较期。这时微处理器一方面借助软件进行计数，同时通过输入口检查比较器的输出是否发生跳变。

（4）当微处理器检出比较器输出发生跳变时，表明积分器输出已返回零电平。这时微处理器停止计数，同时置输出口的 b3、b4 均为低电平，断开 S3、S4，积分器停止积分，一次模数转换结束。

（5）微处理器对比较期内的计数值进行种种处理后，或送显示器显示，或经 GP–IB 总线发送到其他地方。

智能数字电压表具有下列特点。

（1）操作者通过键盘按键向微处理器发出各种命令，微处理器对这些命令进行译码后发出适当的控制信号，以规定仪器的各种功能。

（2）微处理器通过执行程序发出一系列控制信号，使测试电路正常工作。即使仪器硬件不变，只要改变软件就能改变仪器的工作，有些硬件电路（如计数器等）的功能均可由软件完成。

（3）由于微处理器具有存储和计算能力，因而能对测量数据进行各种数字处理，如自动校正零点偏移和增益漂移、统计处理及其他数学运算等。

（4）具有计算机结构，各部件都“挂”在总线上，因而方便了系统的设计、调试、修改和维护。

（5）具有 GP–IB 接口，能接入自动测试系统进行工作。

（四）智能仪器的新发展——个人仪器

随着个人计算机的广泛普及，在智能仪器蓬勃发展的同时，从 1982 年起出现了一种新型的个人计算机与电子仪器相结合的产品——个人仪器。

自 20 世纪 60 年代以来，自动测试系统的发展已经历了 3 个阶段。第一个阶段是仪器与小型仪器用计算机通过各种专用接口相连接而组成自动测试系统，其代表产品有自动网络分析仪等；第二阶段是智能仪器，把微处理器放入仪器内部，通过内部接口把测试部件与计算机连接起来，而各个智能仪器又通过 GR–IB 接口总线与外部计算机相连接而组成自动测试系统；第三阶段是个人仪器，一台个人计算机控制多个仪器插件，相互通过计算机系统总线连接，如图 7–5 所示。

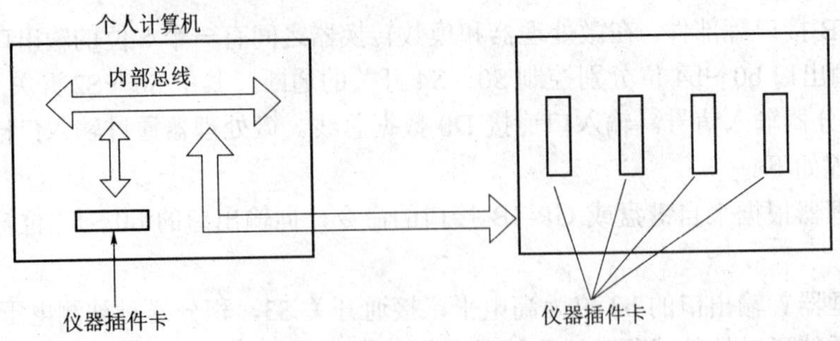

图 7–5　个人仪器结构

个人仪器具有下列特点。

（1）成本低。在个人仪器系统中，每个测试功能不是由整机，而是由插件完成的。每个插件不需要智能仪器所需的微处理器、显示装置、键盘、机箱等部件，因而成本大大降低。与由 GP–IB 接口总线组成的测试系统相比，具有同样测试功能的个人仪器系统的价格可降低至原价格的 1/10～1/3。

（2）使用方便。在个人仪器中，标准的仪器功能写入操作软件中，并备有简单的菜单（Menu）。用户根据菜单进行选择，无需编制程序就能完成各种测试任务，操作方便。例如一个在 GP–IB 系统中要求编写 30 行 BASIC 程序才能完成的任务，在个人仪器中只要按两次键就能完成。

（3）制造方便。仪器插件卡与个人计算机之间的关系远不如智能仪器中微处理器与测量部件之间的关系密切，而价廉物美的个人计算机可以购买，仪器制造厂可集中精力研制、生产测试插件卡，生产周期短，制造方便。

（4）实时交互作用。个人仪器是通过微机的系统总线连接的，因而相互间可进行实时的交互作用。例如，可让一台仪器去触发另一台仪器，使在时间上相互关联，而在 GP–IB 系统中，仪器间不能实时交互，它们只接受系统控制器的控制，或向控制器提出服务请求。

二、智能仪器设计简介

（一）设计要点

智能仪器设计的主要任务包括微处理器的选择、硬件设计和软件设计。

目前广泛流行的 8 位微处理器，尤其是高性能的 8 位单片机，无论从功能或成本来看，都非常适用于智能仪器。这些微处理器具有 64 KB 的寻址能力，对一般的智能仪器来说，已完全足够。它的支持部件丰富，特别是当前生产的大规模 GP–IB 集成电路可直接与相应的 8 位微处理器相连。特别值得一提的是，Intel 公司生产的 MCS–51 单片机功能强、可靠性高，用它作为智能仪器的核心部件时，具有下列的优点。

1. 硬件结构简单

智能仪器中的一般要求是有大量的 I/O 口，并且需要有定时或计数功能，有的还需要通信功能，而 MCS–51 本身片内具有 16～32 位 I/O 线、两个 16 位定时器计数器，还有一个全双工

串行口，这样在使用 MCS–51 后，将大大简化仪器仪表的硬件结构，降低仪器造价。

MCS–51 单片机是 Intel 公司的产品，而该公司生产的外围接口芯片种类很多，MCS–51 单片机可与 Intel 公司生产的各种接口芯片直接接口，系统扩充方便、容易，且接口逻辑电路十分简单，例如，同并行 I/O 口（8255、8155 等）、计数器（8253）、键盘/显示器驱动接口（5279）、各种 A/D、D/A（ADC 0809、DAC0832 等）及各种通信接口芯片如串行接口芯片（8251、8250 等）和 GP–IB 接口芯片（8291、9292、8293 等）。使用这些芯片可增强仪器仪表的性能，简化硬件结构。

2. 运算速度高

一般仪器仪表均要求在零点几秒内完成一个周期的测量、计算、输出操作。如许多测量仪器均为动态显示，即它们应能对测量对象的参数进行实时测量显示，而一般人的反应时间小于 0.5 s，故要求在 0.5 s 内应完成一次测量显示。如要求采用多次测量取平均值，则速度要求更高。而不少仪器仪表的计算比较复杂，不仅要求有浮点运算功能，还要求有函数，如正弦函数、开平方等计算能力。这就对智能仪器中的微机的运算能力和运算速度提出了较高的要求。而 MCS–51 的时钟可达 12 MHz，大多数运算指令执行时间仅 1 s，并具有硬件乘、除法指令，运算速度高。这使它可进行高速的运算，以完成仪器仪表所需要的运算功能。

3. 控制功能强

智能仪器的测量过程和各种测量电路均由微机来控制，一般这些控制端均为一根 I/O 线，如启动 A/D 测量控制、A/D 测量完成标志等。由于 MCS–51 具有布尔处理功能，包括一整套位处理指令、位控制转移指令和位控制 I/O 功能，这使它特别适用于仪器仪表的控制。

在硬件设计中，首先要设计仪器内部的微机，同时设计测试硬件、仪器内部的外围设备和 GP–IB 接口，然后设计微机和其他部件间的接口。

软件研制大致要经历这样一些阶段：任务描述、程序设计、编码、纠错、调试和编写文件。

（二）监控程序的结构

智能仪器与计算机一样，是执行命令的机器。在智能仪器中，命令常来自键盘和 GP–IB 接口，监控程序的任务是接受、分析并执行来自这两方面的命令。本书把接受和分析键盘命令的程序称为监控主程序，把接受和分析来自 GP–IB 接口命令的程序称为接口管理程序，把具体执行各种命令的程序称为命令处理子程序。监控主程序和接口管理程序的结构在不同的智能仪器中有其共同性，分别在本书第五、第六章进行详细讨论。命令处理子程序随智能仪器功能的不同而不同，没有统一的设计方法，本书按数据处理、输入/输出、自测试等方面在其他各章中进行讨论。

（三）程序设计技术

常用的程序设计技术有下列 3 种。

1. 模块法

模块法是指把一个长的程序分成若干个较小的程序模块进行设计和调试，然后把各模块连接起来，如前所述，智能仪器监控程序总的可分为 3 大模块，即监控主程序、接口管理程序、命令处理子程序。命令处理子程序通常又可分为测试、数据处理、输入/输出、显示等子程序棋块。由于程序分成一个个较小的独立模块，因而方便了编程、纠错和调试。

2. 朝自顶向下设计方法

研制软件有两种截然不同的方式，一种叫做“自顶向下”（Top–down）法，另一种叫做“自底向上”（Bottom–up）法。所谓“自顶向下”法，概括地说，就是从整体到局部，最后到细节。即先考虑整体目标，明确整体任务，然后把整体任务分成一个个子任务，子任务再分成子任务，同时分析各子任务之间的关系，最后拟订各子任务的细节。这犹如要建造一个房子，先设计总体图，再绘制详细的结构图，最后一块砖一块砖地建造起来。所谓“自底向上”法，就是先解决细节问题，再把各个细节结合起来，就完成了整体任务。“自底向上”是传统的程序设计方法。这种方法有严重的缺点：由于从某个细节开始，对整个任务没有进行透彻的分析与了解，因而在设计某个模块程序时很可能会出现原来没有预料到的新情况，以至要求修改或重新设计已经设计好的程序模块，造成返工，浪费时间。目前，都趋向于采用“自顶向下”法。但事情不是绝对的，不少程序设计者认为，这两种方法应该结合起来使用。一开始在比较“顶上”的时候，应该采用“自顶向下”法，但“向下”到一定的程度，有时需要采用“自底向上”法。例如对某个关键的细节问题，先编制程序，并在硬件上运行，取得足够的数据后再回过来继续设计。

3. 结构程序设计

结构程序（Structured Programming）设计是 20 世纪 70 年代起逐渐被采用的一种新型的程序设计方法，它不仅在许多高级语言中应用，如已有结构 BASIC 、结构 FOR–TRAN 等，而且基本结构同样适用于汇编语言的程序设计。结构程序设计的目的是使程序易读、易查、易调试，并提高编制程序的效率。在结构程序设计中，不用或严格限制使用转移语句。结构程序设计的一条基本原则是每个程序模块只能有一个入口、一个出口。这样一来，各个程序模块可分别设计，然后用最小的接口组合起来，控制明确地从一个程序模块转移到下一个模块，使程序的调试、修改或维护都要容易得多。大的复杂的程序可由这些具有一个入口和一个出口的简单模块组成。

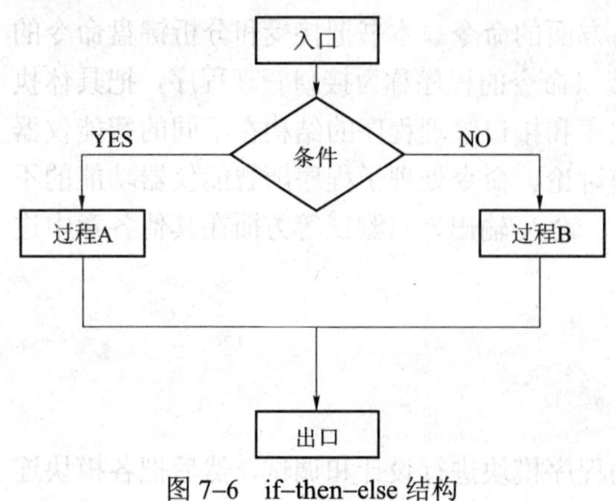

图 7–6　if–then–else 结构

在结构程序设计中仅允许使用下列 3 种基本结构。

（1）序列结构，这是一种线性结构，在这种结构中程序被顺序连续地执行，如以下序列。

计算机首先执行 P1，其次执行 P2，最后执行 P3。这里 P1、P2、P3 可为一条指令，也可为整个程序。

（2）If–then–else 结构，如图 7–6 所示。

（3）循环结构，即 Do–while 及 Repeat–until 结构，如图 7–7 所示。Repeat–until 结构先执行过

程后判断条件，而 Do–while 结构是先判断条件再执行过程，因而前者至少执行一次过程，而后者可能连一次过程也不执行。两种结构所取的循环参数的初值也是不同的。例如，若要进行 N 次循环，往下计数，到零时出循环，则在 Repeat–until 结构中，循环参数初值取为 N；而在 Do–while 结构中，循环参数初值应取为 N+1。

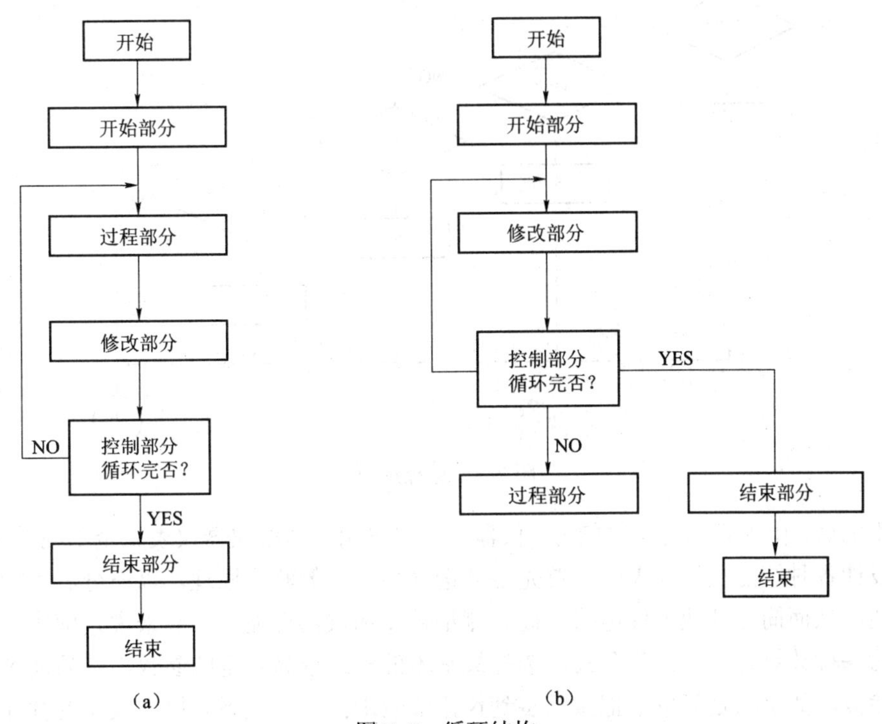

图 7–7　循环结构

（a）Repeat–until 结构；（b）Do–while 结构

以上结构可嵌套任意层数。

还有一种结构，叫选择结构，如图 7–8 所示。它虽然不是一种基本结构，但却被普遍地使用，在多种选择的情况下，常用这种结构。其中 I 是选择条件，S_0，S_1，…，S_n 是指令或指令序列。这种结构虽然选择条件可能有（n+1）种结果，但结构中任何一个 S 仍保持只有一个入口和一个出口。在键盘管理和智能仪器的监控程序中常采用这种结构。

（四）智能仪器设计中应注意的问题

在智能仪器仪表中，由于采用微处理器，不能再沿用传统的仪器仪表设计方法，而应该按照微机的特点来进行设计，以充分利用微机的运算、存储和控制功能，达到简化模拟电路结构，提高仪器性能的要求。下面分几个方面来介绍设计智能仪器时应注意的问题。

1. 采用新颖测量方法

由于传统仪器仪表没有运算能力（最多只能采用简单的模拟运算器），故它只能采用直接测

量的方法，即直接测量被测参数，然后转换显示出来。

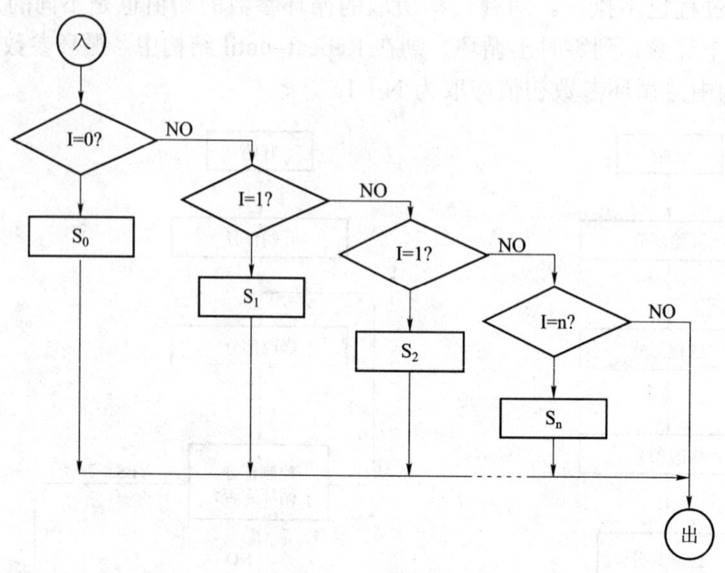

图 7–8　选择结构

使用微机后，由于它具有运算能力，仪器仪表可采用与传统仪器仪表完全不同的测量原理。这要求在设计各种智能仪器仪表时，首先必须选择最适合的测量原理，以充分利用微机的运算和控制功能，从而简化其他硬件电路，提高测量精度和仪器性能。一般来说，应先分析与被测参量有关的各种计算方法和计算公式，选择最基本的和最容易测量的参数，然后通过计算，得出所需的参数，如果只是简单地把微机装到仪器仪表中去，将达不到提高仪器的性能价格比的要求，失去了使用微机的优越性。例如，智能电度表，就是先测出交流电的电压、电流和它们的相位差，然后计算正弦函数值和进行乘法，得出有用功率以及无用功率或功率因数，最后利用数值积分，可得到电度值。

2. 硬件软件化

在批量生产中，软件成本将大大低于硬件成本，故采用微机后，应尽量用软件来实现原来用硬件实现的功能。

例如，由于传统仪器仪表全部采用模拟电路（只有显示部分可能采用数字显示），故对它们来说，为了提高测量精度，只有改进模拟电路和使用的元器件质量，才能实现。如使用高精度低漂移运算放大器，采用特殊的测量电路和补偿电路等。但这样做，能达到的精度仍是有限的，而成本将大大提高，采用微处理器后，可使用数字调零、误差自动修正、非线性补偿、数字滤波等方法来提高精度，减少误差。这样可使用普通的运算放大器和廉价的传感器，而用软件来实现误差补偿，这可大大降低仪器的成本，提高仪器的测量精度。

又如，传统仪器中一般有大量测量控制电路，包括量程选择、转换等，这也可用软件来代

替，即用 I/O 口直接控制测量电路，然后使用软件来进行控制。

3. 分时操作

一般一台仪器需对几个参数同时进行测量，在传统仪器中，需要几种测量电路。使用微机后，由于它具有数据存储和控制功能，对同一类型参数的测量，如使用一个 A/D 转换器用多路开关接到各个测量源，然后用软件控制分时进行测量，这样可以降低硬件成本。

4. 增强功能

传统仪器仪表一般只能完成单一功能，如电度表只能测量电功，要测量功率，必须人工计算（读出单位时间的转盘转数，再计算得出）。智能电度表可测量电压、电流、功率因数、功率、电能等各种参数。如果再对电能进行累加，仪器内增加一个时钟，再编制一些软件，即可成为一台微机电功率需求仪，而需求仪目前价格还较高。所以在设计智能仪器时，应充分利用微处理器的计算和控制功能，尽可能地增加各种功能，以提高产品的性能价格比，扩大仪器应用范围。

5. 简化面板结构

传统仪器仪表的面板上，开关繁多，结构复杂，使用和维修都比较困难。特别是有些直接控制模拟电路的机械开关，由于接线过长，会引起干扰，影响仪器的性能。采用微机后，应尽量使用模拟开关来代替机械开关，人工选择通过键盘或按键直接输入微机，再由微机通过程序来控制模拟开关。仪器的显示器也采用数字显示或 CRT 显示来代替电表指示。这样可使设计出来的仪器外表美观，结构简单，操作使用方便。

学习情境 7–2　简易 DC 电压表

一、任务目标

（1）了解 ADC 0809 的结构和引脚。

（2）通过使用 ADC 0809 进行电压的测量，掌握模数转换器和单片机接口的方法。

二、知识链接

单片机应用系统的数据采集体现了被检测对象与系统的相互联系。数据采集的被检测信号有各种类型，如模拟量、频率量、开关量、数字量等。开关量和数字量可由单片机或其扩展接口电路直接得到，模拟量必须靠 A/D 或 V/F 实现。在这里介绍一种常用的模数转换芯片——ADC 0809。

ADC 0809 的结构和引脚如图 7–9 所示。

ADC 0809 是 8 位逐次逼近型 A/D 转换器。带 8 个模拟量输入通道，芯片内带通道地址译码锁存器，输出带三态数据锁存器，启动信号为脉冲启动方式，每一通道的转换大约 100 fts。ADC 0809 由两大部分组成，一部分为输入通道，包括 8 位模拟开关，3 条地址线的锁存器和译码器，可以实现 8 路模拟输入通道的选择；另一部分为一个逐次逼近型 A/D 转换器。

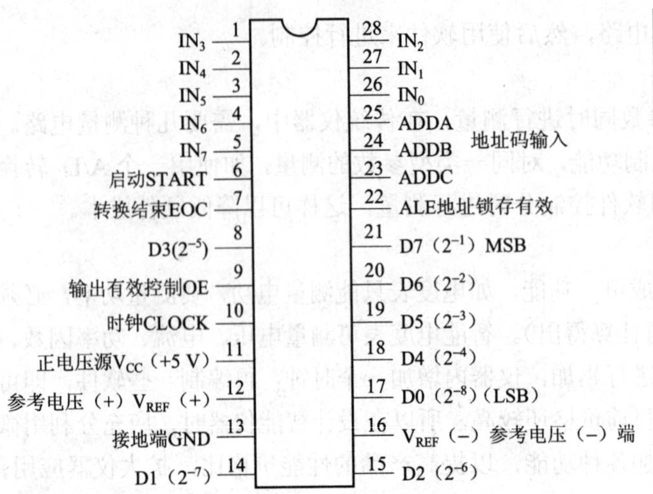

地址码			选通模拟通道
C	B	A	
0	0	0	IN0
0	0	1	IN1
0	1	0	IN2
0	1	1	IN3
1	0	0	IN4
1	0	1	IN5
1	1	0	IN6
1	1	1	IN7

图 7–9　ADC 0809 的引脚与地址码

对 ADC 0809 引脚与地址码说明如下。

- IN0～IN7：8 个模拟通道输入端。
- START：启动转换信号。
- EOC：转换结束信号。
- OE：输出允许信号。信号由 CPU 读信号和片选信号组合产生。
- CLOCK：外部时钟脉冲输入端，典型值 640 kHz。
- ALE：地址锁存允许信号。
- A、B、C：通道地址线，CBA 的 8 种组合状态 000～111 对应了 8 个通道选择。
- V_{REF}（+），V_{REF}（−）：参考电压输入端。
- V_{CC}：+5 V 电源。
- GND：地。

C，B，A 输入的通道地址在 ALE 有效时被锁存。启动信号 START 启动后开始转换，但是 EOC 信号是在 START 的下降沿 10 μs 后才变无效的低电平，这要求查询程序待 EOC 无效后再开始查询，转换结束后由 OE 产生信号输出数据。

以下为 ADC 0809 与 80C51 的接口电路。由图 7–10 中可以看到，ADC 0809 的启动信号 START 由片选线 P2.7 与写信号 WR 的“或非”产生，这要求一条向 ADC 0809 写操作指令来启动转换。ALE 与 START 相连，即按打入的通道地址接通模拟量并启动转换。输出允许信号 OE 由读信号而与片选线 P2.7“或非”产生，即一条 ADC 0809 的读操作使数据输出。

按照图 7–10 中的片选线接法，ADC 0809 的模拟通道 0～7 的地址为 7FF8H～7FFFH。

输入电压 $V_{IN}=D\times V_{REF}/255=5D/255$，其中 D 为采集的字节数据。

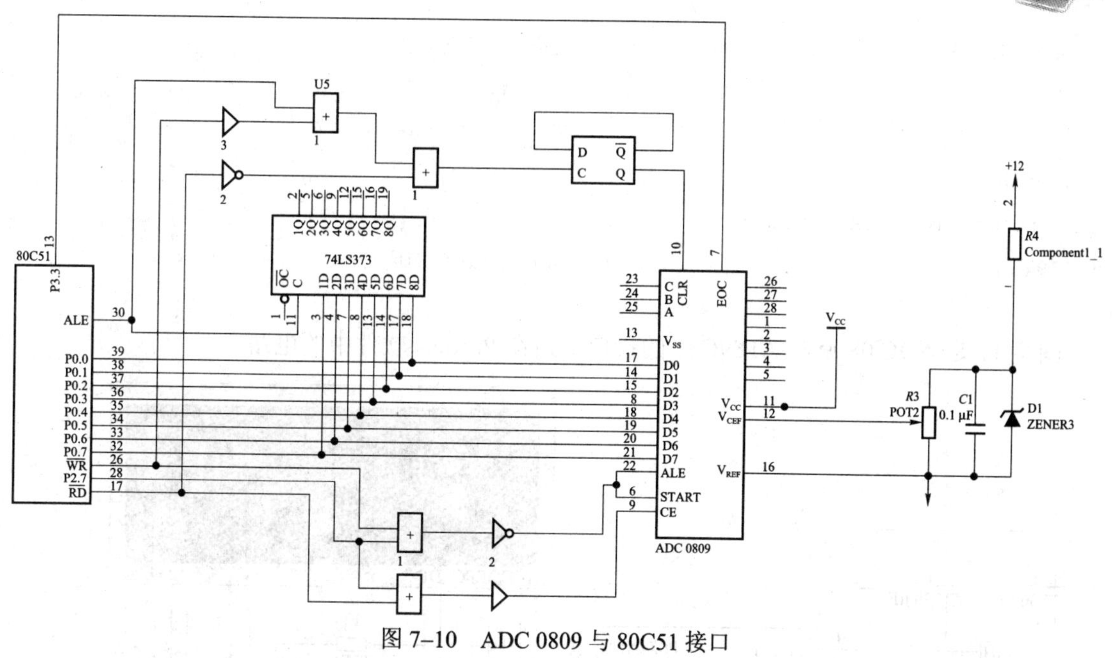

图 7–10　ADC 0809 与 80C51 接口

例：8 路模拟信号的采集。从 ADC 0809 的 8 通道轮流采集一次数据，采集的结果放在数组 ad 中。程序参考代码如下。

程序名为 ad0809.c。

```
#include<absacc.h>
#include<reg51.h>
#define uchar unsigned char
#define IN0 XBYTE[0x7ff8]              /*设置 ADC0809 的通道 0 地址*/
sbit ad_busy=P3^3;                     /*即 EOC 状态*/
void ad 0809(uchar idata  *)           /*采样结果放指针中的 A/D 采集函数*/
{   uchar i ;
    uchar xdata *ad_adr;
    ad_adr=&IN0;
    for(i=0; i<8; i++)                 /*处理 8 通道*/
    {  *ad_adr=0;                      /*启动转换*/
    i=i;                               /延时等待 EOC 变低
    i=i;
    while(ad_busy==0);                 /*查询等待转换结束*/
    x[i]=*ad_adr;                      /*存转换结果*/
```

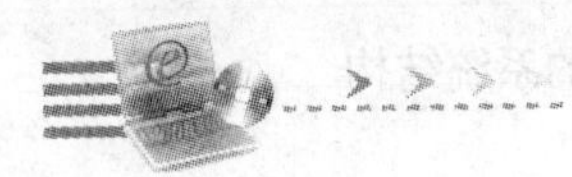

```
    ad_adr++;                                  /*下一通道*/
    }
}
void main(void)
{  satic uchar idata ad[10];
ad0809(ad);                                    /*采样 AD0809 通道的值*/
}
```

图 7-11 是 ADC 0809 与 AT89C51 的接口电路在 Protues 软件中的电路。

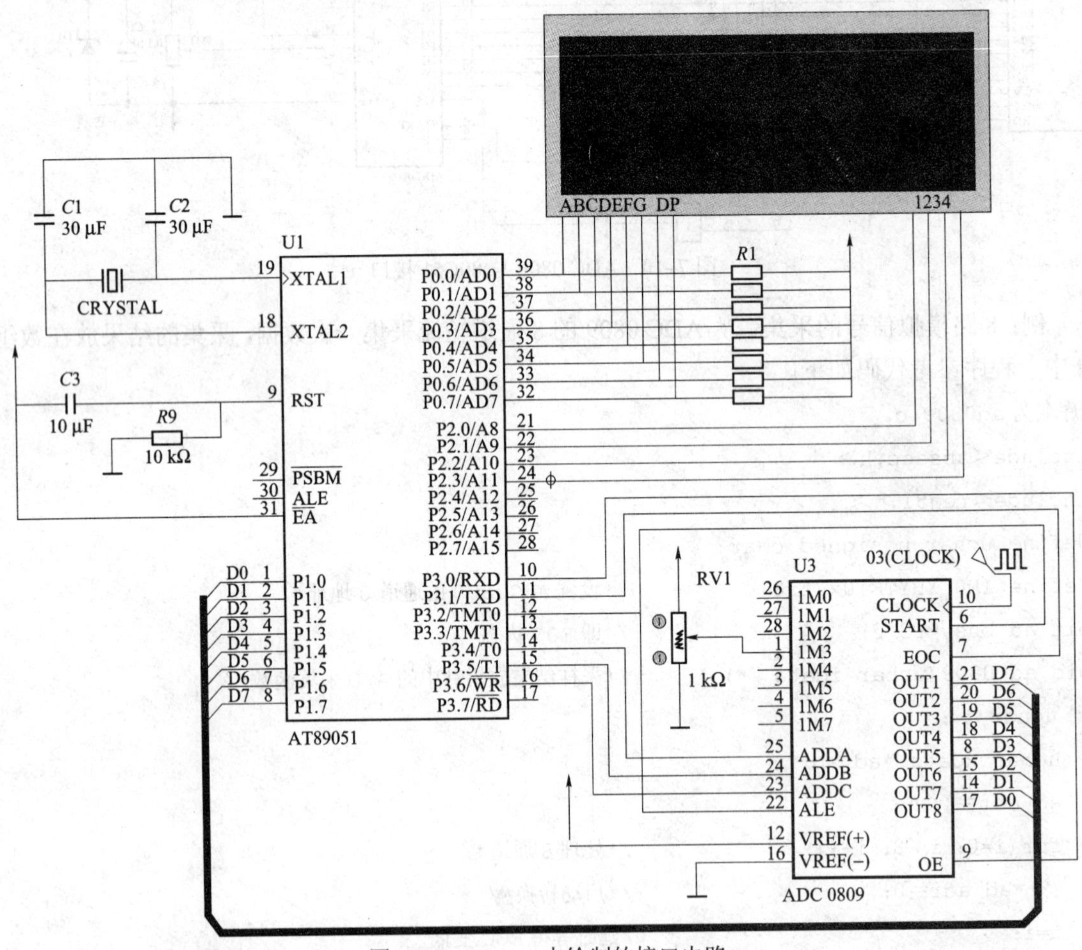

图 7-11　Protues 中绘制的接口电路

运行汇编程序如下。

```
LED_0    EQU      30H                   ; 存放 3 个数码管的段码
```

```
LED_1    EQU     31H
LED_2    EQU     32H

ADC      EQU 35H                               ；存放转换后的数据
ST       BIT         P3.2
OE       BIT     P3.0
EOC BIT          P3.1
         ORG     00H
START: MOV       LED_0，#00H
         MOV     LED_1，#00H
         MOV     LED_2，#00H
         MOV     DPTR，#TABLE                  ；送段码表首地址
         SETB    P3.4
         SETB    P3.5
         CLR     P3.6                          ；选择ADC 0809的通道3
WAIT:    CLR ST
         SETB    ST
         CLR ST                                ；启动转换
         JNB EOC， $                           ；等待转换结束
         SETB    OE                            ；允许输出
         MOV ADC， P1                          ；暂存转换结果
         CLR OE                                ；关闭输出
         MOV A，  ADC                          ；将AD转换结果转换成BCD码
         MOV B，  #100
         DIV     AB
         MOV LED_2，  A
         MOV A，  B
         MOV B，#10
         DIV AB
         MOV LED_1，  A
         MOV LED_0，  B
         LCALL   DISP                          ；显示AD转换结果
         SJMP    WAIT
DISP:    MOV     A，LED_0                      ；数码显示子程序
         MOVC    A，  @A+DPTR
         CLR     P2.3
```

```
        MOV      P0,  A
        LCALL    DELAY
        SETB     P2.3
        MOV      A,   LED_1
        MOVC     A,   @A+DPTR
        CLR           P2.2
        MOV           P0,  A
        LCALL         DELAY
        SETB          P2.2
        MOV           A, LED_2
        MOVC          A,   @A+DPTR
        CLR           P2.1
        MOV           P0, A
        LCALL         DELAY
        SETB          P2.1
        RET
DELAY:  MOV           R6,  #10          ; 延时 5 ms
D1:     MOV           R7,  #250
        DJNZ          R7,  $
        DJNZ          R6,  D1
        RET
TABLE:  DB            3FH, 06H, 5BH, 4FH, 66H
        DB            6DH, 7DH, 07H, 7FH, 6FH
        END
```

三、任务目标和要求

1. 任务要求

要求在 80C51 最小系统的基础上，用 ADC 0809 采样输入模拟电压值，并用数码管显示结果。

2. 硬件设计

线路连接如图 7–10 所示。

3. 软件设计

程序代码如下。

```
#include<reg51.h>
void delay_10ms();
main()
{unsigned char adc;
```

```
float temp1;
unsigned int temp2, temp3;
unsigned char res[3], i;
unsigned char segcode[]={0x3F, 0x06, 0x5B, 0x4F, 0x66, 0x6D, 0x7D, 0x07, 0x7F, 0x6F};
P3.4=1;
P3.5=1;
P3.6=0;
while(1)
  {P3.2=0;
   P3.2=1;
   P3.2=0;
   while(P3.1==0);
   P3.0=1;
   adc=P1;
   P3.0=0;
   temp1=(float)(adc);
   temp1/=256;
   temp1*=5.0;
   temp1*=100.0;
   temp2=(unsigned int)(temp1);
   res[0]=temp2/100;
   temp3=temp2%100;
   res[1]=temp3/10;
   res[2]=temp3%10;
   for(i=0; i<10; i++)
   {    P2=0xff;
        P1=segcode[res[0]]|0x80;
        P2=0x02;
        delay_10ms();
       P2=0xff;
        P1=segcode[res[1]];
        P2=0x04;
        delay_10ms();
        P2=0xff;
       P1=segcode[res[2]];
        P2=0x08;
        delay_10ms();
```

```
    }
  }
}
void delay_10ms()
{  unsigned int delaytime;
   for(delaytime=0; delaytime<1000; delaytime++);
}
```

四、任务实施

1. 跟我做——工具材料准备

80C51 开发板一块，ADC 0809 芯片一块，10 kΩ电位器一个，电阻电容若干，导线若干，万用表一台，电烙铁一把，焊锡若干。

2. 跟我做——直接电路

按照原理图正确焊接线路。

3. 跟我做——测试电路

用万用表简单测试线路是否有短路、开路现象。

4. 跟我做——通电检查

通电检查线路板是否有短路现象。

5. 跟我做——编写程序及下载

编制程序，编译通过后下载到单片机内执行。

6. 跟我做——调试

检查程序执行结果是否和预期结果一致，若不一致，重复上一步。

（1）焊接时注意不要虚焊。

（2）调试时注意首先检查电源连接是否正确。

五、课外任务

（1）如何提高测量结果的稳定性？

（2）如何扩展测量的量程？

学习情境 7-3　自动转换电压表

一、任务目标

（1）了解数字电位器的结构和引脚。

（2）通过使用 X9C103 数字电位器进行电压测量的量程转换，掌握数字电位器的使用方法。

二、知识链接

1. 概述

电位器是一种应用很广的电子元件。传统的电位器是通过机械式结构带动滑片改变电阻值，

因此可称为机械电位器。其结构简单且价格很低，但由于受到材料和工艺的限制，很容易产生滑动片磨损，导致接触不良，且系统噪声大甚至工作失灵；密封性差、易污染、怕潮湿、抗振动性差，容易受环境因素的影响，也是它的一大缺点；再者，体积大、使用寿命短，需要手动调节，不仅耗时、费力，而且调节方法及调节效果因人而异，存在人为误差，导致调节精度低、重复性差。

随着科技的发展，国外多家公司推出一种采用集成电路工艺生产的电位器，其外形像一只集成块，这种电位器采用数字信号控制，故称为数字电位器。数字电位器采用集成电路工艺生产，具有良好的线性、精度和温度稳定性；通过电信号控制电阻的变化，应用范围广，使用灵活；滑动端位置易于单片机、计算机或逻辑电路控制，通过编程自动调节电阻值，大大提高了调节精度和自动控制能力。并且数字电位器具有存储设置或数据的记忆功能。因此它在许多领域可取代传统的机械电位器，广泛用于仪器仪表、计算机及通信设备、家用电器、医疗保健产品、工业控制等领域。总之任何需要用电阻来进行参数调整、校准或控制的场合，都可以使用数字电位器构成可编程模拟电路。

数字电位器用于实现模拟电路中电阻、电压、电流的数字控制和调整。除基本的可变电阻特征外，数字电位器还具有非易失、过零检测、按键去抖动接口、温度补偿、写保护等特性。典型应用包括电源调节、音量控制、亮度控制、增益控制、光纤模块中偏置电流和调制电流的控制等。

2. 工作原理

数字电位器亦称数控可编程电阻器，它是采用 CMOS 工艺制成的数字/模拟混合信号处理集成电路。这里主要介绍 Xicor 公司生产的 X9C103 非易失性电位器。其同型产品有 X9C102、X9C104 和 X9C503，它们都是基于三线加/减式接口的单路 100 抽头非易失性数字电位器。

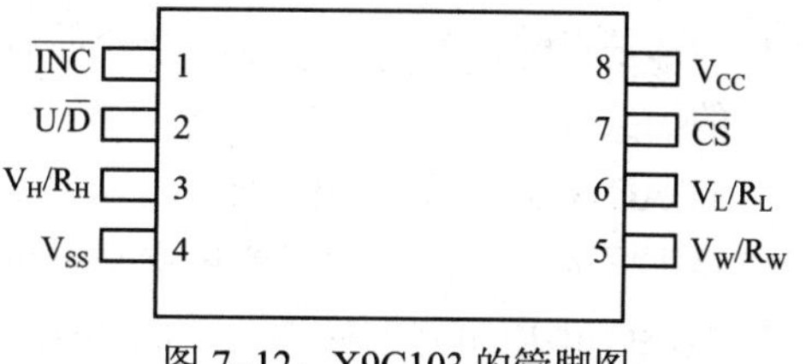

图 7–12　X9C103 的管脚图

X9C103 的管脚图 7–12 所示。

VCC：＋5V　　VSS：地

$\overline{CS}$：芯片选择控制端

$\overline{INC}$：增量控制输入端

$U/\overline{D}$：上下滑动控制输入端

V_W/R_W：滑动端

V_H/R_H：电阻高端

V_L/R_L：电阻低端

X9C103 内部构成如图 7–13 所示，其内部采用 7 位加/减计数器，配 7 位 E^2PROM 存储器。其内部结构有：加/减计数器；E^2PROM；存储与调用控制电路；译码器；由 MOS FET 构成的模拟开关；电阻网络。该数字电位器经过三线串行接口（$\overline{INC}$、$U/\overline{D}$ 和 $\overline{CS}$）与微处理器相连。

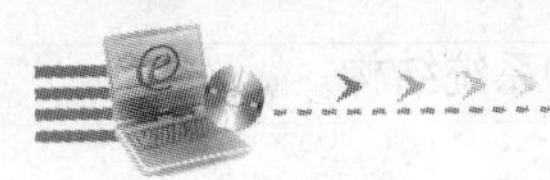

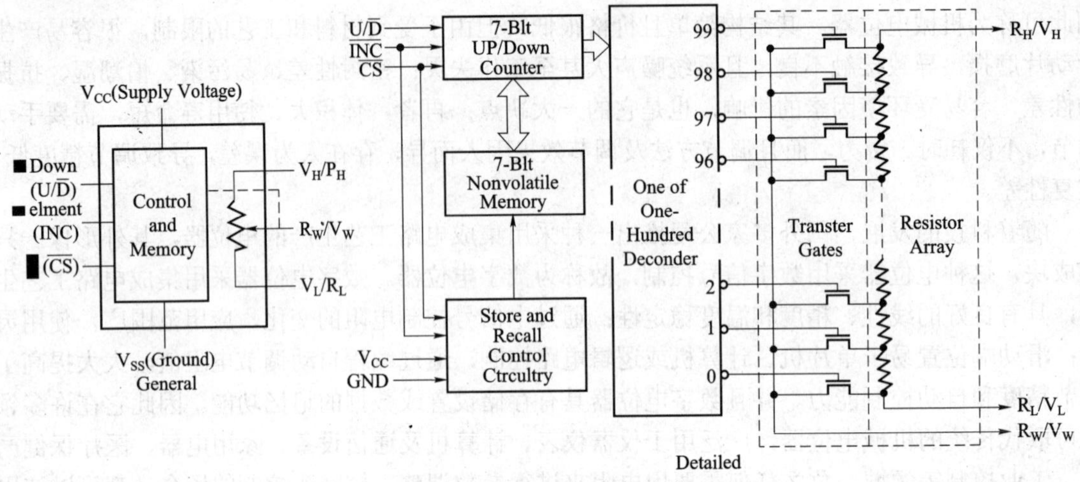

图 7-13　X9C103 内部构成

工作原理：当 $\overline{CS}$ 端接低电平（即选中该芯片）时，$\overline{INC}$ 端每输入一个脉冲，计数器就自动加 1，所得到的计数值经过译码后，就接通相应的模拟开关，这相当于滑动端移动一次位置，输出电阻值亦随之改变。当 $U/\overline{D}$ 接高电平时滑动端向上移动，使 V_W/R_W 与 V_L/R_L 之间的电阻增大，当 $U/\overline{D}$ 接低电平时向下移动，电阻值减小。

X9C103 数字电位器由数字控制电路存储器和 RDAC（Resistance Digital to Analog Converter）电路两部分组成，不同型号的数字电位器其数字控制电路的结构形式不同，但主要功能都是将输入的控制信号进行处理后控制 RDAC，非易失性存储器用来存储控制信号和电位器的抽头位置。

RDAC 电路是数字电位器的重要组成部分，它是一种特殊的数/模转换电路，与一般的数/模电路不同的是转化后的模拟量不是电压值，所以将其称为 RDAC。

RDAC 由电阻阵列模拟开关和译码器等组成，电阻阵列是采用集成电路工艺制作的若干串联在一起的电阻构成，不同型号的数字电位器的电阻数量不同，电阻越多，分辨率越高，V_H/R_H 端与 V_L/R_L 端为电位器输出的两个端点，允许最高外接电压+5 V，最低电压−5 V。V_W/R_W 端的输出将在 $V_H/R_H \sim V_L/R_L$ 端变动，由译码器的输出端控制模拟开关的通断以实现滑动抽头位置的变化，模拟开关数量（滑动抽头数——数字电位器用来调节电阻值的引出端个数）为电阻加 1，当电位器的滑片滑到最低端，此时 V_W/R_W 与 V_L/R_L 之间的电阻为零。当电位器滑片滑到最高端，此时 V_W/R_W 与 V_L/R_L 之间电阻最大。

X9C103 标称值为 10 kΩ，采用 100 阶节点控制，内部分为数字控制电路和电阻网络两部分。电阻网络由 100 个阻值相同的电阻串联而成，通过开关控制中间节点与电阻网络的连接位置来改变电阻值，在每个单元之间和任意一端都可以被滑动单元访问抽头点。滑动单元的位置由片选输入端 $\overline{CS}$（低电平有效）、上下滑动控制输入端 $U/\overline{D}$、增量控制输入端 $\overline{INC}$ 控制。总电阻

10 kΩ、工作电压+5 V，滑动端位置存储于非易失性存储器中，可在上电时重新调用，滑动端位置数据可保存 100 年。V_H/R_H 端与 V_L/R_L 端为电位器输出的两个端点，其外接电压范围为 −5 V～+5 V。V_W/R_W 端的输出将在 V_H/R_H 与 V_L/R_L 端之间变动，$U/\overline{D}$ 控制 V_W/R_W 端调节方向。当 $\overline{CS}$ 上升沿到来且 $\overline{INC}$ 为高电平时，计数器的数值被存储在非易失性存储器中，当电路掉电并再次上电时数字定位器 V_W/R_W 端的输出保持不变。

其输入信号 $\overline{INC}$、$\overline{CS}$、$U/\overline{D}$ 的功能控制真值表见表 7–1。

表 7–1　$\overline{INC}$、$\overline{CS}$、$U/\overline{D}$ 的功能控制真值表

$\overline{CS}$	$\overline{INC}$	$U/\overline{D}$	MODE
L	↓	H	加法计数（电阻值增加）
L	↓	L	减法计数（电阻值减小）
↑	H	×	存储计数状态
H	×	×	保持状态
↑	L	×	不存储返回原态

三、任务目标和要求

1. 任务要求

要求在 5 V 数字直流电压表的基础上，使用 X9C103 实现量程的自动转换，从而扩展测量的量程，并用数码管显示结果。

2. 硬件设计

在 5 V 数字直流电压表的基础上，加上图 7–14 所示的电路，通过控制 X9C103 来实现自动量程转换。

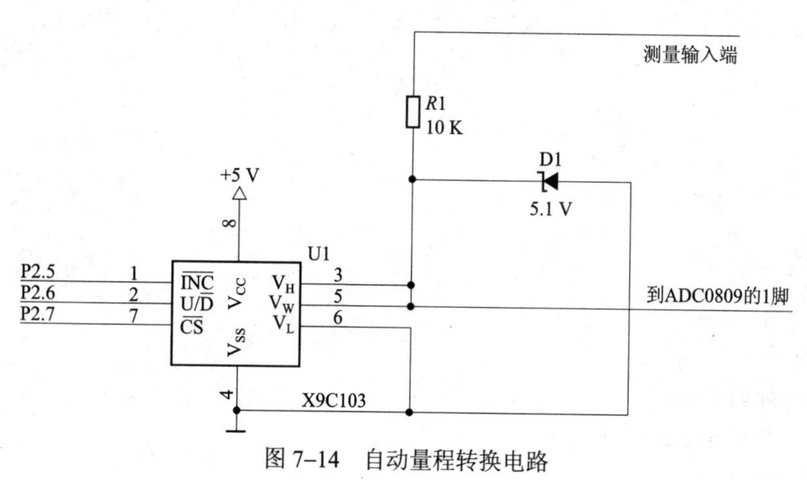

图 7–14　自动量程转换电路

3. 软件设计

程序代码如下。

```
#include<reg51.h>
void delay_10ms();
main()
{unsigned char adc;
 float temp1, temp4;
 unsigned int temp2, temp3;
 unsigned char res[3], i;
 unsignedchar position;
 unsigned char segcode[]={0x3F, 0x06, 0x5B, 0x4F, 0x66, 0x6D, 0x7D, 0x07, 0x7F, 0x6F};
 P3.4=1;
 P3.5=1;
 P3.6=0;
 P2.6=0;
 P2.7=0;
 for(i=0; i<100; i++)
      {
           P2.5=1;
           P2.5=0;
      }
 position=0;
 while(1)
   {
     P3.2=0;
     P3.2=1;
     P3.2=0;
     while(P3.1==0);
     P3.0=1;
     adc=P1;
     P3.0=0;
     if(adc>0x80)
           {if(position>0)
                {position--;
              P2.6=0;
```

```
            P2.7=0;
            P2.5=1;
            P2.5=0;
              }
      }
  else
      { if(position<100)
             {position++;
              P2.6=1;
               P2.7=0;
              P2.5=1;
              P2.5=0;
              }
    }
  temp1=(float)(adc);
  temp1/=256;
  temp1*=5.0;
  temp4=100.0*position;
  temp1/=temp4;
  temp4+=10000.0;
  temp1*=temp4;
  temp1*=10.0;
  temp2=(unsigned int)(temp1);
  res[0]=temp2/1000;
  temp3=temp2%1000;
  res[1]=temp3/100;
  temp2=temp3%100;
  res[2]=temp2/10;
  res[3]=temp2%10;
  for(i=0; i<10; i++)
      {P2=0xff;
       P1=segcode[res[0]];
      P2=0x01;
      delay_10ms();
      P2=0xff;
```

```
      P1=segcode[res[1]];
     P2=0x02;
     delay_10ms();
      P2=0xff;
      P1=segcode[res[2]]|0x80;
     P2=0x04;
     delay_10ms();
     P2=0xff;
      P1=segcode[res[2]];
     P2=0x08;
     delay_10ms();
    }
  }
}
void delay_10ms()
{unsigned int delaytime;
 for(delaytime=0; delaytime<1000; delaytime++);
}
```

四、任务实施

1. 跟我做——工具材料准备

80C51 开发板一块，ADC 0809 芯片一块，X9C103 芯片一块，10 kΩ电位器一个，5.1 V 稳压管一个，电阻电容若干，导线若干，万用表一台，电烙铁一把，焊锡若干。

2. 跟我做——连接电路

按照原理图正确焊接线路。

3. 跟我做——测试电路

用万用表简单测试线路是否有短路、开路现象。

4. 跟我做——通电检查

通电检查线路板是否有短路现象。

5. 跟我做——编写程序及下载

编制程序，编译通过后下载到单片机内执行。

6. 跟我做——调试

检查程序执行结果是否和预期结果一致，若不一致，重复上一步。

（1）焊接时注意不要虚焊。

（2）调试时注意首先检查电源连接是否正确。

五、课外任务

（1）如何进一步扩展量程？

（2）如何提高测量精度？

本章复习思考题

（1）智能仪器有哪些特点，由哪些部件构成，核心部件是什么，用它作为智能仪器核心部件时有哪些优点？

（2）智能仪器设计主要任务包括哪几方面？

（3）智能仪器设计中应注意哪些问题？

（4）说明 ADC 0809 各引脚功能。（画图说明）

模块 4

综合应用

第 8 章　智能电子产品的设计与制作

学习情境导航

知识目标

1. C51 的特点与程序设计
2. Keil 软件的使用
3. 智能电子系统的设计

能力目标

1. C51 编程
2. Keil 软件的基本操作
3. 智能电子产品综合应用

重点、难点

1. C51 程序设计
2. Keil 软件的使用

推荐教学方式

理论与实践一体、“一体化”教学。

推荐学习方式

上机编程、仿真及实际制作。

学习情境 8–1　C51 程序设计

一、任务目标

学会 C51 程序设计。

二、知识链接

对于 MCS-51 系列单片机，目前可支持 3 种高级语言：PL / M 语言、BASIC 语言和 C 语言。PL/M 语言是由 Intel 公司开发的最贴近硬件的高级语言。它的编译器可以产生紧凑代码，但它不支持复杂的算术运算、浮点运算，也没有丰富的库函数支持。BASIC 语言简单易学，且

在 MCS-52 系列单片机中已有解释程序，但其执行速度较慢。C 语言是一种通用的程序设计语言，兼顾多种高级语言的特点，并且具备汇编语言的功能，具有很强的表达能力及可移植性。同时，它有功能丰富的库函数，运算速度快、编译效率高。因此，用 C 语言开发系统可以大大缩短开发时间。C 语言已成为单片机开发过程中应用最广的编程语言。

MCS-51 单片机的 C 语言采用 C51 编译器，它产生的目标代码短、运行效率高，可与 C51 汇编语言或 PL/M 语言目标代码混合使用。Keil Cx51 就是专为 MCS-51 单片机设计的高效率的 C 语言编译器，符合 ANSI 标准，生成的程序代码运行速度极高，所需的存储空间极小。编写好的 C 语言源程序经过 C51 编译器编译、调试、链接定位后就可生成目标程序，通过编程器可下载到 MCS-51 单片机中。

本章主要介绍以下内容。

（1）C51 的基本数据类型及存储类型。

（2）C51 中的函数。

（3）C51 程序设计方法。

（一）C51 程序的基本构成

C51 源程序的结构与一般的 C 语言并没有太大的差别。C51 的源程序文件扩展名为.c，如 Led.c。

下面来看一个简单的 C51 源程序（example.c），该程序可以实现 P1.0 端口所接的发光二极管闪烁点亮。

```
#include <AT89X51.h>        / * 编译器自带的 h 文件，使用< > * /
 sbit LI = P1^0;             /* 定义位变量 LI 为 P1.0 引脚，全局变量说明*/
 void delay02s ( void )   / * 延时 0.2s 函数声明 */
 {
   unsigned char i, j, k; / * 定义无符号字符型变量 i, j, k，局部变量说明*/
   for ( i=20;  i>0; i--)
   for ( j=20;  j>0; j--)
   for ( k=248; k>0; k--);
 }
 void main ( void )         / * 主函数 * /
  {
  while (l)
     {
      L1 = 0;
      delay02s ( );   / * 调用函数 delay02s ( ) * /
      L1 =1;
```

```
        delay02s( );
      }
    }
```

对上面例子的分析如下。

（1）一个 C51 源程序是一个函数的集合。在这个集合中，仅有一个主函数 main（），它是程序的入口。不论主程序在什么位置，程序的执行都是从 main（）函数开始的，其余函数都可以被主函数调用，也可以相互调用，但 main（）函数不能被其他函数调用。

（2）每个函数中所使用的变量都必须先说明后引用。若为全局变量，则可以被程序的任何一个函数引用；若为局部变量，则只能在本函数中被引用。如上例中的变量 LI 可以被所有的函数引用，而变量 i，j，k 只能被 delay02s（）函数引用。

（3）C51 源程序书写格式自由，一行可以书写多条语句，一个语句也可以分多行书写。但在每个语句和数据定义的最后必须有一个分号，即使是程序中的最后一个语句也必须包含分号。

（4）可以用/*……*/对 C51 源程序中的任何部分作注释，以增加程序的可读性。

（5）可以利用＃include 语句将比较常用的函数做成的头文件（以.h 为后缀名）引入当前文件。如上例中的“AT89X51.h”就是一个头文件，语句“sbit LI＝Pl^0;”中的 Pl 就是在头文件中被定义了的变量，在本例中只需使用就可以了。

（二）C51 的数据结构

C51 与 C 语言相同，其数据有常量和变量之分。常量是在程序运行中不能改变值的量，可以是字符、十进制数或十六进制数（用 0x 表示）。变量是在程序运行过程中不断变化的量。无论是常量还是变量，其数据结构是以数据类型决定的。

1. C51 的数据类型

C 语言的数据类型可分为基本数据类型和复杂数据类型，其中复杂数据类型又是由基本数据类型构造而成。C51 中的数据类型既包含与 C 语言中相同的数据类型，也包含其特有的数据类型。

（1）char：字符型。

其长度为一个字节，有 signed char（有符号数）和 unsigned char（无符号数）两种，默认值为 signed char。unsigned char 类型数据可以表达的数值范围是 0～255，signed char 类型数据的最高位表示符号位，“0”为正数，“1”为负数。负数用补码表示，其表达的数值范围是–128～＋127。

（2）int：整型。

其长度为双字节，有 signed int 和 unsigned int 两种，默认值为 signed int。unsigned int 类型数据可以表达的数值范围是 0～65 535；signed int 类型数据的最高位表示符号位，“0”为正数，“1”为负数，其表达的数值范围是–32 768～＋32 767。

（3）long：长整型。

其长度为 4 个字节，有 signed long 和 unsigned long 两种，默认值为 signed long。unsigned long 类型数据可以表达的数值范围是 0～4 294 967 295； signed long 类型数据的最高位表示符号位，“0”为正数，“1”为负数，其表达的数值范围是–2 147 483 648～＋2 147 483 647。

（4）float：浮点型。

它是符合 IEEE–754 标准的单精度浮点型数据，其长度为 4 个字节。在内存中的存放格式如下。

字节地址	＋0	＋1	＋2	＋3
浮点数内容	S EEEEEEE	E MMMMMMM	MMMMMMMM	MMMMMMMM

其中，S 表示符号位，“0”为正数，“1”为负数。E 为阶码，占 8 位二进制数。阶码的 E 值是以 2 为底的指数再加上偏移量 127 表示的，其取值范围是 1～254。M 为尾数的小数部分，用 23 位二进制数表示，尾数的整数部分永远是“1”，因此被省略，但实际是隐含存在的。一个浮点数的数值可表示为：$(-1)^s \times 2^{E-127} \times (1.M)$。

例如，–7.5＝0xC0F00000，以下为该数在内存中的格式。

字节地址	＋0	＋1	＋2	＋3
浮点数内容	1 1000000	1 1110000	00000000	00000000

除以上几种基本数据类型外，还有以下一些数据类型。

（5）*：指针型。

它与前 4 种数据结构不同的是，它本身就是一个变量，在这个变量中存放的不是数据而是指向另一个数据的地址。C51 中的指针变量的长度一般为 1～3 个字节。其变量类型的表示方法是在指针符号“*”的前面冠以数据类型的符号，如“char*pointl”表示 pointl 是一个字符型的指针变量。

指针型变量的用法与汇编语言中的间接寻址方式类似，表 8–1 表示两种语言的对照用法。

表 8–1 汇编语言与 C 语言的对照用法

汇编语言	C 语言	说 明
MOV R1, #m MOV n, @R1	P ＝ &① m n ＝ *② P	送地址 m 到指针型变量 P（即 R1）中 m 的内容送 n
注：① &表示取地址运算符。② *为取内容运算符。		

（6）bit：位类型。

位类型是 C51 编译器的一种扩充数据类型，利用它可以定义一个位变量，但不能定义位指针，也不能定义位数组。它的值只可能为 0 或 1。

（7）sfr：特殊功能寄存器类型

它也是 C51 编译器的一种扩充数据类型，利用它可以定义 51 单片机的所有内部 8 位特殊功能寄存器。sfr 型数据占用一个内存单元，取值范围为 0～255。例如：sfrP0＝ 0x80，表示定义 P0 为特殊功能寄存器型数据，且为 P0 口的内部寄存器，在程序中就可以使用 P0=255 对 P0 口的所有引脚置高电平。

（8）sfr16：16 位特殊功能寄存器类型。

与 sfr 一样，sfrl6 是用于定义 MCS-51 单片机内部的 16 位特殊功能寄存器。它占用两个内存单元，取值范围为 0～65 535。

（9）sbit：可寻址位类型。

它也是 C51 编译器的一种扩充数据类型，利用它可以访问 MCS-51 单片机内部 RAM 的可寻址位及特殊功能寄存器中的可寻址位。示例如下。

```
sfr P1 = 0x90
sbit Pl^l = Pl.l
sbit OV = 0x0D^2
```

表 8–2 列出了 C51 的所有数据类型。

表 8–2　C51 的数据类型

数据类型	长　度	值　域
unsigned char	单字节	0～255
signed char	单字节	–128～+127
unsigned int	双字节	0～65 535
signed int	双字节	–32 768～+32 767
unsigned long	4 字节	0～4 294 967 295
signed long	4 字节	–2 147 483 648～+2 147 483 647
float	4 字节	±1.175 494E–38～±3.402 823E+38
*	1～3 字节	对象的地址
bit	位	0 或 1
sfr	单字节	0～255
sfr16	双字节	0～65 535
sbit	位	0 或 1

在 C51 中，如果出现运算对象的数据类型不一致的情况，按以下优先级（由低到高）顺序自动进行隐式转换。

bit → char → int → long → float → singed → unsigned，转换时由低向高进行。

C51 编译器除了能支持以上这些基本数据类型外，还能支持复杂的构造类型，如结构体、联合体等，这里就不一一介绍了。

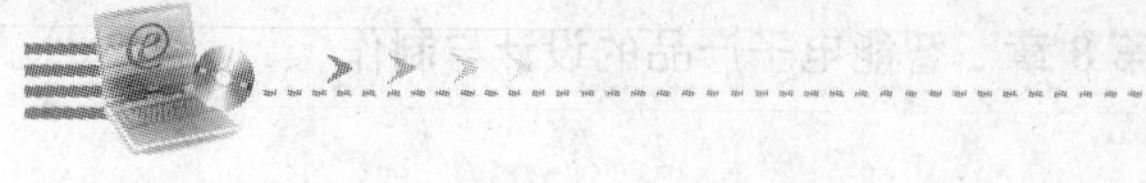

2. C51 的常量

常量就是在程序执行过程中不能改变值的量。常量的数据类型有整型、浮点型、字符型、字符串型及位类型。

（1）整型常量。

可用十进制、十六进制表示，如果是长整数则在数字后面加 L，示例如下。

十进制整数：1 234，–56

十六进制整数：0xl23，–0xFF

长整数：6789L、0xAB12L

（2）浮点型常量。

可用十进制和指数两种形式表示。

十进制由数字和小数点组成，整数和小数部分为 0 可以省略，但小数点不能省略。例如：0.123 4，.123 4，1 234.，0.0 等。

指数表示形式为[±]数字[.数字]e[±] 数字。例如：123.4e5，–6e–7 等。

（3）字符型常量。

其为单引号内的字符，如‘e’‘k’等。对于不可显示的控制符，可在该字符前用反斜杠“\”构成转义字符表示。如表 8–3 所示为一些常用的转义字符。

表 8–3　常用的转义字符表

转义字符	含　义	ASCll 码
\0	空字符（NULL ）	0x00
\n	换行符（LF ）	0x0A
\r	回车符（CR ）	0x0D
\t	水平制表符（HT ）	0x09
\b	退格符（BS ）	0x08
\f	一换页符（FF ）	0x0C
\’	单引号	0x27
\”	双引号	0x22
\\	反斜杠	0x5C

（4）字符串型常量。

其为双引号内的字符，如“ABCD”“@＃%”等。当双引号内没有字符时，表示空字符串。在 C51 中字符串常量是作为字符型数组来处理的，在存储字符串时系统会在字符串的尾部加上转义字符“\0”作为该字符串的结束符。所以字符串常量“A”与字符常量‘A’是不同的。

（5）位常量。

它的值只能取 1 或 0 两种。

3. C51 的变量与存储类型

变量是一种在程序执行过程中值不断变化的量。变量在使用之前，必须进行定义，用一个标识符作为变量名并指出它的数据类型和存储模式，以便编译系统为它分配相应的存储单元。C51 对变量的定义格式如下。

「存储种类」数据类型［存储器类型］变量名表

下面分别介绍变量定义格式中的各项。

（1）存储种类。

该项为可选项。变量的存储种类有 4 种：自动（Auto）、外部（Extern）、静态（Static） 和寄存器（Register）。如果在定义变量时省略该项，则默认为自动（Auto）变量。自动变量（Auto）指被说明的对象放在内存的堆栈中。只有在定义它的函数被调用或是定义它的复合语句被执行时，编译器才为其分配内存空间。当函数调用结束返回时，自动变量所占用的空间就被释放。

外部变量（Extern）指在函数外部定义的变量，也称全局变量。只要一个外部变量被定义后，它就被分配了固定的内存空间，即使函数调用结束返回，其存储空间也不被释放。静态变量（Static）分为内部静态变量和外部静态变量两种。如果希望定义的变量在离开函数后到下次进入函数前变量值保持不变，就需要使用静态变量说明。使用这种类型对变量进行说明后，变量的地址是固定的。

寄存器变量（Register）指定将变量放在 CPU 的寄存器中，程序执行效率最高。

（2）数据类型。

该项为必选项。变量的数据类型可以使用本节中介绍的所有数据类型。

（3）存储器类型。

该项为可选项。Keil Cx51 编译器完全支持 MCS-51 系列单片机的硬件结构和存储器组织，对每个变量可以按表 8–4 中的存储器类型来定义。

若在定义变量时省略存储器类型项，则按编译时使用的存储器模式来确定变量的存储器空间。Keil Cx51 编译器的 3 种存储器模式为 SMALL、LARGE 和 COMPACT，这 3 种模式对变量的影响见表 8–5。

表 8–4　Keil Cx51 编译器所能识别的存储器类型

存储器类型	说　　明
DATA	直接寻址的片内数据存储器（28 B），访问速度最快
BDATA	可位寻址的片内数据存储器（6 B），允许位与字节混合访问
IDATA	间接访问的片内数据存储器（56 B），允许访问全部片内地址
PDATA	分页寻址的片外数据存储器（256 B），用“MOVX @Ri”指令访问
XDATA	片外数据存储器（64 KB），用“MOVX @ DPTR”指令访问
CODE	程序存储器（64 KB），用“MOVC @ A＋DPTR”指令访问

表 8-5 存储器模式

存储器模式	描 述
SMALL	变量放入直接寻址的片内数据存储器（默认存储器类型为 DATA）
COMPACT	变量放入分页寻址的片外数据存储器（默认存储器类型为 PDATA）
LARGE	变量放入片外数据存储器（默认存储器类型为 XDATA）

4. 变量应用举例

```
char data var;                    /* 在 data 区定义字符型变量 var */
int a = 5 ;        /*定义整型变量 a，同时赋初值等于 5，变量 a 位于由编译器的存储器模*/
                                  /* 式确定的默认存储区中 */
char code text [ ] = "HELLO!";    /*在 code 区定义字符串数组 * /
unsigned int xdata time;          /*在 xdata 区定义无符号整型变量 time*/
extern float idata x,  y,  z;     /*在 idata 区定义外部浮点型变量 x，y，Z*/
char xdata * px ;                 / * 指针 px 指向 char 型 xdata 区，指针 px 自身*/
                                  / * 在默认存储区，指针长度为双字节 * /
char pdata * data py ;            / * 指针 py 指向 char 型 pdata 区，指针 */
                                  / * py 自身在 data 区，指针长度为单字节 */
static bit data port; * /         / *在 data 区定义了一个静态位变量 port* /
int bdata x ;                     / * 在 bdata 区定义了一个整型变量 x * /
sbit x0 = x^0;                    / * 在 bdata 区定义了一个位变量 x0 * /
sfr P0 = 0x80 ;                   / * 定义特殊功能寄存器名 P0 * /
sfr16 T0 = 0xCC ;                 / * 定义特殊功能寄存器名 T0* /
```

5. 数据类型和变量定义中的常见问题

（1）重新定义数据类型的方法。

在 C51 中，除了可以采用上面所介绍的数据类型外，用户还可以根据自己的需要对数据类型进行重新定义，重新定义的方法如下。

```
typedef  已有的数据类型    新的数据类型
```

typedef 的作用只是将 C51 中原有的数据类型用新的名称做了置换，并没有创造出新的数据类型。在用 typedef 重新定义数据类型后，可以用新的数据类型名对变量进行定义，但不能直接用 typedef 定义变量。

```
typedef unsigned char BYTE; / * 定义 BYTE 为新的字符型数据类型名 */
BYTE  x ,  y ;              / * 定义 x ， y 为 BYTE 型，即 char 型变量 */
```

上例中用 BYTE 置换了 unsigned char，在后面的程序中就可以用 BYTE 定义变量的数据类型了。此时，BYTE 就等效于 unsigned char。

通常，用 typedef 定义的新数据类型用大写字母表示。

（2）指针型变量的数据类型定义。

由于 C51 是与 MCS-51 单片机硬件相关的，所以 C51 中的指针变量的用法就类似于汇编语言中的间接寻址的用法。在汇编语言中，对同一个外部数据存储器，既有@Ri 分页寻址，又有@DPTR 寻址，其中 Ri 与 DPTR 本身的地址范围是不同的。因此，C51 中的指针与汇编中的这两种寄存器类似，指针本身是一个需要进行类型定义的变量，而它所指向的变量也需要进行类型定义。使用类型定义就可以描述指针变量及指针所指向的变量占几个字节、应放在什么存储区，例如上面程序的两个例子。

```
char xdata * px ;          / * 指针 px 指向 char 型 xdata 区，指针 px 自*/
                           / * 身在默认存储区，指针长度为双字节*/
char pdata * data py ;     / * 指针 py 指向 char 型 pdata 区，指针 py 自*/
                           / *身在 data 区，指针长度为单字节*/
```

由此可知，指针所指向的变量存储器类型定义为 data/idata/pdata 时，指针本身长度为单字节；指针所指向的变量存储器类型定义为 code/xdata 时，指针本身长度为双字节。

若想使指针能适用于指向任何存储空间，则可以定义指针为通用型，此时指针本身的长度为 3 个字节，第一个字节表示存储器类型编码，第二、第三字节表示所指地址的高位和低位。通用型指针的存储器类型编码见表 8–6。

表 8–6 通用型指针的存储器类型编码

存储器类型	idata	xdata	pdata	data	code
编码	1	2	3	4	5

例如，指针变量的值为 0x021234，表示指针指向 xdata 区的 1234H 地址的单元。

（三）C51 的运算符

C 语言对数据有很强的表达能力，具有十分丰富的运算符，以下为 C51 中常用的运算符。

1. 赋值运算符

C51 的赋值运算符为“＝”，它的作用是将运算符右边的数据或表达式的值赋给运算符左边一个变量，赋值表达式的格式如下。

变量＝表达式

```
a=b=0x1000 ;  / * 将常数 0x1000 同时赋值给变量 a，b * /
```

2. 算术运算符

C51 的算术运算符有以下 5 种。

＋ 加或取正运算符

– 减或取负运算符

* 乘运算符

/ 除运算符

% 取余运算符

算术表达式的格式如下。

表达式 1 算术运算符 表达式 2

例如：a+b / 10、x * 5+y

算术运算符的优先级由高到低依次为：乘*、除/、取余%、加+、减-。若要改变运算符的优先级，可采用圆括号实现。例如：(a+b) /10。

3. 增量和减量运算符

C51 的增量和减量运算符如下。

++增量运算符

--减量运算符

示例如下。

```
++i ;            /*  先将 i 值加 1，再使用 i */
j--;             /* 在使用 j 之后，再使 j 值减 1 */
```

4. 关系运算符

C51 的关系运算符有以下 6 种。

>	大于运算符
<	小于运算符
>=	大于等于运算符
<=	小于等于运算符
==	等于运算符
!=	不等于运算符

前 4 种关系运算符的优先级相同，后两种关系运算符的优先级也相同但比前 4 种低。

关系表达式的格式如下。

表达式 1 关系运算符 表达式 2

例如：x+y>=s，(a+1) !=c。

5. 逻辑运算符

C51 的逻辑运算符有以下 3 种。

&&	逻辑与
||	逻辑或
!	逻辑非

逻辑与、逻辑或的表达式为：条件式 1 逻辑运算符 条件式 2。

逻辑非的表达式为：! 条件式

逻辑运算符的优先级由高到低依次为逻辑非!→逻辑与&&→逻辑或||。

例如：x && y、! c。

6. 位运算符

C51 的位运算符有以下 6 种。

~　　按位取反

<<　　左移

>>　　右移

&　　按位与

^　　按位异或

|　　按位或

位运算符的优先级由高到低依次为按位取反~→左移<<、>>→按位与&→按位异或^→按位或|。

位运算符中的左移和右移操作与汇编语言中的移位操作不同。汇编语言中的移位是循环移位，而 C51 中的移位会将移出的位值丢弃，补位时补入 0（若是有符号数的负数右移，则补入符号位 1）。

例如：a=0x8f，进行左移运算 a<<2 时，全部的二进制位值一起向左移动两位，最左端的两位被丢弃，并在最右端两位补入 0。因此，移位后的 a=0x3C。

7. 复合赋值运算符

在赋值运算符“=”的前面加上其他运算符，就构成了复合赋值运算符，如：+=、-=、*=、/=、%=、<<=、>>=、&=、|=、^=、~=等。

复合赋值运算首先对变量进行某种运算，再将运算结果赋值给变量。

复合赋值运算的格式如下。

变量　复合赋值运算符　表达式

例如：a += 5 相当于 a = a + 5。

8. 条件运算符

条件运算符的格式如下。

逻辑表达式？表达式 1：表达式 2

其功能是首先计算逻辑表达式，当值为真（非 0）时，将表达式 1 的值作为整个条件表达式的值；当值为假（0）时，将表达式 2 的值作为整个条件表达式的值。

例如，max =（a > b ）？ a：b 的执行结果是比较 a 与 b 的大小，若 a > b，则为真，max =a；若 a<b，则为假，max=b。

9. 指针和地址运算符

C51 的指针和地址运算符如下所示。

*　取内容运算符

&　取地址运算符

取内容和取地址的运算格式如下。

```
变量=*指针变量          / * 将指针变量所指向的目标变量值赋给左边的变量 */
指针变量=&目标变量      /* 将目标变量的地址赋给左边的变量 */
```

示例如下：

```
px = &i ;          / * 将 i 变量的地址赋给 px * /
py = * j ;         / * 将 j 变量的内容为地址的单元的内容赋给 py * /
```

以上就是 C51 中的各种常用运算符及其基本用法。

（四）C51 的函数

在前面的实例中，可以看到 C 语言的程序一般是由一个主函数和若干个用户函数构成。在编写 C 语言程序时，可以按不同功能设计成一些任务单一、充分独立的小函数。这些小函数相当于一些子程序模块，每个模块完成特定的功能，用这些子程序模块就可以构成新的大程序。这样的编程方式，可以使 C 语言程序更容易读写、理解、查错和修改。

1. 函数的分类及定义

从用户使用的角度划分，C51 的函数分为两种：标准库函数和用户自定义函数。标准库函数是由 C51 编译器提供的，它不需要用户进行定义和编写，可以直接由用户调用，如前面的实例中的 AT89x51.h 等。要使用这些标准库函数，必须在程序的开头用“#include”包含语句，然后才能调用。

用户自定义函数是用户根据自己的需要编写的能实现特定功能的函数，它必须先进行定义才能调用。函数定义的一般形式如下。

```
函数类型 函数名（形式参数表）
形式参数说明表
{
    局部变量定义
    函数体语句
}
```

其中，“函数类型”说明了自定义函数返回值的类型，可以是前面介绍的整型、字符型、浮点型及无值型（void)，也可以是指针。无值型表示函数没有返回值。“函数名”是用标识符表示的自定义函数名字。“形式参数说明表”中的形式参数的类型必须加以说明。如果定义的是无参函数，则可以无形式参数说明表，但必须有圆括号。“局部变量定义”是对在函数内部使用的局部变量进行定义。“函数体语句”是为完成该函数的特定功能而设置的各种语句。

下面是一个简单的例子。

```
char funl ( x , y )            / * 定义一个 char 型函数 * /
int x ;                        / * 说明形式参数的类型 * /
char y ;
{
char z ;                       / * 定义函数内部的局部变量 * /
```

```
z = x +y ;                    / * 函数体语句 */
return (z) ;                  / * 返回函数的值 z * /
}
```

如果要将函数的值返回到主调用函数中去，则需要用 return 语句，且在定义返回值变量的类型时，必须与函数本身的类型一致。即：return（z）中的 z 是 char 型，与函数的类型 char 型一致。对于不需要有返回值的函数，可将该函数类型定义为 void 类型（空类型）。

2. 函数的说明与调用

与使用变量一样，在调用一个函数之前，必须对该函数的类型进行说明。对函数进行说明的一般形式如下。

类型标识符　被调用的函数名　（形式参数表）

函数说明是与函数定义不同的，书写上必须注意函数说明结束时，必须加上一个分号“;”。如果被调用函数在主调用函数之前已经定义了，则不需要进行说明；否则需要在主调用函数前对被调用函数进行说明。

C51 程序中的函数是可以互相调用的，调用的一般形式如下。

函数名　（实际参数表）

其中，“函数名”就是被调用的函数。“实际参数表”就是与形式参数表对应的一组变量，它的作用就是将实际参数的值传递给被调用函数中的形式参数。在调用时，实际参数与形式参数必须在个数、类型、顺序上严格一致，如：funl（3，4）。

函数的调用有以下 3 种。

（1）函数语句。如：fun（ ）。

（2）函数表达式。如：result＝5*funl（a，b）。

（3）函数参数。如：result＝funl（funl（a，b），c）。

3. C51 中的特殊函数

（1）再入函数。

如果在调用一个函数的过程中，又间接或直接调用该函数本身，称为函数的递归调用。在 C51 中必须采用一个扩展关键字 reentrant 作为定义函数时的选项，将该函数定义为再入函数，此时该函数才可被递归调用。

再入函数的定义格式如下。

函数类型 函数名（形式参数表）[reentrant]

使用再入函数时必须注意，再入函数不能传送 bit 类型的参数，也不能定义一个局部位变量，再入函数不能包括位操作以及可位寻址区。在同一个程序中可以定义和使用不同存储器模式的再入函数，任意模式的再入函数不能调用不同模式的再入函数，但可以任意调用非再入函数。由于采用再入函数时需要用再入栈来保存相关变量数据，占用较大内存，处理速度较慢，因此，一般情况下尽量避免使用递归调用。

（2）中断服务函数。

C51 编译器支持用户在 C51 源程序中直接编写高效的中断服务程序。为了满足编写中断服务程序的需要，C51 编译器增加了一个关键字 interrupt，用于定义中断服务函数，其一般格式如下。

函数类型 函数名（形式参数表）[interrupt m][using n]

其中，关键字 interrupt m 后面的 m 表示中断号，取值范围为 0～31。在 MCS-51 系列单片机中，m 通常取以下值。

0 外部中断 0

1 定时器 0

2 外部中断 1

3 定时器 1

4 串行口

5 定时器 2

using n 后面的 n 用于定义函数使用的工作寄存器组，n 的取值范围为 0～3。对应于 MCS-551 系列单片机片内 RAM 中的 4 个工作寄存器组。如果不用该选项，则编译器会自动选择一个寄存器组使用。

使用中断服务函数时必须注意，中断服务函数必须是无参数、无返回值的函数。如果在中断服务函数中调用其他函数时，必须保持被调函数使用的寄存器组与中断服务函数的一致。中断服务函数是禁止被直接调用的，否则会产生编译错误。中断服务函数最好写在文件的尾部，并且禁止使用 extern 存储种类说明。

示例如下。

```
void timer1 ( void ) interrupt 3 using 3
{
}
```

（五）C51 的编译预处理

C51 的编译预处理命令类似于汇编语言中的伪指令。编译器在对整个程序进行编译之前，先对程序的编译控制行进行预处理，然后再将处理结果和源程序一起进行编译。常用的预处理命令有宏定义、文件包含和条件编译命令。这些命令都是以“#”开头，以与源程序中的一般语句行和说明行相区别。

1. 宏定义

宏定义的作用就是用一个字符串来进行替换一个表达式。宏定义分两类：不带参数的宏定义和带参数的宏定义。

1）不带参数的宏定义

它的一般格式如下。

```
# define 宏符号名 常量表达式
```

示例如下。

```
# define Pl 3.14159
# define R 5
# define D 2*R
```

在使用宏定义时，应注意以下几点。

（1）一般将宏符号名用大写字母表示。

（2）宏定义不是 C51 的语句，所以在宏定义行末尾不需要加分号。

（3）在进行宏定义时，可以使用已经定义过的宏符号名，但最多不能超过 8 级嵌套。

（4）宏符号名的有效范围是从宏定义位置开始到源文件结束。宏定义一般放在程序的最前面。如果要终止宏的作用域，可使用“#undef”命令。

（5）宏定义对字符串不起作用。

2）带参数的宏定义

与不带参数的宏定义的不同之处在于，带参数的宏定义对源程序中出现的宏符号名不仅进行字符串替换，还要进行参数替换，其格式如下。

#define 宏符号名（参数表）表达式

```
#define X （ A ， B ） A * B * B
```

在程序中如果有语句：y=X（4，3），经替换后变为 y=4*3*3。

2. 文件包含

文件包含是指一个程序文件将另一个指定的文件的全部内容包含进来。在 9.1 节例子中的命令#include <AT89x51.h >，就是将 C51 编译器中的库函数 AT89X51.h 包含到用户程序中。它的格式如下。

include “文件名”

或#include＜文件名＞

若使用“文件名”格式，则在当前源文件所在的目录中查找指定文件；若使用＜文件名＞格式，则在系统指定的头文件目录中查找指定文件。

采用文件包含命令可以有效提高程序的编制效率。为了适应模块化编程的需要，可以将比较常用的函数、公用的符号常量、带参数的宏等定义在一个独立的文件中，在编写其他程序时，如果需要再将其包含进来。这样可以便于修改，减少重复劳动。

3. 条件编译

一般情况下对 C51 源程序进行编译时，所有的程序行都要被编译，但有时希望在满足一定条件下只编译源程序中的相应部分，这就是条件编译。

条件编译有以下 3 种格式。

（1）格式一。

```
#ifdef 标识符
    程序段 1
```

```
# else
    程序段 2
# endif
```

该命令格式的功能是，如果指定的标识符已被定义，则程序段 1 参加编译， 否则程序段 2 参加编译。

例如：对工作于 6 MHz 和 12 MHz 时钟频率下的 8051 和 8052 单片机，可以采用如下条件编译，使编写的程序具有通用性。

```
# define CPU 8051
# ifdef CPU
# define FREQ 6
# else
# define FREQ 12
# endif
```

（2）格式二。

```
# ifndef 标识符
    程序段 1
# else
    程序段 2
# endif
```

该命令格式与格式一相反，如果指定的标识符未被定义，则程序段 1 参加编译，否则程序段 2 参加编译。

（3）格式三。

```
#if      表达式 1
    程序段 1
#elif    表达式 2
    程序段 2
#else
    程序段 n
#endif
```

这种格式表示当指定的表达式 1 的值为真，则编译程序段 1，否则对第二个表达式进行判断，如此进行，直到遇到“#else”或“#endif”为止。

（六）C51 应用举例

C51 语言是一种结构化的编程语言，程序由能够完成不同功能的模块构成，每个模块又包含若干基本结构，每个基本结构又由若干条语句构成。C51 与 C 语言一样，有 3 种基本结构：

顺序结构、分支结构及循环结构。这 3 种基本结构采用的流程控制语句也与 C 语言相同，这里就不一一介绍了。

下面举例说明 C51 程序设计中的实际应用技巧。

1. 简单的 C51 程序实例

例 9–1：将外部 RAM 1000H 单元的内容存入内部 RAM 30H 单元。

说明：在进行 80C51 单片机应用系统程序设计时，有时需要直接操作系统的各个存储器的地址空间。为了能在 C51 程序中直接对任意指定的存储器地址进行操作，可以采用指针变量实现，也可用“absacc.h”头文件中的函数实现。

“absacc.h”头文件中的函数类型如下。

```
CBYTE      / * 访问 code 区 char 型数据* /
DBYTE      / * 访问 data 区 char 型数据* /
PBYTE      / * 访问 pdata 区或 I/O 区 char 型数据* /
XBYTE      / * 访问 xdata 区或 I/O 区 char 型数据* /
CWORD      / * 访问 Code 区 int 型数据* /
DWORD      / * 访问 data 区 int 型数据* /
Pw0RD      / * 访问 pdata 区或 I/O 区 int 型数据* /
XWORD      / * 访问 xdata 区或 I/O 区 int 型数据* /
```

程序一：用指针变量实现。

```
void main (void)
{ char xdata * xp ;
  char data * p ;
  xp = 0x1000 ;
  p = 0x30 ;
  * p = * xp ;
  }
```

程序二：用 absacc.h 头文件中的函数实现。

```
# include <absacc.h>
void main ( void )
{
 DBYTE [0x30] = XBYTE [0x1000];
 }
```

例 9–2：片内 RAM 20H 单元存放着一个 0～5 的数，利用查表法求出该数的平方值，并放入内部 RAM 21H 单元。

```
void main ( void )
```

```
{ char x , * p ;
 char code tab [6]={ 0 , 1 , 4 , 9 , 16 , 25 } ;
 p = 0X20 ;
 x = tab [*p] ;
 p + + ;
 * p = x
}
```

例 9–3：片内 RAM 的 20H 单元存放一个有符号数 x，函数 y 与 x 有如下关系。

$$y=\begin{cases}-1 & (x<0)\\ 0 & (x=0)\\ 1 & (x>0)\end{cases}$$

将 y 的值存入 21H 单元。

```
void main ( void )
{
 char x , * p , * y ;
 p = 0x20;
 y = 0x21;
 x = *p;
 if (x>0) * y = 1;
 if (x<0) * y = -1;
 if (x=0) * y = 0;
}
```

例 9–4：求 1～100 的累加，并将结果存入 sum 中。

程序一：用 do … while 实现。

```
void main ( void )
{
 int sum = 0 , I = 1 ;
 do {
    sum + =i;
    i + + ;
    }
 While (i<=100);
}
```

程序二：用 for 实现。

```
Void main ( void )
{
int sum = 0 ,  i ;
 for ( i = 0 ;  i < = 100;  i + + )
 sum + =i;
}
```

2. 用 C51 实现中断及定时器设计

例 9–5：在 P1.0 端口接 LED 灯，要求采用定时器控制，使 LED 灯每 2 s 闪烁一次。时钟频率 Fosc＝6 MHz。

说明：定时器 T0 采用方式 1，产生周期为 200 ms 的脉冲，使 Pl.1 每 100 ms 取反一次，将 P1.1 取反后接入 P3.5 作为定时器 T1 的计数脉冲，T1 对下降沿计数，采用方式 2。因此，T1 计 5 个脉冲正好 1 000 ms。T0 与 Tl 采用中断方式。T0 的计数值为 50 000。

```
# include < reg51.h >
sbit P10 = P1^0;
sbit Pll = P1^1;
void main ( void )
{ P10 = 0 ;                  / * 置灯初始状态灭 * /
  P11 =1 ;                   / * 保证第一次反相便开始计数 * /
  TMOD = 0x61 ;              / * T0 方式 1 定时，T1 方式 2 计数 */
  TH0 = -50000/256 ;         / * 预置计数初值 * /
  TL0 =-50000%256 ;
  TH1 = -5 ;
  TL1 = -5 ;
  IP = 0x08 ;                / * 置中断优先级寄存器为 T1 优先级高 * /
  EA=1; ET0=1; ET1=l;        / * 开中断 * /
  TR0 = 1 ;  TR1 = 1 ;       / *启动定时/计数器*/
  for ( ;  ;  ) { }          / * 等待中断 * /
  }
  void time0(void ) interrupt 1 usingl    / *T0 中断服务程序 * /
  { P11= !P11;               / * 100 ms 到 P1.0 反相 * /
    TH0=-50000/256 ;         / * 重载计数初值 * /
    TL0 =-50000%256
 }
void timer1 ( void ) interrupt 3 using2  /* T1 中断服务程序* /
{
```

```
    P10 = ! P10 ;
  }
```

3. C51 和汇编语言的混合编程

为了发挥 C51 语言和汇编语言各自的优点，常需要将两者进行混合编程。一般情况下，由于 C51 具有很强的数据处理能力，编程中对 80C51 单片机寄存器和存储器的分配由编译器自动完成，因此常用它来编写主程序及一些运算较复杂的程序。而汇编语言对硬件的控制较强，运行速度快，灵活性更强，因此常用汇编语言实现与硬件接口的子程序设计及对时间要求高的子程序设计。这里仅简单介绍 C51 调用汇编程序的方法。

实现 C51 与汇编语言的混合编程，可以采用以下两种方法。

第一种方法就是在 C51 中可以通过直接插入“# pragma asm/ endasm ”关键字，实现汇编语言程序的内嵌。其内嵌格式如下。

```
# pragma asm
 Assembler Code Here
# pragma endasm
```

当源程序文件创建完成后，还需要在编译器中加入“src”选项，这时，编译器将汇编代码复制输出到.SRC 文件中，经过编译后才能得到.obj 文件。

示例程序如下。

```
# include <reg51.h>
shit P10 = P1^0 ;
void main ( void )
{
P10=1 ;
#pragma asm
    MOV  R7 ,  #10
DEL : MOV  R6 ,  #20
    DJNZ R6 ,  $
    DJNZ R7 ,  DEL
#pragma endasm
P10 = 0 ;
}
```

第二种方法就是将汇编语言源程序编写成与 C51 程序类似的独立文件。然后将其加入项目文件中，通过在 C51 文件中使用“extern”定义被调用汇编程序的函数原型，就可直接调用了。

在把汇编语言加入到 C51 程序之前，必须使汇编程序与 C51 程序一样，有参数、返回值和局部变量。在 C51 编译器中，提供了与汇编语言程序的接口规则，这些规则保证了汇编语言能

够正确地被 C51 调用。

如何实现汇编程序与 C51 程序间的参数传递呢？在 C51 编译器中，可以利用 80C51 单片机的工作寄存器传递参数，也可以通过固定存储器区来传递参数。采用工作寄存器传递参数最多只能传递 3 个参数，并只能选择固定的寄存器，表 8–7 所示为参数传递的工作寄存器选择。

表 8–7　参数传递的工作寄存器选择

<table>
<tr><th>传递的参数</th><th>char、单字节指针</th><th>int、双字节指针</th><th>long、float</th><th>一般指针</th></tr>
<tr><td>第 1 个参数</td><td>R7</td><td>R6（高字节），R7（低字节）</td><td>R4～R7</td><td rowspan="3">R3（存储器类型）
R2（高字节）
R1（低字节）</td></tr>
<tr><td>第 2 个参数</td><td>R5</td><td>R4（高字节），R5（低字节）</td><td>R4～R7</td></tr>
<tr><td>第 3 个参数</td><td>R3</td><td>R3（高字节），R3（低字节）</td><td>无</td></tr>
</table>

例如：fun（int a，int b，int* c）中，a 在 R6，R7 中传递，b 在 R4，R5 中传递，* c 在 R1，R2，R3 中传递。

若参数传递不能通过寄存器传递时，就需要在存储器区传递。如果传递的参数是 char、int、long 和 float 类型的数据，参数传递的存储区首地址由公共符号“？function name？BYTE”确定，如果传递的参数是其他类型的数据，参数传递的存储区首地址由公共符号“？function name？BIT”确定。所有被传递的参数依次存放在以首地址开始递增的存储区内。存储器空间取决于采用的编译模式。

SMALL 模式参数放在 data 区

COMPACT 模式参数放在 pdata 区

LARGE 模式参数放在 xdata 区

如果函数有返回值，则必须在 RET 指令之前将返回值放入 80C51 单片机的工作寄存器内，这样返回值才能被正常传递，见表 8–8。

表 8–8　函数返回值指定的寄存器

返回值类型	寄存器	说　明
bit	CY	返回值在进位标志 CY 中
unsigned char	R7	返回值在寄存器 R7 中
unsigned int	R6、R7	返回值高位在 R6 中，低位在 R7 中
unsigned long	R4～R7	返回值最高位在 R4 中，最低位在 R7 中
Float	R4～R7	返回值按 32 位 IEEE 格式，指数和符号位在 R7 中
一般指针	R3、R2、R1	存储器类型在 R3 中，高位在 R2 中，低位在 R1 中

除了参数传递需要使用特定的寄存器和存储区外，在调用函数时，也需要对函数名进行处理，函数名的转换见表 8–9。

表 8–9　函数名的转换

说　　明	符号名	解　　释
void func （void）	FUNC	无参数传递或不含寄存器参数的函数名不作改变，名字只是简单的转换为大写形式
void func （char）	_FUNC	带寄存器参数的函数名加入“ _ ”字符前缀以示区别，表示这类函数包含寄存器内的参数传递
void func （void） reentrant	_ ？ FUNC	对于再入函数加上“ _？”字符前缀以示区别，表示这类函数包含栈内的参数传递

下面是一个无参数传递的混合编程实例。

例 9–6：此例中，用汇编语言编写的一段延时程序，由 C51 主程序调用。

C51 主程序如下：

```
extern void delay100 ( ) ;
void main ( void )
{
   delay100 ( ) ;
}
```

汇编语言程序如下：

```
        ? PR ? DELAY100 SEGMENT CODE;    / * 在程序存储区中定义段 * /
        PUBLIC DELAY100 ;                 / * 声明函数 * /
        RSEG ? PR ? DELAY100 ;            / * 函数可被连接器放置在任何地方*/
DELAY100: MOV  R7,  #10
   DEL :  MOV  R6,  #20
          DJNZ R6 ,  $
          DJNZ R7,  DEL
          RET
          END
```

由上面例子的程序可以看出，在 C51 程序文件中，要先声明汇编语言程序为外部函数，然后直接在 main 中调用即可。

在汇编语言程序中，“？PR？ DELAY100 SEGMENT CODE;”表示程序是在程序存储区 code 中定义段，“DELAY100”为段名，“？PR？”表示段位于程序存储区内；“PUBIJC DELAY100;”的作用是声明函数为公共函数；“RSEG ？ PR ？ DELAY100;”表示函数可被连接器放置在任何地方，RSEG 是段名的属性。

段名的开头为 PR，是为了和 C51 内部命名转换兼容，命名转换规律如下。

```
CODE——? PR ,  ?  CO
XDATA——? XD
```

```
DATA——? DT
BIT——? BI
PDATA——?  PD
```

再来看一个有参数传递的混合编程实例。

例 9–7：在汇编程序中比较两数大小，由 C51 主程序调用将大数存入 d 中。

C51 主程序如下：

```
#define ，uchar unsigned char
extern void max （ uchar a ，  uchar b ）；     / * 定义汇编函数 * /
void main （ void ）
{
    uchar a = 5 ，b=10 ，  * c ，  d ；
    c = 0x30H ；
    max  (a ，  b)  ；                     / * 调用汇编函数 * /
    d = * c
}
```

汇编语言程序如下：

```
    ? PR ? _ MAX SEGMENT CODE ；/ * 在程序存储器中定义段 * /
    PUBLIC _ MAX ；                / * 声明函数 * /
    RSEG ? PR ? _ MAX ；            / * 该函数可被连接器放置在任何地方 * /
_ MAX : MOV  A， R7                 ； 通过 R7 取参数 a
        MOV 30H ，  R5               ； 通过 R5 取参数 b
        CJNE A ，  30H ，  TAG1      ； 比较大小
TAG1 :  JC EXIT
        MOV 30H ，  R7               ； 大数存 30H 单元
EXIT:   RET
        END
```

三、知识梳理与总结

C51 的程序结构及数据类型与 C 语言类似，根据 80C51 单片机的存储特点，增加了几种新的数据类型：sfr、sfr16、bit、sbit。

C51 中的函数大多与 C 相同，增加了两个特殊函数：再入函数和中断服务函数。再入函数用于递归调用；中断服务函数用于编写中断服务程序。

C51 的编译预处理命令的作用类似于汇编语言中的伪指令，与 C 语言的基本相同。用 C 语言编写单片机应用程序已成为单片机软件设计的趋势，应多练习提高 C 语言的应用能力，特别是与汇编语言混合编程的能力。

四、课外任务

（1）定义变量 a，b，c，a 为内部 RAM 的可位寻址区的字符变量，b 为外部数据存储区的

整型变量，c 为指向整型 xdata 区的指针。

（2）编程：将 80C51 单片机内部数据存储器 20H 单元和 35H 单元的数据相乘，结果存入外部数据存储器中。

（3）编程：将外部 RAM 10H～15H 单元的内容传送到内部 RAM 10H～15H 单元中。

（4）编程：将内部 RAM 21H 单元存放的两位 BCD 码数转换为二进制数存入 30H 单元中

学习情境 8–2　Keil 软件使用

Keil uvision3 是美国 Keil Software 公司出品的 MCS-51 系列兼容单片机软件开发系统。它提供包括 C 编译器、宏汇编、连接器、库管理和一个功能强大的仿真调试器在内的完整的开发方案，通过一个集成开发环境（uvision）将这些部分组合在一起。Keil uvision3 的最大优点就是编译后生成的汇编代码效率非常高，很容易理解，因此 Keil uvision3 也成为开发人员使用 C 语言开发系统的首选工具软件。这里仅以汇编语言程序的开发过程为例，介绍 Keil uvision3 软件的使用方法。

1. 跟我做——Keil uvision3 的安装与启动

Keil uvision3 的安装只需要进入 setup 目录下双击 setup.exe，然后按照安装程序提示，输入相关内容，就可以自动完成安装过程。安装完成后可进行汉化。双击桌面上的“Keil uVision3”图标，就可以进入 Keil uvision3 的中文界面，如图 8–1 所示。

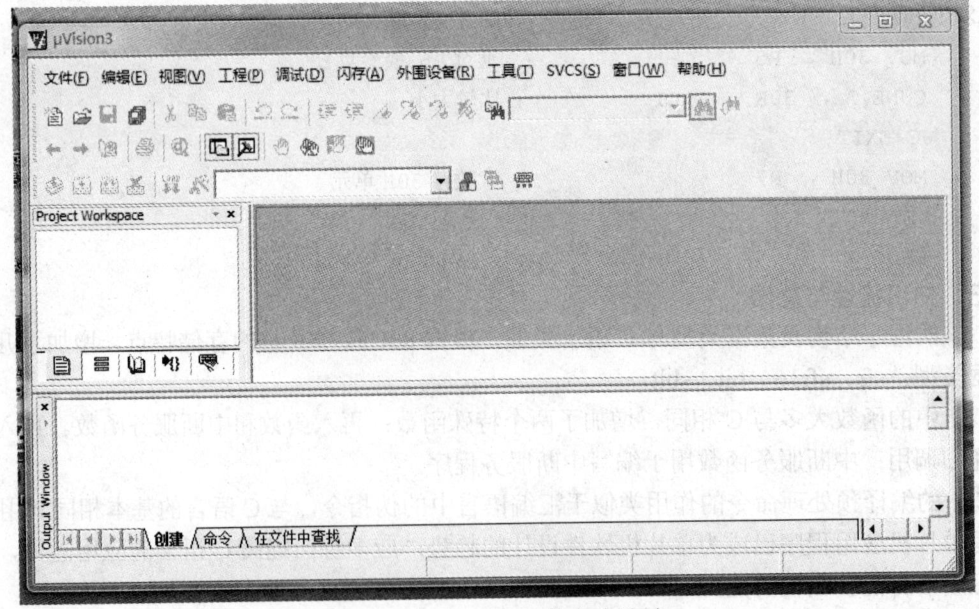

图 8–1　Keiluvision3 的启动界面

在图 8–1 中，最上面的是 Keil uvision3 的菜单栏，菜单栏下方是工具栏。在工具栏下面，有 3 个窗口区，左边有“Targetl”的窗口是项目管理窗口，右边是 Keil uvision3 的工作区，最下面的是 Keil uvision3 的输出信息窗口。

2. 跟我做——新建源程序

选择菜单“文件”下的“新建”命令，或者单击工具栏上的新建文件按钮，即可在项目窗口的右侧打开一个新的文本编辑窗口，在该窗口中输入汇编语言源程序，如图 8–2 所示。保存该文件，并加上扩展名，如：exalnl， asm。汇编语言源程序一般用.asm 或.a51 为扩展名，C 语言源程序用.c 为扩展名。

图 8–2　新建文件

3. 跟我做——新建工程文件

在项目开发中，并不是只有一个源程序就可以了，有些项目会由多个文件组成。为了管理和使用文件方便，也为了这个项目的参数设置（如选择合适的 CPU，确定编译、汇编、连接的参数，指定调试的方式等）方便，通常将参数设置和所需要的文件都放在一个工程中，使开发人员可以轻松地管理它们。

选择“工程”菜单下的“新建工程”命令，就可以打开新建工程对话框，输入所需建立的工程文件名，如 exam（不需要扩展名），单击“保存”按钮，就打开了选择 CPU 对话框，如图 8–3 所示。在这个对话框中选择 Atmel 公司的 89C51 芯片，单击“确定”按钮，工程文件就建好了。

4. 跟我做——加载源程序文件

在项目管理窗口中，单击“targetl”前面的“＋”符号，展开下一层“Source Group1”，用

鼠标右键单击“Source Group1”，在出现的快捷菜单中选择“增加文件到组‘Source Groupl’”命令，如图 8–4 所示。在弹出的对话框中，查找源程序文件，如：examl，asm，将其选定后，加入“Source Group1”。返回到主界面后，可看到“Source Group1”前面出现了“+”符号，单击“+”符号，展开下一层后，可看到加入的源程序文件 examl.asm。双击该文件，可打开该程序。

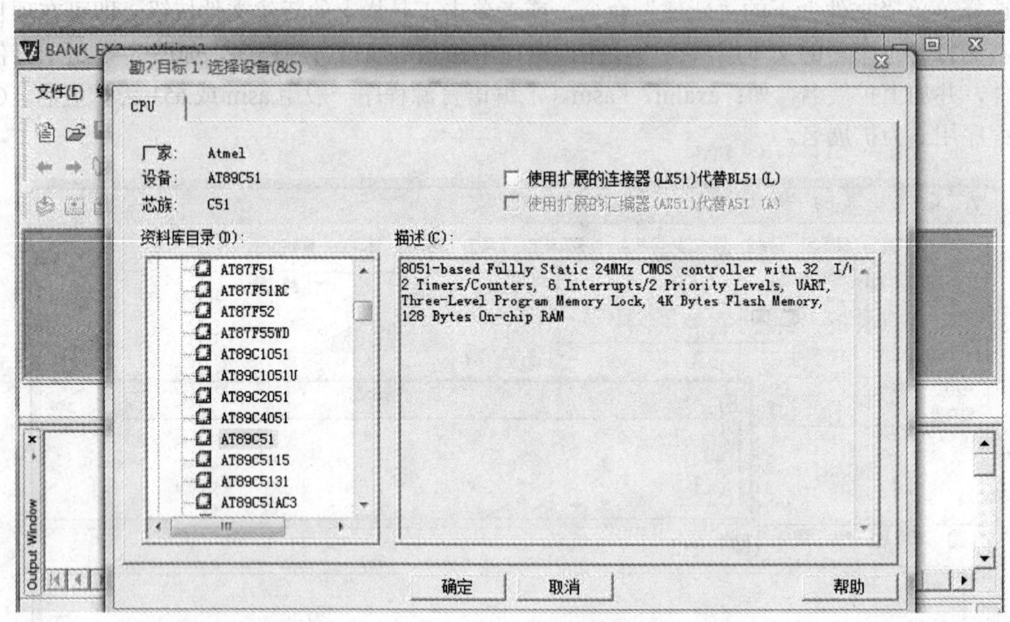

图 8–3　选择 CPU 对话框

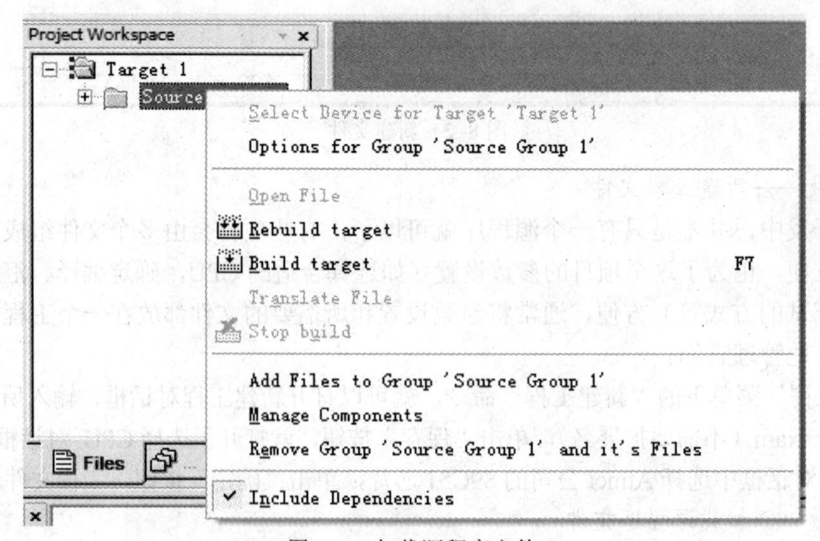

图 8–4　加载源程序文件

5. 跟我做——工程的设置

在编译、调试前，还需要对工程进行详细的参数设置。

用鼠标右键单击项目管理窗口中的“Target1”，在弹出的快捷菜单中选择“目标‘Target1’属性”，打开属性设置对话框，如图 8–5 所示。

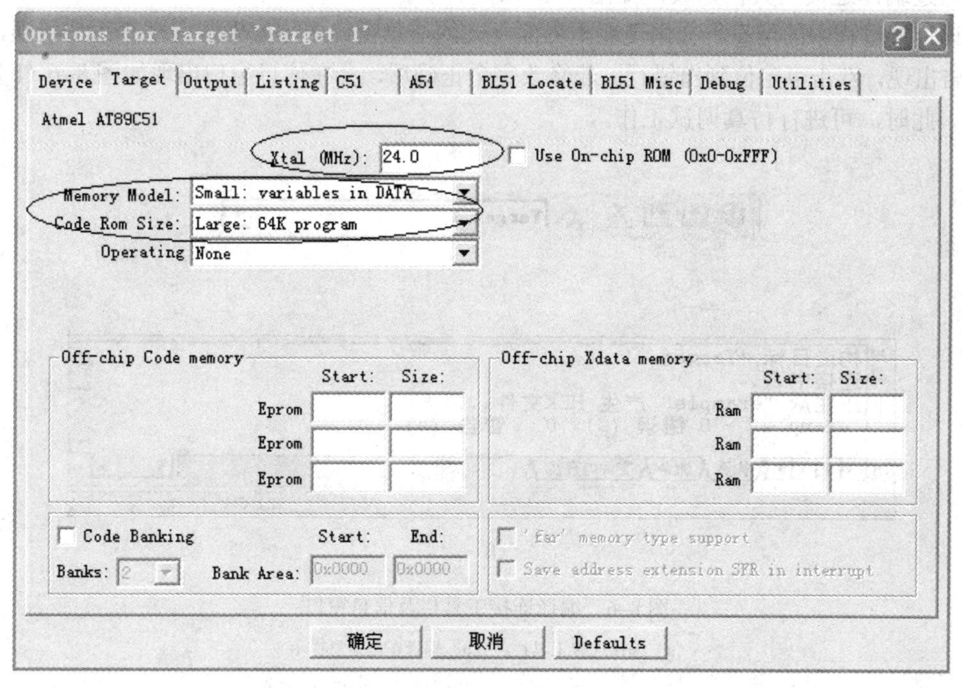

图 8–5　属性设置对话框

属性对话框包括 8 个选项卡，这里仅介绍几个常用的选项卡，其余的请参考相关书籍。在“目标”选项卡中，“X 晶振频率”用于设置硬件所用的晶振频率，如果采用的是软件模拟调试则可不设。“存储器模式”用于设置 RAM 的使用情况，有 3 个选项，“小型”是所有变量都在单片机的内部 RAM 中；“紧凑”是可以使用一部分（256 B）外部扩展 RAM，而“大型”则是可以使用全部外部扩展的 RAM。“代码存储器大小”用于设置 ROM 空间的使用情况，同样也有 3 个选项，“小型”是指程序存储空间为 2 KB；“紧凑”是指单个函数代码量不能超过 2 KB，整个程序可以使用 64 KB 空间；而“大型”则可以使用全部 64 KB 空间。在“输出”选项卡中，“生成 HEX 文件”用于生成提供给编程器写入的可执行代码文件，如果要进行编程器写入操作就必须选定该项。

属性设置对话框中的其他选项卡与 C51 编译选项、A51 汇编选项、BL51 连接器的连接选项的设置有关。这里就不一一介绍了。

6. 跟我做——编译及调试

选择“工程”菜单下的“编译”命令，就可以对当前文件进行编译了。若选择“构造目标”命令则会对当前工程进行连接，如果文件已修改，则会先对该文件进行编译。若选择“重新构造所有目标”命令则将会对当前工程中的所有文件重新进行编译并连接。以上 3 种编译连接操作也可通过编译连接工具栏完成，如图 8–6（a）所示。

编译连接过程中的信息将会出现在主界面下方的信息窗口中，如果源程序有语法错误，会有错误报告出现，双击可定位到出错行。若修改完全正确后，会在信息窗口出现如图 8–6（b）所示的信息。此时，可进行仿真调试工作。

（a）

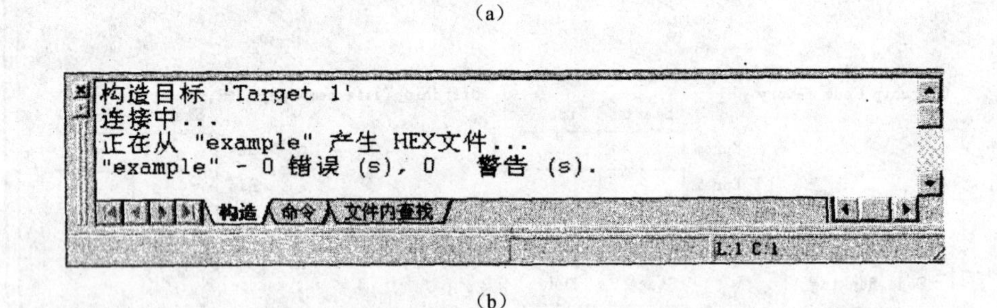

（b）

图 8–6　编译连接工具栏及信息窗口

（a）编译连接工具栏；（b）编译正确信息提示

选择调试“菜单”下的“开始”|“停止调试”命令，或单击工具栏上的“开始”|“停止调试”按钮，就可进入调试状态了。此时，工具栏中会出现调试及运行工具栏，如图 8–7（a）所示。从左到右依次是“复位”“运行”“暂停”“跟踪”“单步”“运行到退出”“运行到光标行”“下一状态”“运行/停止跟踪”“观察跟踪”“反汇编窗口”“查看调用堆栈窗口”“代码覆盖窗口”“串行口窗口”“存储器窗口”“性能分析器窗口”等按钮。通过单击这些按钮并观察相应的窗口状态就可以进行程序调试。例如：在图 8–7（b）中，从左侧的项目管理窗口中的寄存器选项卡可以观察到运行程序时各寄存器的状态改变。当再次单击工具栏上的“开始/”|“停止调试”按钮，就可以退出调试状态。

开发单片机的第一步就是用 Keil 软件编写汇编程序，并形成最终的“*.hex”目标文件，然后用编程器将该文件烧写到单片机中就行了，最后将烧写好的单片机插到电路板上，一接通电源就可以工作了。

下面以编写小灯闪烁的程序为例介绍 Keil 软件的使用方法。

（1）双击桌面上的图标，打开 Keil 软件使用界面，如图 8–8 所示。

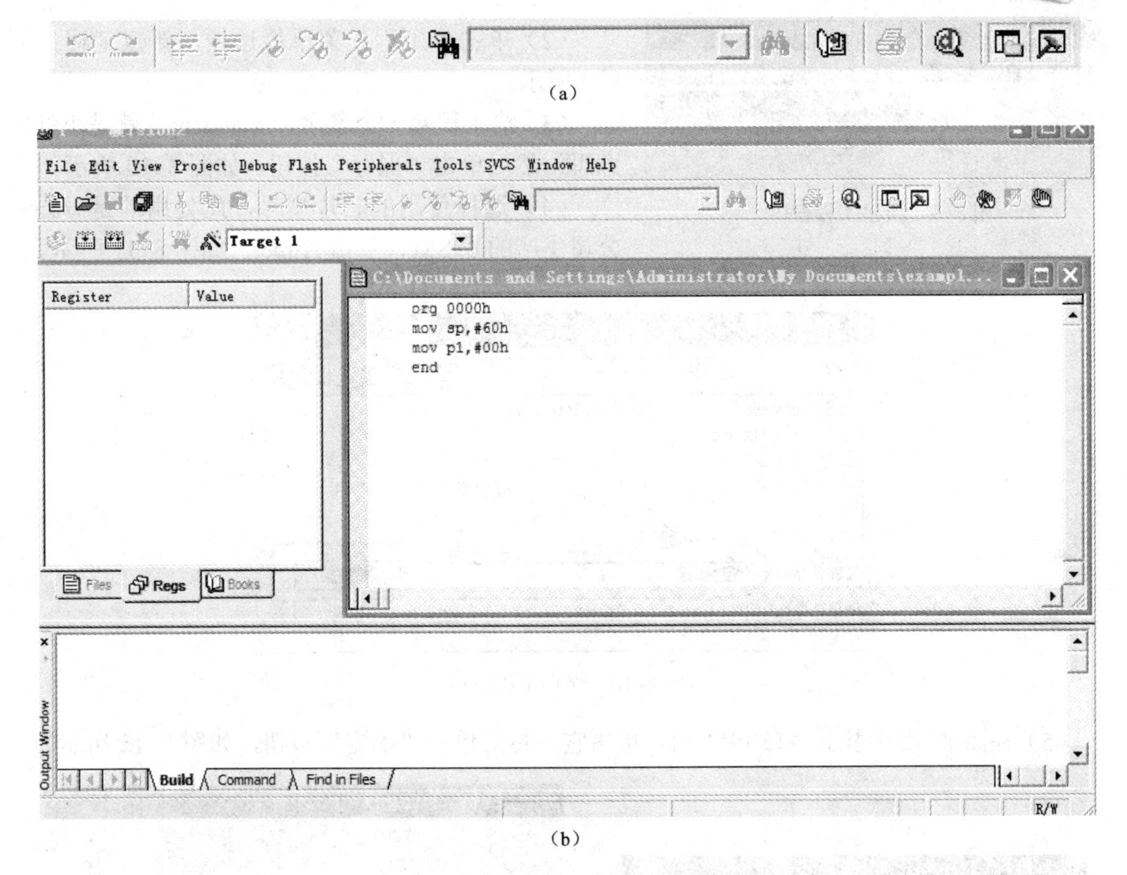

图 8–7　调试工具栏及调试界面

（a）调试工具栏（b）调试界面

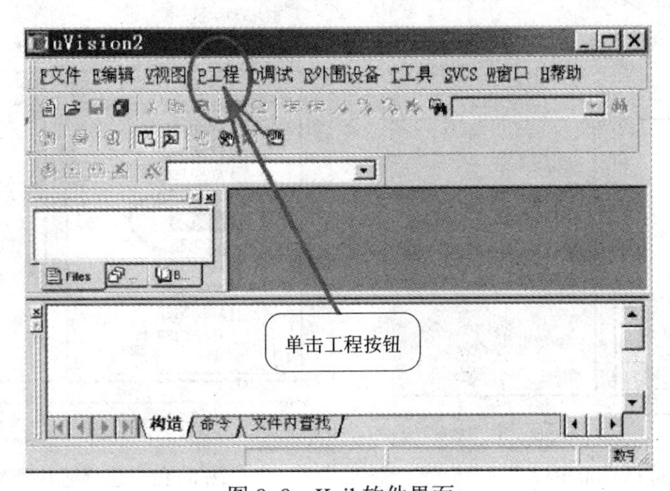

图 8–8　Keil 软件界面

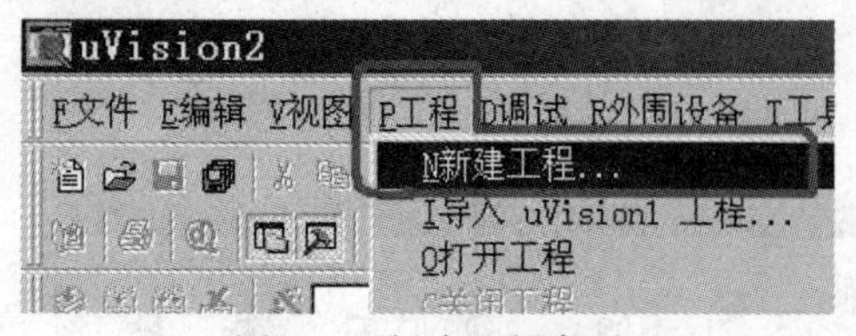

图 8–9　新建工程窗口

（2）单击“工程”菜单栏选项，新建工程如图 8–9 所示。

（3）给工程起一个名字，“xiaodeng”就是小灯的意思，然后单击“保存”按钮，如图 8–10 所示。

（4）选择使用的芯片型号，此处用的是 Atmel 公司生产的 89S51，双击 Atmel，如图 8–11 所示。

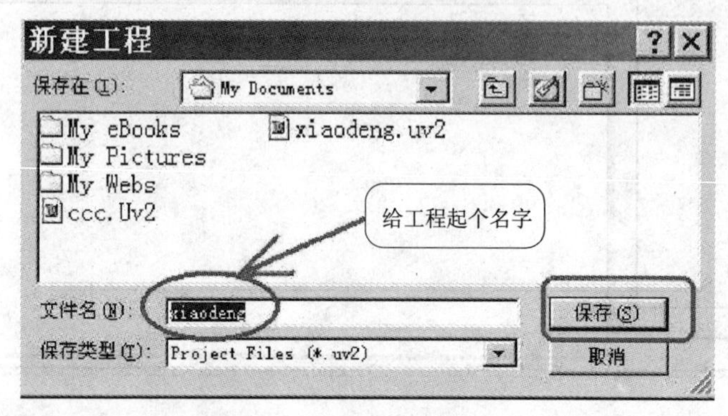

图 8–10　保存工程窗口

（5）在图 8–12 中找到 AT89S51 后，单击它，然后单击“确定”按钮，如图 8–12 所示。

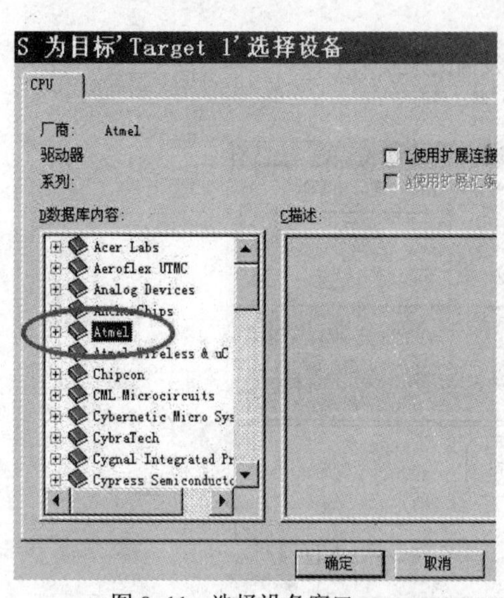

图 8–11　选择设备窗口

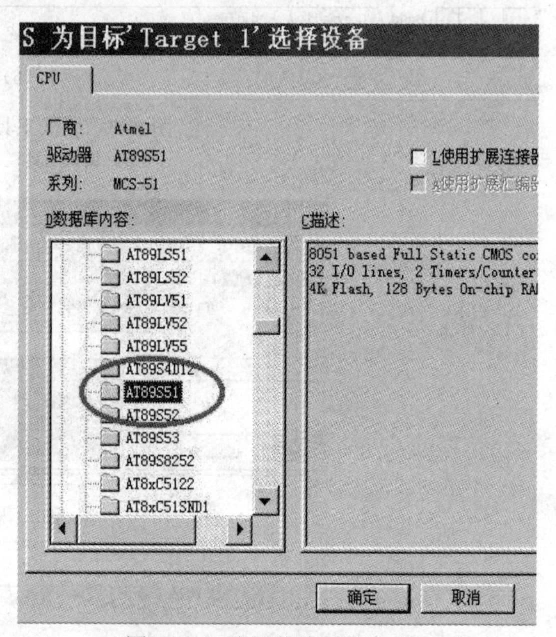

图 8–12　选择芯片型号窗口

（6）单击“确定”按钮后，接下来再为工程新建一个文件，单击“文件”菜单栏，选择“新建”如图 8–13 所示。

（7）接着会弹出编辑窗口，如图 8–14 所示。

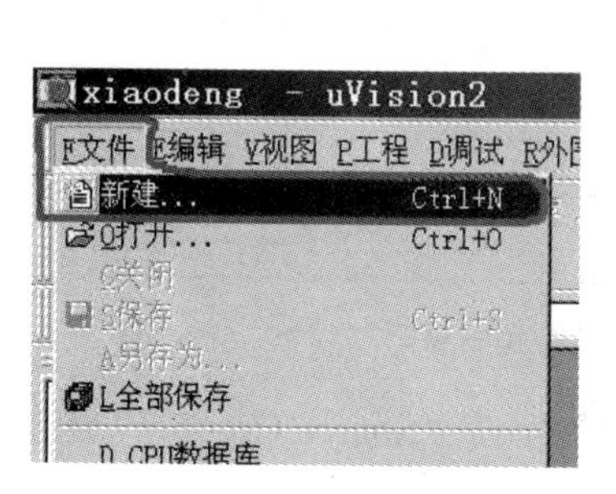

图 8–13　新建文件窗口

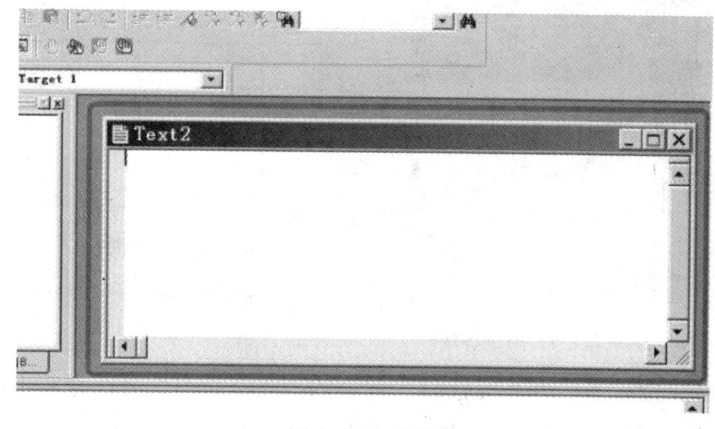

图 8–14　编辑窗口

（8）在弹出的窗口里面写入汇编程序，如图 8–15 所示。

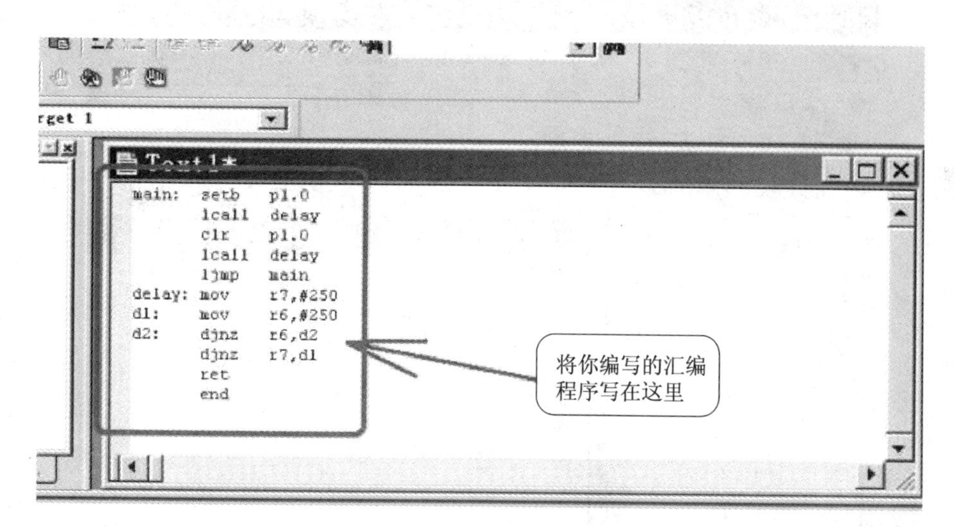

图 8–15　编写程序窗口

（9）然后单击“文件”菜单栏选择“另存为”，如图 8–16 所示。

（10）为文件起一个名字，这里名字为“xiaodeng.asm”。注意文件的扩展名不能省略，而且必须是“.asm”，如图 8–17 所示。

（11）单击“保存”按钮，出现图 8–18 所示的界面。

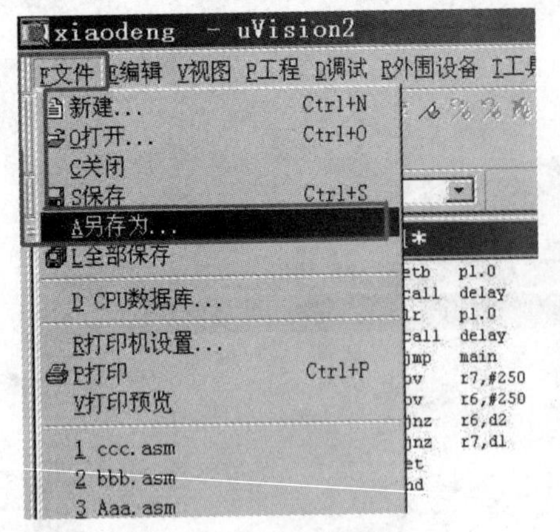

图 8–16　保存文件窗口

图 8–17　给文件起名窗口

（12）将左边“Target 1”前面的“+”符号展开，在它下面的字符“Source Group 1”上单击鼠标右键，再单击“增加文件到组”，如图 8–19 所示。

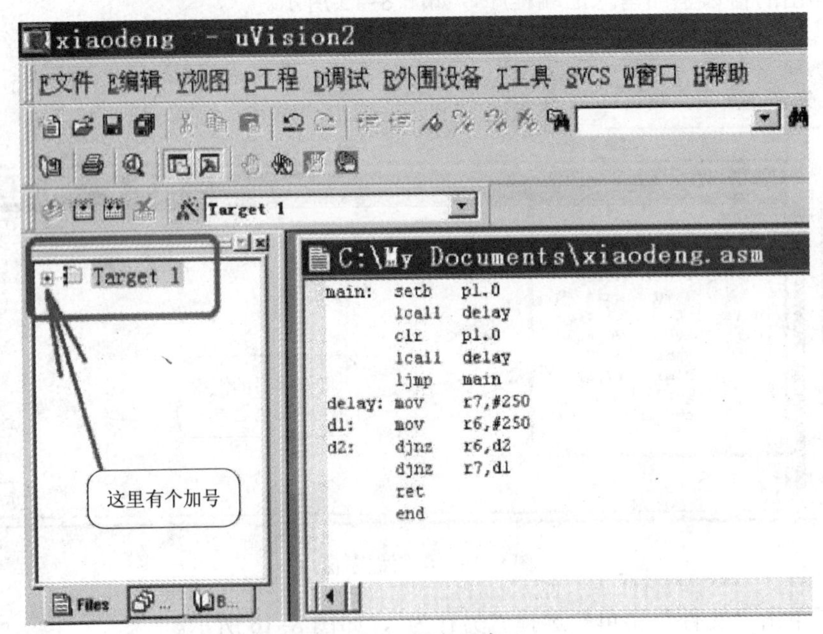

图 8–18　保存后窗口

（13）在文件类型中单击 asm 源文件，如图 8–20 所示。

（14）在文件中找到刚才新建的 xiaodeng.asm 文件，然后单击“Add”按钮加入，如图 8–21

所示。

（15）只需要加入一次就够了，如果再次加入，将出现如图 8–22 所示的画面，不要紧，单击确定就可以。

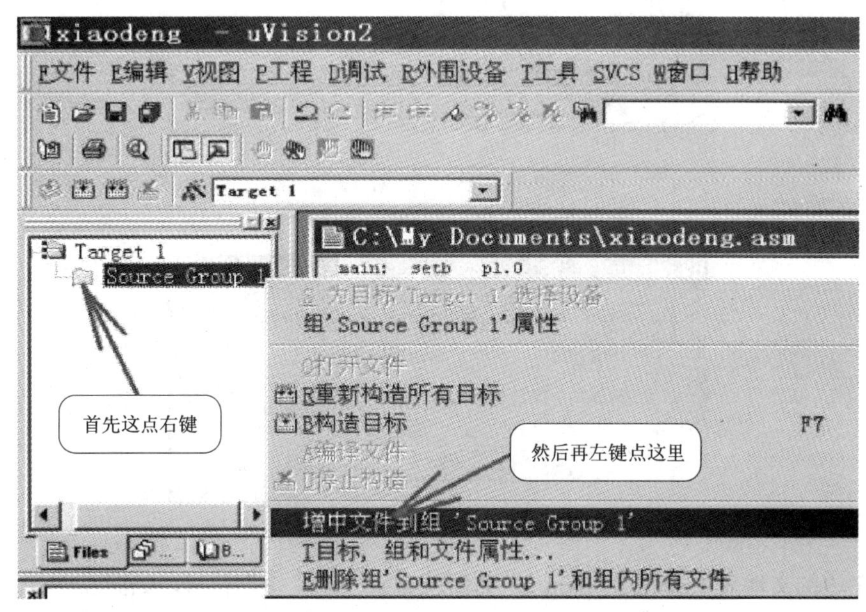

图 8–19　增加文件窗口

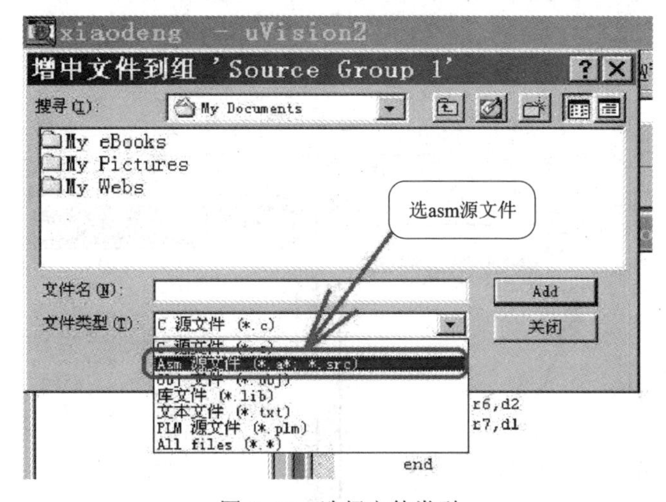

图 8–20　选择文件类型

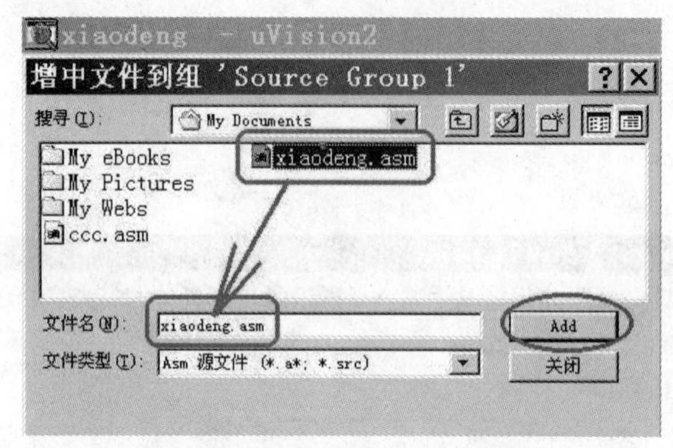

图 8–21　选择要添加的文件界面

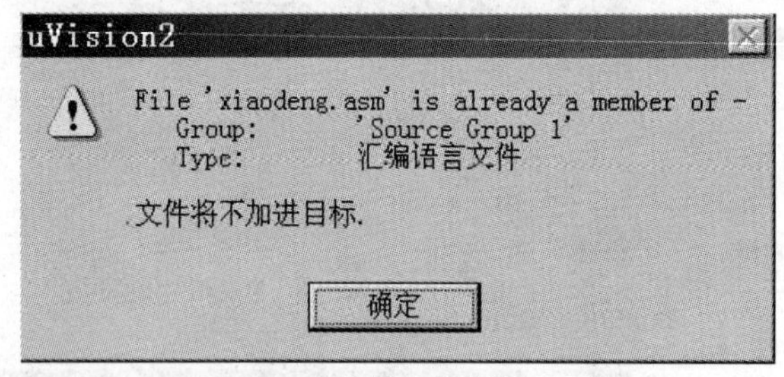

图 8–22　文件重复添加界面

（16）左边的文件夹“Source Group 1”前面就有了一个“＋”符号，如图 8–23 所示。

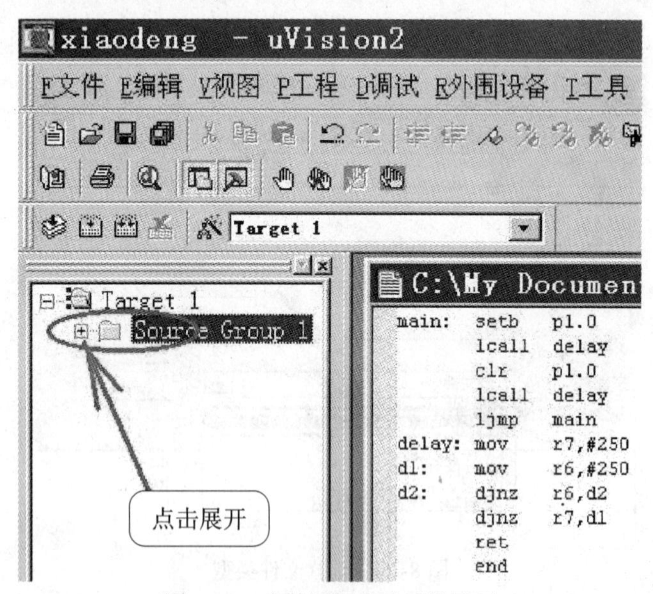

图 8–23　文件添加成功后的界面

（17）单击该“＋”符号展开后，下面就出现了一个名为“xiaodeng.asm”的文件，说明已经将文件加进来了，如图 8–24 所示。

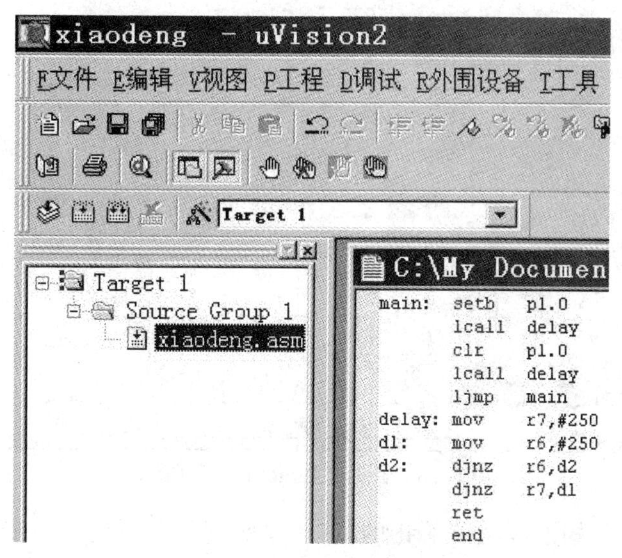

图 8–24　查看添加成功的文件

（18）将鼠标移到“Target 1”上右击，再单击“目标‘Target 1’属性”，如图 8–25 所示。

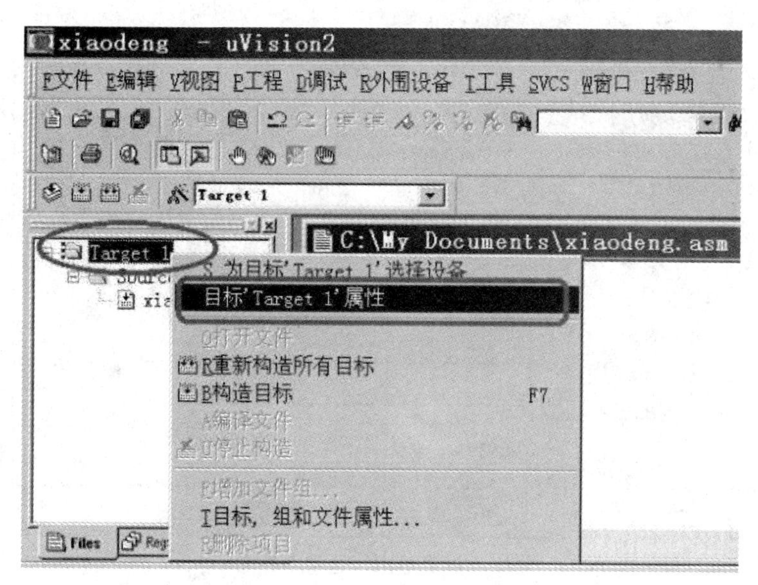

图 8–25　打开“目标‘Target 1’属性”的操作

（19）弹出如图 8–26 所示的窗口。

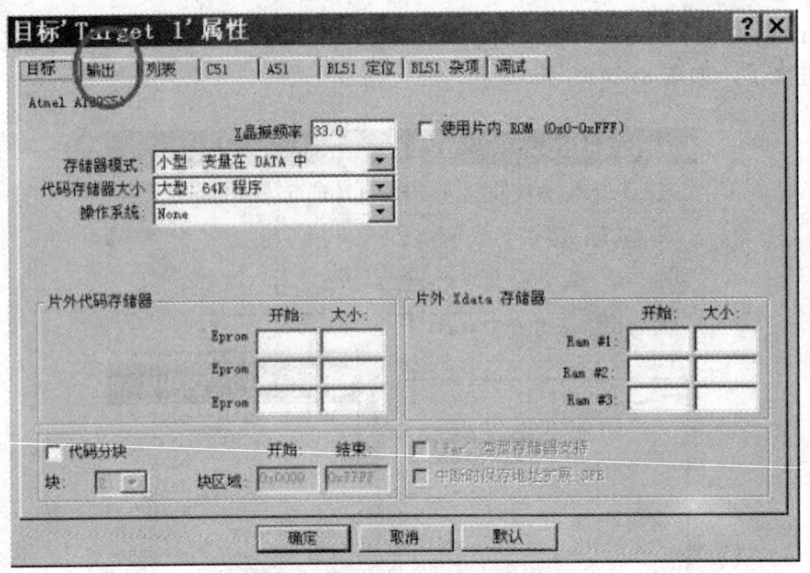

图 8-26　目标'Target 1'属性窗口

（20）单击"输出"选项卡，在新弹出的窗口中，如图 8-27 所示。一定要确保"E 生成 HEX 文件"前面的小方格内有一个勾"√"，即选中该项，然后再单击"确定"按钮。

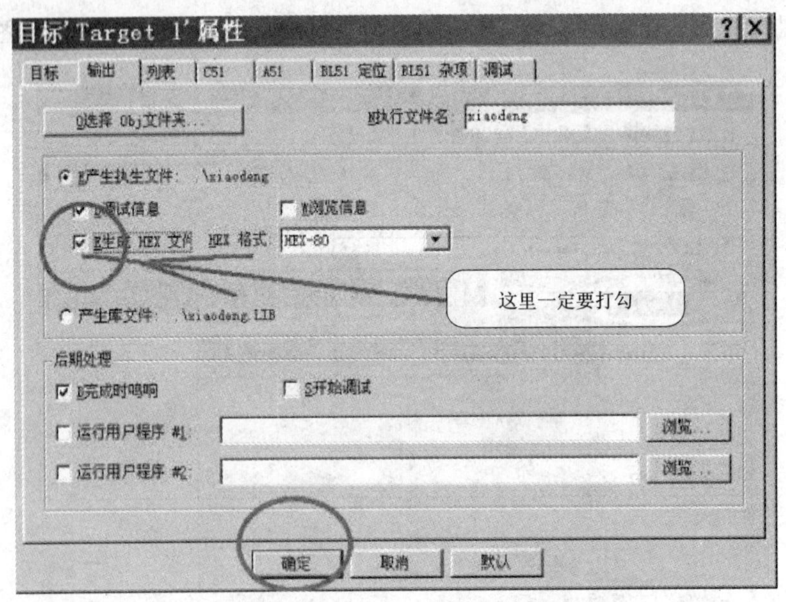

图 8-27　"输出"选项卡界面

（21）最后单击图 8-28 中标注的符号，即"构造所有目标文件夹"。

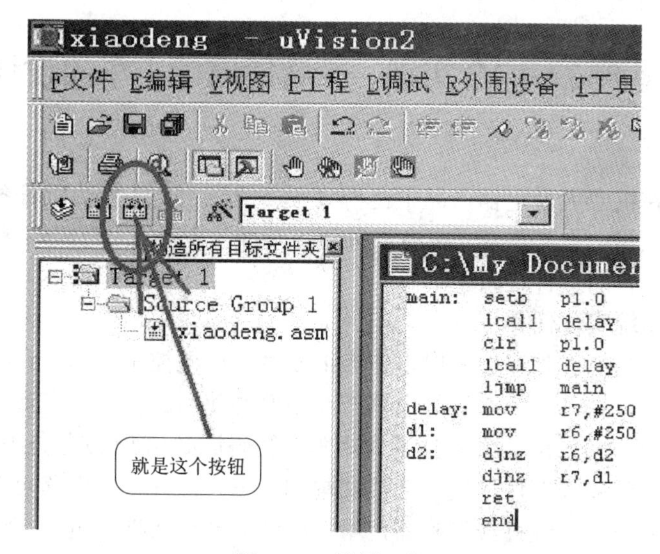

图 8–28　编译工程

（22）当出现如图 8–29 所示的画面时，说明目标文件“xiaodeng.hex”文件已经生成了。

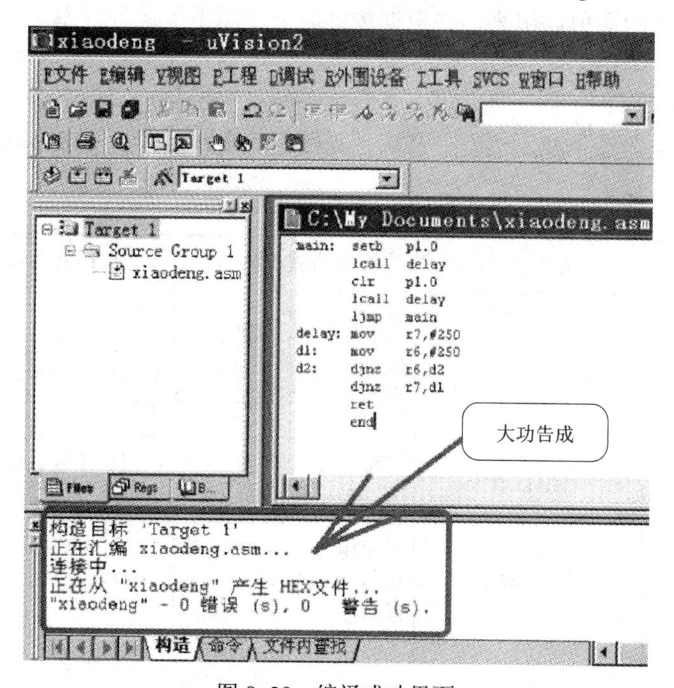

图 8–29　编译成功界面

这个“xiaodeng.hex”文件就是往单片机 89C51 里面写的文件。有了这个文件，就可以用编程器将该文件烧写到 89C51 单片机中。

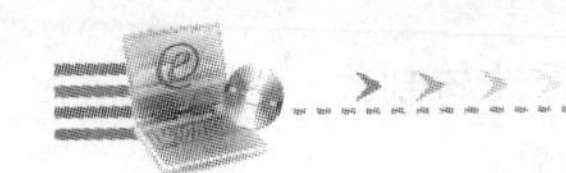

学习情境 8–3　综合实训——智能电子小车的设计与制作

一、明确任务

红外遥控技术在机器人及电器产品中已得到了广泛应用，本项目的任务是利用单片机控制技术与红外遥控技术相结合制作一个具有红外遥控功能的电动车。用红外遥控器控制小车前进、停止、后退及左转右转的运行状态。

二、用单片机系统实现任务

采用专用芯片制作的红外遥控发射电路有很多种，在遥控车制作项目中，可选择运用比较广泛，解码比较容易，在电视、空调等电器产品中普遍使用的一种通用遥控器。它是采用红外遥控发射器专用芯片 PD6121G，和包括键盘矩阵、编码调制和 LED 红外发射管在内的发射器。只要按下遥控按键，就能周期性地发出多位二进制编码。红外接收电路可以使用一种集红外线接收和放大于一体的一体化红外线接收器，不需要任何外接元件，就能完成从红外线接收到输出 TTL 数字信号的所有工作，而体积和普通的塑封三极管大小一样。

该项目制作的重点是编制与接收电路相配套的红外线遥控接收解码程序，通过它可以把红外遥控器每一个按键的键值读出来，并根据按键命令控制小车运行状态。

三、知识链接

1. 无线遥控

无线遥控有光控、超声波、语言、音频、无线电等多种形式，见表 8–10。

表 8–10　无线遥控方式与特点

遥控方式	传输距离	发射频率	发射方式与特点	接收方式与特点	应用场合
光控	近距	40 kHz	用可见光、红外光源作发射源；有方向性，不能跨越墙壁阻挡	光电器件接收开关信号，无需解码；光电器件接收数字信号并解码	家用电器、工业控制等
超声波	10 m～15 m	40 kHz	利用超声波发射器传送 40 kHz 超音频信号	超声接收、放大、解码	探测、电气设备控制、医疗等
音频	2 m～3 km	3.58 MHz	利用专用集成电路和振荡器配合产生音频信号	接收、放大、识别	家用电器、生活用品、工业控制等
无线电波	2 m～2 000 km 或更远	27 MHz～38 MHz 40 MHz～48.5 MHz 150 MHz～167 MHz	无方向性，可以向四周辐射，能穿越墙壁和障碍物，遥控距离远	选择性好，有多个频率可以选择，可避免无线电干扰；灵敏度高、稳定可靠	军事、工农业生产、生活用品等

2. 红外遥控

红外遥控系统由发射和接收两大部分组成，如图 8–30 所示。发射部分包括键盘矩阵、编码调制、LED 红外发送器。接收部分包括光/电转换放大器、解调、解码电路。

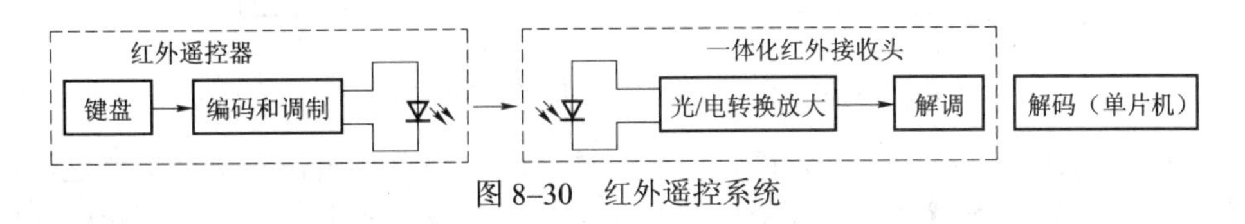

图 8–30　红外遥控系统

3. 红外遥控编码

遥控器发射与接收的是串行脉宽调制码，它是由发射电路经 38 kHz 的载频调制后，通过红外发射二极管发射的 32 位二进制编码，以达到提高发射效率，降低电源功耗的目的，如图 8–31 所示。

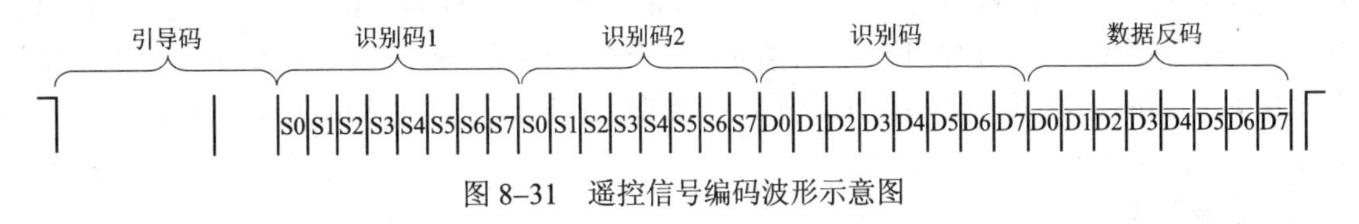

图 8–31　遥控信号编码波形示意图

一个键按下超过 36 ms，遥控器便开始发射一组周期为 108 ms 的编码脉冲，其中包括一个引导码（9 ms）、一个结果码（4.5 ms）、低 8 位识别码（9 ms～18 ms）、高 8 位识别码（9 ms～18 ms）、8 位数据码（9 ms～18 ms）和 8 位数据反码（9 ms～18 ms）。若键按下时间超过 188 ms 仍未松开，接下来只发射由起始码（9 ms）和结束码（2.25 ms）组成的连发码，如图 8–32 所示。前 16 位是两个 8 位的用户识别码，用以区别不同电器的遥控设备，防止遥控器之间互相干扰，而后 16 位的数据码分别是 8 位遥控器键号编码及其反码。这里选用由 PD6121G 集成电路构成的遥控器，最多有 128 种不同组合的编码，遥控器用户识别码都设定为 01H。

用脉宽为 0.56 ms、间隔为 0.565 ms、周期为 1.125 ms 的编码组合表示二进制的“0”，如图 8–33 所示；脉宽为 0.56 ms、间隔为 1.685 ms、周期为 2.25 ms 的编码组合表示二进制的“1”。

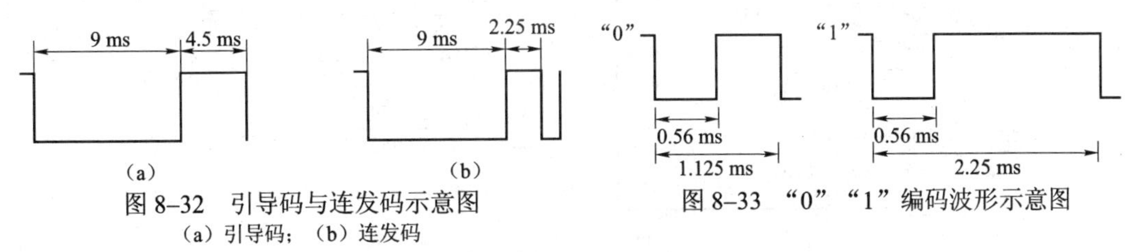

图 8–32　引导码与连发码示意图
（a）引导码；（b）连发码

图 8–33　“0”“1”编码波形示意图

按下遥控发射器按键，可周期性发出周期为 108 ms 的同一种 32 位二进制编码。其中按键号编码本身的持续时间将随它所包含的二进制“0”和“1”个数的不同而不同，在 45 ms～63 ms，

如图 8–34 所示。

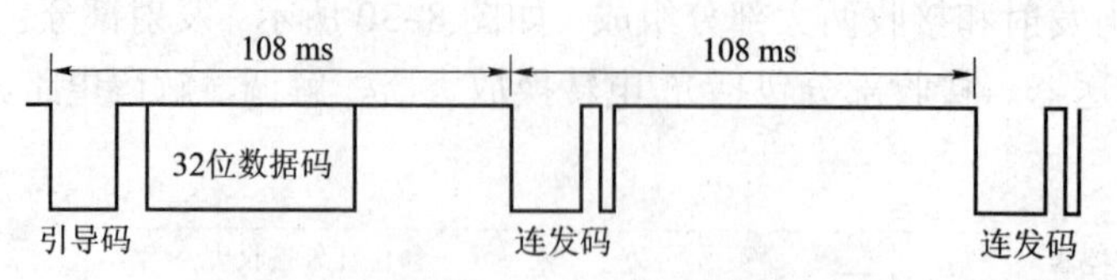

图 8–34　周期性发射编码信号波形示意图

红外遥控解码红外遥控接收器将接收到的脉冲编码送至单片机，由单片机通过运行解码程序获取遥控发射器按键的号码，并根据按键预定的功能发出控制命令。编制解码程序时，首先要根据编码格式，接收 9 ms 的起始码和 4.5 ms 的结果码，然后再接收识别码和按键号编码。编制解码程序的关键是如何识别出编码中的“0”和“1”，由图 8–33 中“0”“1”编码的波形图可以看出“0”“1”均以 0.56 ms 的低电平开始，只是高电平的宽度有所不同，“0”为 0.56 ms，“1”为 1.68 ms，所以必须根据高电平的宽度来区别“0”和“1”。如果从 0.56 ms 低电平过后再开始延时，延时 0.56 ms 后，若读到的电平为低，说明该位为“0”，反之则为“1”。为保证读取信息准确，延时时间要比 0.56 ms 长一些，但又不能超过 1.125 ms，否则如果该位为“0”，读到的已是下一位的高电平了，一般取（0.56 ms＋1.125 ms）/2–0.842 5 ms 左右比较适宜。

四、任务实施

1. 跟我做——画出硬件电路图

红外遥控车控制电路示意图，如图 8–35 所示。

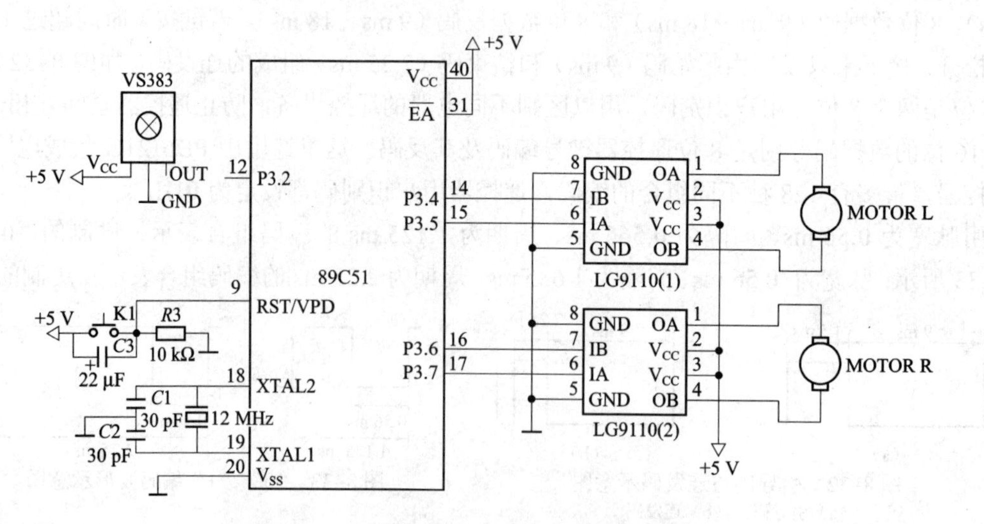

图 8–35　红外遥控车控制电路示意图

2. 跟我做——硬件电路制作

准备器件并完成硬件电路制作，红外遥控电路具体器件清单见表 8–11 所示。

表 8–11　红外遥控电路器件清单

元件名称	参　数	数　量	元件名称	参　数	数　量
IC 插座	DIP40	1 个	电阻	10 kΩ	2 个
单片机	89C51	1 片	瓷片电容	22 μF	1 个
晶体振荡器	12 MHz	1 个	按键		1 个
瓷片电容	30 pF	2 个	驱动芯片	LG9110	2 个
红外接收管	VS383	1 个	直流电机	HY37JB363	1 个

用万能板焊接或用实训板、实训箱完成发射与接收硬件电路制作。

3. 跟我做——编写应用程序

单片机通过中断方式读取遥控接收器输出编码，执行解码程序获取遥控发射器键号。根据按键功能定义，控制小车运行状态。中断服务子程序流程如图 8–36 所示。

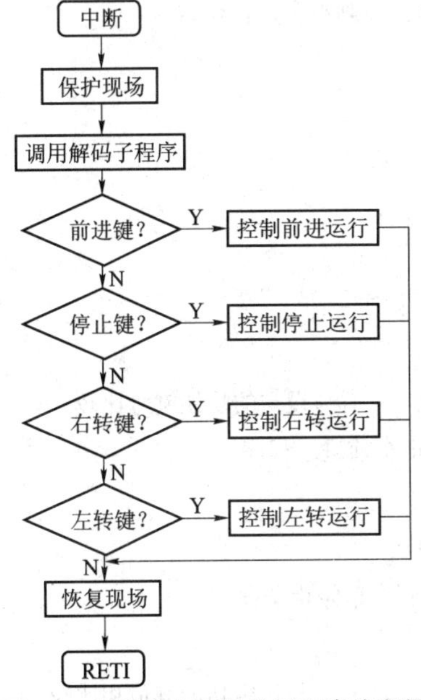

图 8–36　遥控中断服务子程序流程图

程序代码如下。

```
；***************遥控车控制程序 R _ MAIN **********************
；程序名：遥控车控制程序 R _ MAIN PM3_4_1.asm
```

```
；程序功能：初始化设置、等待中断
        ORG 0000H
        LJMP R_MAIN
        ORG 0003H
        LJMP INPUTO
  R_MAIN : MOV 30H , # 00H
        MOV 31H,  #00H
        MOV 32H,  #00H
        MOV 33H,  #00H
        SETB EA                          ；允许外部 INT0 申请中断
        SETB EX0
        SETB IT0                         ；下降沿申请中断有效
        SJMP  $
 ；*****************中断服务子程序 INPUT0 ***********************
 ；程序名：中断服务子程序 INPUT0
 ；程序功能：接收遥控编码、解码、控制小车运行状态
 ；入口条件： P3.2
 ；出口参数： P3.4～P3.7
INPUT0 : CLR   EA
       PUSH  ACC
       PUSH  PSW
       LCALL IR ；调用解码子程序
       MOV A , 33H ；取按键号
       CJNEA , # DATE1,  $+9 ；与设定的功能键号比较
       LCALL  GO ；调用控制小车前进子程序
       LJMP   BACK
       CJNE A,#DATE2,  $+9
       LCALL  STOP ；调用控制小车停止子程序
       LJMP   BACK
       CJNE A , # DATA3 ,  $+9 ；与设定功能键值相比较
       LCALL  RZ ；调用控制小车右转子程序
       LJMP   BACK
       CJNE A , # DATA4 ,  $+6
       LCALL  LZ ；调用控制小车左转子程序
```

```
BACK :   MOV 30H ,  # 00H ; 清除遥控值单元，使连按失效
         MOV 31H ,  #00H
         MOV 32H, #00H
         MOV 33H, #00H
         POP    PSW
         POP    ACC
         SETB EA
         RETI
Go :     SETB   P3.4 ; 前进控制子程序
         CLR    P3.5
         CLR    P3.7
         SETB   P3.6
         RET
STOP :   CLR    P3.4 ; 停止控制子程序
         CLR    P3.5
         CLR    P3.7
         CLR    P3.6
         RET
RZ :     SETB    P3.4 ; 右转控制子程序，停止右边的电机
         CLR     P3.5
         CLR     P3.7
         CLR     P3.6
         RET
LZ :     CLR      P3.4 ; 左转控制子程序，停止左边的电机
         CLR     P3.5
         SETB    P3.7
         CLR     P3.6
         RET
; ****************************红外遥控解码子程序***********************
; 程序名：红外遥控解码子程序 IR
; 程序功能：对接收编码进行解码，获取键号
; 入口条件： P3.2
; 出口参数： 33H
IR :        MOV R6 ,  # 10        ; 9 ms 引导码低电平状态查询次数
```

```
IR _ T9 :  LCALI   DEIJAY882          ; 调用 882 μs 延时子程序
          JB       P3.2,   IR_ERROR   ; 若 P3.2 引脚出现高电平则退出解码程序
          DJNZ R6 ,  IR_T9            ; 重复 10 次，在 9 ms 内检测引脚状态
          JNB  P3.2 ,   $             ; 等待引导脉冲结束
          ACALL DEIJAY2
          JNB  P3.2 , lR_G0T ( )      ; 若为低电平，则表示是连发码信号
          40
          CALL DEIAY2400 ; 延时 4.8 ms，越过 4.5ms 读取 32 位数据码
; ****************读取数字信号**********************************
          MOV  R1 ,  #30H    ; 设 30H 为读取数据存放起始 RAM 地址
          MOV  R2 ,  # 4     ; 从 30H～33H 共 4 个存放数据单元
IR_32B :   MOV    R3 ,  # 8    ; 每个单元接收 8 位二进制数
IR_SB :    JNB P 3.2,  $     ; 等待识别码第一位的高电平信号出现
          LCALL DELAY882  ; 间隔 882 μs 判断输出信号的高低电平状态
          MOV  C ,  P3.2     ; 将 P3.2 引脚此时的电平状态 0 或 1 存入 C 中
          JNC  IR_0_1        ; 为低电平，是“0”转至 IR_0_1
          LCALL DELAY1000 ; 否则是“1”，越过 1.68ms 继续查询下一信号
IR_0_1 :  MOV  A, @ R1       ; 将 RAM 单元中的内容送 A
          RRC  A             ; 将 C 中的 0 或 1 移入 A 中的最低位
          MOV  @Rl, A       .; 再将 A 中的数据存入 RAM 中
          DJNZ R3, IR_8B     ; 接收 8 位数据
          INC  R1            ; 修订 R1 中 RAM 的地址
          DJNZ R2, IR_32B    ; 完成识别码、数据码解码
; *********************数字信号识别与判断*************************
IR_GOTO : MOV      A,  30H          ; 按住遥控按键超过 108ms 将直接转至此处
          CJNE A,  #01H, IR_ERROR; 判断 30H 中用户识别码 1，不对则退出
          MOV  A,  32H
          CJNE A,  #01H, IR_ERROR; 判断 31H 中用户识别码 2，不对则退出
          MOV  A,  32H             ; 判断两个数据码是否相反
          CPL  A
          CJNE A, 33H, IR_ERROR   ; 两个数据码不相反则退出
          RET                      ; 解码成功
IR_ ERROR : MOV 33H ,  #0FFH       ; 无效码 FFH 送至键号单元
          RET
```

```
; ****************************882 μs 延时子程序****************
DELAY882 :     MOV     R7,  # 202
TIM0 :         NOP
               NOP
               DJNZ    R7,  TIM0
               RET
; *****************1 000 μs 延时子程序********************************
DELAYI000 :    MOV     R7,  # 229
TIM1 :         NOP
               NOP
               DJNZ    R7,  TIM1
               RET
; ************************2 400 μs 延时子程序***********************
DE1AY2400 :    MOV     R7,  #245
TIM2 :         NOP
               NOP
               NOP
               NOP
               NOP
               NOP
               NOP
               DJNZ   R7,  TIM2
               RET
               END
```

提示：程序中遥控器按键号代码为 DATA1～DATA4，可根据接收到的发射器对应按键代码进行确定，因此发射器按键的功能可在编程时重新定义。

4. 跟我做——软硬件联调

（1）输入源程序。

（2）汇编源程序。

（3）运行程序，遥控器按键按下，观察小车运行状态是否正常。

5. 功能扩展——通过遥控器控制小车倒车、控制小车运行速度

提示：（1）在中断服务子程序中增加小车倒车及调速控制键的识别指令。

（2）编制控制小车倒车及中速、慢速控制程序。

6. 功能扩展——制作红外遥控发射与接收电路

采用已有的通用遥控器可以减少制作上的麻烦，但在这些遥控器上的按键数量和标识与项目中的控制要求不一定完全适合。因此，可以选择红外遥控器专用芯片自制遥控发射器和单片机接收电路。

相关资料如下。

（1）编码芯片 PT2248、解码芯片 PT2249，如图 8–37 所示。

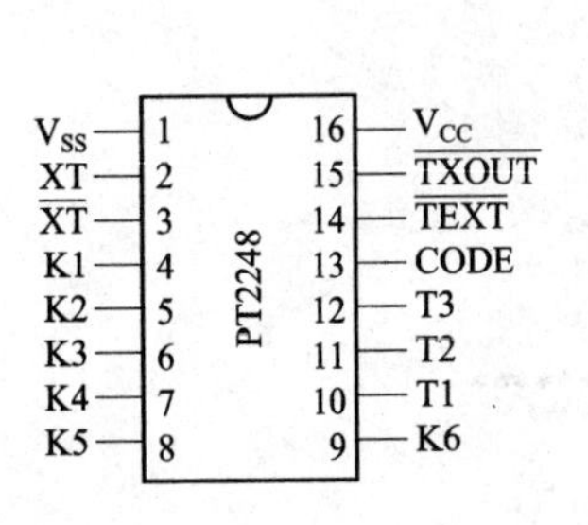

引　脚	功 能 描 述
V_{SS}	接地端
V_{CC}	电源端，+3VDC
XT, $\overline{XT}$	晶振输入，输出端，一般连接455 kHz的晶振
K1～K6	按键编码输入端，可接按键矩阵
T1～T3	按键编码扫描输出端
CODE	输入输出编码匹配端
$\overline{TEST}$	键码测试功能发送端
$\overline{TXOUT}$	信号发送端

（a）

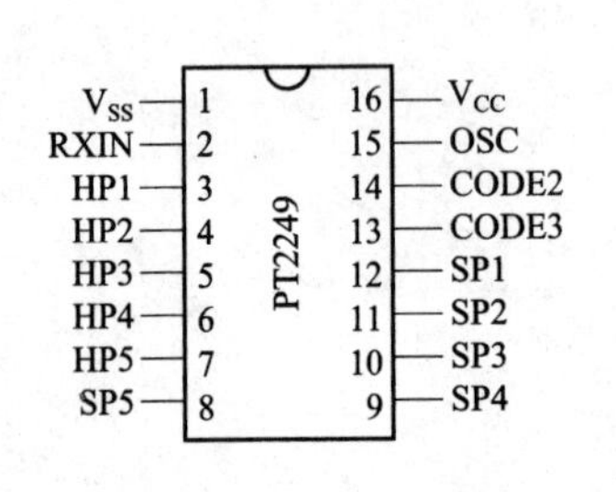

管　脚	功 能 描 述
V_{SS}	接地端
V_{CC}	电源端
RXIN	信号接收端
HP1～HP5	控制信号输出端
SP1～SP5	控制信号输出端
CODE3, CODE2	编码端
OSC	振荡输入端

（b）

图 8–37　发射与接收芯片引脚及功能表

（a）编码芯片 PT2248 引脚及功能表；（b）解码芯片 PT2249 引脚及功能表

（2）发射与接收电路如图 8–38 所示。

五、知识梳理与总结

该项目涉及红外遥控技术、单片机软件解码技术及直流电机驱动控制技术的应用。通过查阅红外遥控技术应用、专用芯片及器件资料，编制解码程序的训练，巩固单片机中断技术的运用能力和提高将实用技术、器件与单片机应用技术进行集成转化的综合运用能力，为进一步完成单片机在无线传输技术中的综合应用项目制作奠定基础。

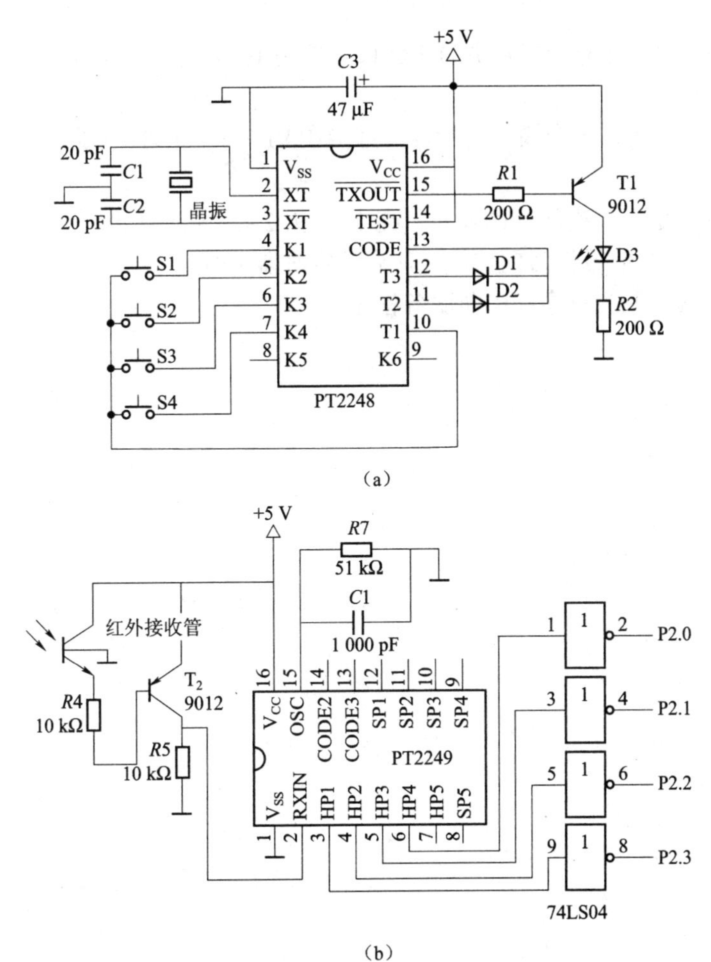

图 8–38　红外遥控发射与接收电路
（a）发射电路；（b）接收电路

本章复习思考题

1. 简述单片机的 C 语言程序的组成。
2. 简述 C 语言和汇编语言的异同。
3. 哪些变量类型是 MCS-51 单片机直接支持的？
4. C51 语言的 data、bdata、idata 有什么区别？
5. Break 和 continue 语句的区别是什么？
6. 简述使用 Keil C51 开发工具开发软件的流程。
7. 简述 C51 语言对 MCS-51 单片机特殊功能寄存器的定义方法。

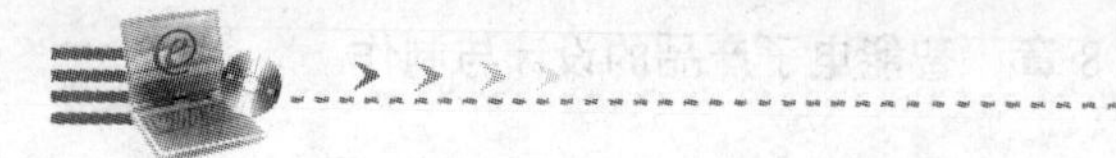

8. 用 8051 单片机的串行口扩展并行 I/O 口，控制 16 个发光二极管依次发光，画出电路图并编程。

9. 用 8051 单片机制作一个模拟航标灯，灯接在 P1.7 上，INT0（非）接光敏器件使它具有如下功能。

（1）白天航标灯熄灭，夜间间歇发光，亮 2 s，灭 2 s，周而复始。

（2）将 INT0（非）信号作为门控信号，启动定时器定时。

按以上要求编写控制主程序和中断服务程序。

附录 A　ASCII 码表

低位 \ 高位		0	1	2	3	4	5	6	7
		0000	0001	0010	0011	0100	0101	0110	0111
0	0000	NUL	DLE	SP	0	@	P	、	p
1	0001	SOH	DC1	!	1	A	Q	a	q
2	0010	STX	DC2	”	2	B	R	b	r
3	0011	ETX	DC3	#	3	C	S	c	s
4	0100	EOT	DC4	$	4	D	T	d	t
5	0101	ENQ	NAK	%	5	E	U	e	u
6	0110	ACK	SYN	&	6	F	V	f	v
7	0111	BEL	ETB	’	7	G	W	g	w
8	1000	BS	CAN	（	8	H	X	h	x
9	1001	HT	EM	）	9	I	Y	i	y
A	1010	LF	SUB	*	?	J	Z	j	z
B	1011	VT	ESC	+	;	K	[	k	{
C	1100	FF	FS	,	<	L	\	l	|
D	1101	CR	GS	–	=	M	]	m	}
E	1110	SO	RS	.	>	N	?	n	～
F	1111	SI	US	/	?	O	?	o	DEL

表中符号说明如下。

NUL	空	FF	换页	CAN	作废
SOH	标题开始	CR	回车	EM	载终
STX	正文结束	SO	移出符	SUB	取代
ETX	本文结束	SI	移入符	ESC	换码
EOT	传输结束	DLE	转义符	FS	文字分割符
ENQ	询问	DCI	设备控制 1	GS	组分割符
ACK	应答	DC2	设备控制 2	RS	记录分割符

BEL	报警符	DC3	设备控制 3	US	单元分割符
BS	退一格	DC4	设备控制 4	SP	空格
HT	横向列表	NAK	否定	DEL	删除
LF	换行	SYN	同步		
VT	纵向列表	ETB	信息组传送结束		